混凝土技術

沈永年‧王和源‧林仁益‧郭文田　編著

全華圖書股份有限公司

國家圖書館出版品預行編目資料

混凝土技術 / 沈永年等編著. -- 四版. --
台北縣土城市：全華圖書，2011.01
　　面　；　公分

ISBN 978-957-21-7901-7(平裝)

1. 混凝土

441.555　　　　　　　　　99022240

混凝土技術

作者 / 沈永年、王和源、林仁益、郭文田

發行人 / 陳本源

執行編輯 / 蔣德亮

出版者 / 全華圖書股份有限公司

郵政帳號 / 0100836-1 號

印刷者 / 宏懋打字印刷股份有限公司

圖書編號 / 0512803

四版三刷 / 2021 年 4 月

定價 / 新台幣 400 元

ISBN / 978-957-21-7901-7

全華圖書 / www.chwa.com.tw

全華網路書店 Open Tech / www.opentech.com.tw

若您對本書有任何問題，歡迎來信指導 book@chwa.com.tw

臺北總公司(北區營業處)
地址：23671 新北市土城區忠義路 21 號
電話：(02) 2262-5666
傳真：(02) 6637-3695、6637-3696

南區營業處
地址：80769 高雄市三民區應安街 12 號
電話：(07) 381-1377
傳真：(07) 862-5562

中區營業處
地址：40256 臺中市南區樹義一巷 26 號
電話：(04) 2261-8485
傳真：(04) 3600-9806(高中職)
　　　(04) 3601-8600(大專)

序 言

Concrete

*— the worldwise structural material from the oldest
to the most smart technology.*

　　混凝土是世界上使用最多且最廣泛的土木營建材料，1920 年全世界混凝土年用量爲 7 億噸，1997 年全世界混凝土年用量則增爲 88 億噸，由於人口增加、經濟繁榮與都市化建設之需求，2000 年全世界混凝土年用量已超過 120 億噸。混凝土也是一種很特殊的複合材料，係由水泥、水、粗細骨材、摻料等四種以上性質完全不同的材料所組成。理論上，混凝土最好能夠符合使用者、設計者、施工者的需求，但事實上往往是相互矛盾的。譬如在強度方面，設計者會要求降低水灰比(W/C)或水膠比(W/B)以提昇混凝土強度；但如此則將造成混凝土施工性不佳；而導致施工者(工人)擅自加水以獲得施工性；但這種作法會因水灰比增加而降低了混凝土強度與耐久性。故有良好的混凝土品質管制觀念者，就會考慮使用「摻料」來滿足設計者與施工者之需求，因此在混凝土中使用摻料變成一種必要的手法。這種實際施工與理論相互矛盾的問題，也是近十幾年來混凝土材料科學探討研究的方向。從 1990 年高性能混凝土(HPC)被發展應用後，因爲可獲得高強度，並且具有良好的流動性與均勻性，而沒有泌水及析離的問題。摻料應用的

「Know How」，就變成混凝土科技的重要探討研究課題。當然摻料的使用，應符合「混凝土性能需求」及使用「本土化材料」的原則，並滿足混凝土的安全性、工作性、耐久性、經濟性與生態性等五大準則。新的混凝土技術觀念，係以骨材為骨架；而膠結材料則包括水泥漿與摻料。故如何將水泥、水、粗細粒料和摻料，以適當比例組合、產製與施工，做出符合安全性、工作性、耐久性、經濟性與生態性等設計需求的混凝土，不僅是一種「科學與技術」，也是一種「藝術」。

在教授幾年「混凝土技術」課程後，感到坊間書籍，大都為翻譯書或原文書，缺少本土化之混凝土技術書籍，故乃彙整教材講義與指導學生製作之期末報告資料撰寫成書，針對初學者以淺簡的方式來介紹混凝土技術，期對土木營建工程人員在實務工作上及大專學生在修習混凝土技術相關課程上有所助益。本書共分八章，第一章為緒論，介紹混凝土技術之重要性、優缺點與研究發展。第二章為混凝土組成材料與性質，包括膠結材料、粒料骨材、摻料與規範標準之要求。第三章為混凝土水化行為與微觀結構，探討矽酸鹽類之水化行為、鋁酸鹽類之水化行為、水泥漿體微觀結構與成份、水泥漿體中孔隙與體積變化及高性能混凝土水化作用機理。第四章為混凝土配比設計方法，包括混凝土配比設計方法之演變、混凝土配比設計應考量事項、ACI混凝土配比設計方法、高性能混凝土配比設計方法及預拌混凝土之規範標準要求。第五章為混凝土施工技術，包裝混凝土料源品管與產製技術，混凝土輸送、澆置與搗實技術，混凝土養護技術，混凝土表面修飾技術與混凝土品質保證技術。第六章為混凝土性質評估，包括新拌混凝土性質、硬固混凝土性質與相關試驗與規範標準。第七章為混凝土新技術，介紹高性能混凝土、優生高性能混凝土與其他特殊混凝土。第八章為混凝土品質管制，介紹品質管制觀念、隨機抽樣、統計圖、標準差與品質管制圖。第九章為混

凝土未來研究方向，包括 921 大地震 RC 結構物損壞原因與對策、混凝土耐久性、微裂縫、體積穩定性與水化作用模型等等。本書封面之背景圖片，採用國立高雄應用科技大學行政大樓與土木系館之照片，因為此二棟建築物之主要結構材料為混凝土；左上角為新拌高性能混凝土坍流度照片，顯示出優良光澤與工作性；右下角為法國巴黎新凱旋門照片，其主要結構材料亦為高性能混凝土，為一具耐久性與世界性地標考量之建築物。著者期望國內混凝土工程品質，不論新拌或硬固性質均能達到此一優良目標。

　　本書之完成特別要感謝 黃雄華老師與沈進發老師在土木材料與材料試驗之啟蒙，及黃雄華老師惠賜墨寶於封面提字。更要感謝 黃兆龍教授在混凝土材料之研究方針與治學態度上，悉心教誨始克有成。又系裡同仁潘信雄、林信政、宋明山、高宛睦、黃立政、蕭達鴻、黃文玲、沈茂松、潘煌錘、林棟宏與曾學雄等老師們諸多鼓勵與提供寶貴的建議，在此一併致謝；感謝全華科技圖書公司林淑華小姐的催稿與督促，更要感謝 陳隆景、盧俊文與鍾文豪等三位助理幫忙打字、整理圖表與照片。

　　混凝土技術為一隨時代進步的學識，其發展可說是日新月異。本書雖經全力以赴且耗費相當長時間才完成，但筆者學識及經驗有限，在催促急切下錯誤必所難免，尚祈各方先進賢達不吝指正賜教，是所至盼。

沈永年、王和源、林仁益、郭文田　謹上
於國立高雄應用科技大學土木工程與防災科技研究所

編 輯 部 序

　　「系統編輯」是我們的編輯方針，我們所提供給您的，絕不只是一本書，而是關於這門學問的所有知識，它們由淺入深，循序漸進。

　　混凝土是世界上使用最多且最廣泛的土木營建材料，也是一種很特殊的複合材料，係由水泥、水、粗細骨材、摻料等四種以上性質完全不同的材料組成。傳統的觀念，混凝土的膠結材料僅為水泥漿，而骨材則屬填充料，但是混凝土的新觀念，膠結材料應包括水泥漿與摻料，而骨材則視為構(骨)架，故如何將水泥、水、粗細粒料和摻料，以適當比例組合、產製與施工，做出符合安全性、工作性、耐久性、經濟性與生態性等設計性能需求的混凝土，不僅是一種「科學與技術」，也是一種「藝術」。本書適合大專院校土木科系「混凝土技術」及建築科系「混凝土施工」之課程使用，對業界人士而言，更是一本內容豐富的工具書。

　　同時，若您在這方面有任何問題，歡迎來函連繫，我們將竭誠為您服務。

目 錄

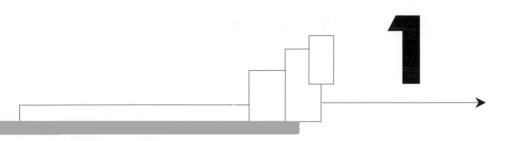

緒　論

學習目標

★ 混凝土之複合材料特性與重要性。

★ 混凝土材料五大性質需求。

★ 混凝土材料的優缺點。

★ 混凝土缺點之改良方法。

★ 混凝土科技未來研究發展方向。

⇨ 1-1 混凝土之重要性與性能需求

混凝土(Concrete)是世界上使用最多且最廣泛的土木營建材料，1920年全世界混凝土年用量為7億噸，1997年全世界混凝土年用量增加為88億噸，由於人口增加、經濟繁榮與都市化建設之需求，到2000年全世界混凝土年用量已超過120億噸[1，9]。

混凝土也是一種很特殊的複合材料，係由水泥、水、粗細骨材、摻料等四種以上性質完全不同的材料所組成，如圖1-1所示。水泥(Cement)是一種膠結材料具有水化膠結功能，加水後就立即進行水化作用，能將堅硬的碎石、砂等鬆散固態材料膠結在一起，所形成的人造石材即為混凝土。傳統的觀念，混凝土的膠結材料(Binder)僅為水泥漿(Paste)，而骨材則屬填充料(Filler)。但是混凝土的新觀念，膠結材料則包括水泥漿與摻料，而骨材則視為構(骨)架。故如何將水泥、水、粗細粒料和摻料，以適當比例組合、產製與施工，做出符合安全性、工作性、耐久性、經濟性與生態性等設計性能需求的混凝土，不僅是一種「科學與技術」，也是一種「藝術」。

理論上，混凝土應能符合使用者、設計者與施工者的需求，但事實上往往是相互矛盾的。譬如在強度方面，設計者會要求降低水灰比(W/C)或水膠比(W/B)以提昇混凝土強度；但如此則將造成混凝土施工性不佳；而導致施工者(工人)擅自加水以獲得施工性；但這種作法會因水灰比增加而降低了混凝土強度與耐久性。故有良好的混凝土品質管制觀念者，就會考慮使用「摻料」來滿足設計者與施工者之求，因此在混凝土中使用摻料變成一種必要的手法。這種實際施工與理論相互矛盾的問題，也是90年代混凝土材料科學探討研究的方向[2]。從1990年高性能混凝土(High Performance Concrete, HPC)被發展應用後，因為可獲得

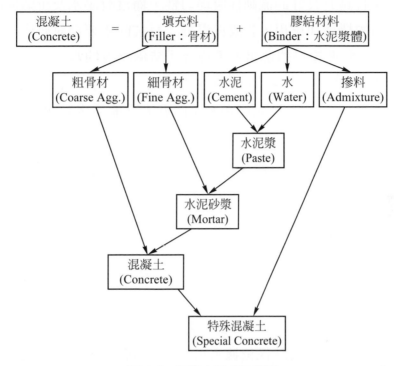

圖 1-1 混凝土組成示意圖

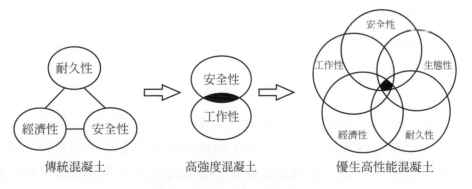

圖 1-2 混凝土五大性能需求[2]

高強度，並且具有良好的流動性與均勻性，而沒有泌水及析離的問題。即瞭解摻料的機理與應用，就成爲混凝土科技的重要探討研究課題，見圖 1-2 所示。當然摻料的使用，應符合「結構物目的需求」及「本土化(Local)」的原則，並且滿足安全性、工作性、耐久性、經濟性與生態性等五大性能要求。茲將 21 世紀混凝土的五大性能需求說明如下：

一、安全性(Safety)

混凝土的安全性，一般係指必須符合結構設計所需之抗壓強度要求。新的混凝土配比設計觀念，係以骨材爲構架之少漿配比法(即緻密配比法；Densified Mixture Design Algorithm)[3]，而不是如傳統或美國混凝土學會(American Concrete Institute；ACI)配比設計方法，所採用偏向富漿配比的設計法。因爲富漿配比混凝土之強度係由漿體來控制；而緻密配比混凝土之強度，則係經由骨材透過應力傳遞而達成，其所需水泥漿(黏結材)量較少；如此可避免水泥漿體乾縮、龜裂的問題發生。傳統混凝土強度設計係依據水灰比(W/C)觀念，而最新混凝土強度設計觀念，則依據水膠比(W/B)或水固比(W/S)來量[4,5]。

二、工作性(Workability)

在考慮混凝土工作性之設計時，若將ACI最低要求坍度標準當作設計坍度，將導致混凝土施工困難，迫使工地工人擅自加水以滿足泵送施工性，如此就造成混凝土品質劣化的後果，譬如蜂窩、強度不足、泌水、析離、白華、表面粉化等缺陷。又應如何才能滿足施工者之工作性需求，這應該是規範制定者、混凝土配比設計者及工程師或建築師等必須面臨的責任與挑戰。台灣處於歐亞大陸版塊之地震頻繁邊緣，即耐震結構物之樑柱接頭鋼筋密佈，若如果仍採用規範或施工說明書的傳統低坍度(100mm)混凝土設計觀念，則拆模後混凝土常會出現因混凝土施工困難搗實作業不佳，而產生蜂窩、品質不佳等問題。進年來日本工程界

已普遍採用高流動化混凝土，以利施工及提昇混凝土品質，因爲混凝土若具有良好工作性就能夠均勻地充滿模板內。台灣未來的混凝土將逐漸改採用具流動化的工作性，以獲得良好品質的混凝土。

三、耐久性(Durability)

混凝土的耐久性是不可忽視的，因爲混凝土 28 天齡期強度合格，並不一定代表在未來的使用年限(一般爲 50 年)內，混凝土都沒有問題。尤其台灣位於潮濕與四面環海的惡劣環境，但設計者常忽略了混凝土耐久性的設計考量，導致混凝土壽命提前結束；或者工程結構物於使用不久後就發生混凝土劣化的嚴重問題，譬如海砂屋或澎湖跨海大橋提前拆除等等，這些問題弊病都與混凝土耐久性欠佳有關。在混凝土耐久性設計考量上，須減少或抑制有損混凝土耐久性的因子，譬如混凝土拌和水量、水泥用量、氫氧化鈣、滲透性等等，並使用較大量骨材與較低漿量以抑制阻止水或不良因子的侵入進出。其他混凝土耐久性的重要策略爲譬如提高混凝土水密性、提高混凝土電阻係數、減少混凝土孔隙結構與相關防腐蝕措施等等，都是極重要且有效的方法。

四、經濟性(Economy)

經濟性在混凝土工程上爲最重要的需求。對業主而言，其目標是以較低的價格買到最佳的混凝土品質；對營造施工者而言，則希望以最低的施工單價，獲得最高利潤。但獲得混凝土的經濟性，不應該是採用「偷工或減料」或減少水泥用量的方法。而應該是藉由充分發揮混凝土各組成材料的特性，來獲得混凝土的最佳經濟效益，即爲「物盡其用」的觀念。以加拿大礦物與能源技術中心(CANMET)之研究成果爲例，一公斤水泥可以發揮100psi的混凝土抗壓強度；但由國內混凝土的配比資料，則每一公斤水泥僅發揮10至20psi的抗壓強度，即水泥經濟效益偏低；並且因爲水泥用量過多，反而會使混凝土得到「富貴病」而產生龜

裂、收縮等缺陷，如此將不利於混凝土耐久性。在目前國內砂石資源日漸匱乏情形下，如何發揮混凝土各組成材料的特性；設計使用較高抗壓強度的混凝土；及減少混凝土水泥與砂石用量等等策略方法，以獲得混凝土的經濟性需求是很重要的。

五、生態性(Ecology)

在環保意識日漸高漲的情況下，爲了維護地球生存環境，21世紀將會有更多且更嚴格的環保要求規範，1SO 14000 即爲以環保爲訴求的品質保證。如此才可避免地球臭氧層被破壞及大氣溫室效應結果，導致釀成全球性災害發生。在水泥工業中生產 1 噸水泥，同時會釋放產生 1 噸的CO_2，如此是不利全球的溫室效應問題，而全球約有 7 ％的CO_2是由水泥工業所產生[8]。並且水泥爲屬於耗能較高的材料，故如何減少混凝土的水泥使用量(在不影響其它性能下)，在環境保護上是很重要的考量策略。而另一混凝土生態性的考量，則是使用工業廢料(譬如矽灰、飛灰、爐石等)的再利用(Recycle)，當然使用飛灰或爐石的出發點，不是爲了減少水泥用量來獲利，其目的應該是爲了提昇混凝土的品質。因爲在水泥生產時，爲了避免空氣污染而回收廢氣中粒子，這些粒子常含有高量的K_2O及Na_2O等強鹼物質，會促使原屬惰性的骨材被刺激而變爲活潑，而導致發生鹼骨材反應。但這些水泥中的強鹼物質，則是卜作嵐材料的最佳催化劑，有助於促進卜作嵐反應而提昇混凝土品質，即應該正確地使用這些工業廢料，以獲得良好品質的混凝土。又混凝土生態性的另一考量觀點，應該是要研究如何來延長混凝土結構物的使用年限(即耐久性)，使混凝土不易劣化，如此就可減少結構物拆除重建費用，節省地球的資源而有利於生態性。

⇨ 1-2　混凝土的優缺點

　　混凝土爲土木營建工程中使用最爲廣泛的材料，因爲混凝土具有經濟、耐久、易塑、抗火、節能、美觀等優點，如表 1-1 所示。當然混凝土也有缺點，譬如張力強度低、延展性低、強度重量比值低、體積穩定性低、品控性較不易、勞工依賴性較大、易受天候及環境影響等缺點。故工程師應瞭解混凝土的優缺點，才能充分發揮混凝土長處，並改善混凝土缺點，達到混凝土最佳利用的目標。

表 1-1　混凝土優缺點[6]

優點	缺點
經濟性	張力強度低
耐久性	延展性低
易塑性	強度-重量比值低
生態性	低體積穩定性
抗火性	品控性較不易
節能性	勞工依賴性大
場塑性	易受天候及環境影響
美觀性	

　　混凝土可塑造出各種形狀的美觀建築物，譬如台北翡翠水庫、捷運劍潭站的龍舟形站台、八卦山大佛像、高雄東帝士摩天大樓、法國新凱旋門等。又混凝土造價比鋼結構便宜；施工具簡易性、節能，故被廣泛使用。品質優良的混凝土是非常耐久的，一般混凝土結構物至少可以使用 50 年以上，譬如總統府、台灣銀行等建築物。至於混凝土的抗火性，一般具有 1-2 小時以上的防火時效，比鋼結構安全多了；而鋼材在高溫下會有軟化與應力強度折減現象，易導致結構物產生崩塌破壞，故必須噴塗昂貴的防火被覆材料。又鋼鐵在濕氣環境下的銹蝕問題，亦是不可被忽略的。

　　就節約能源而言，製造水泥所消耗能源及混凝土施工所需能量，比其他營建材料譬如鋁、鋼鐵、玻璃為低。在考慮到生態及大自然保護的原則下，混凝土具有能資源節約的特點，並且混凝土的水泥用量將來會越來越減少。表 1-2 為典型營建材料耗用能量與相關性質，顯示混凝土之能源消耗為最少。

　　混凝土必須於工地現場組合模板後，再施以澆置、搗實、養護等施工作業，而不需要特殊的施工技術。在技術上工人僅需稍加訓練即可；若配合高性能混凝土壓送機與高流動化混凝土(坍度大於 230mm，坍流度大於 600mm)，則施工將更為簡易。在建築結構的美學上，混凝土亦有極佳的表現，闕如法國巴黎新凱旋門。

表 1-2　典型營建材料耗用能量及性質[6]

材料	能量需求 (GJ/m³)	密度 (g/cm³)	張力強度(壓力強度) (MPa)	彈性模數 (GPa)	熱膨脹係數 $10^{-6}/°C$	熱導性係數 W/m・k
混凝土	3.4	2.3	3(35)	～25	10	3
軟鋼	300	7.8	300	21.	12	50
高強度鋼	—	7.8	1000	21.	11	45
純鋁	360	2.8	100	70	23	220
鋁合金	360	2.8	300	70	23	125
玻璃	50	2.5	60	65	6	3
花崗岩石	—	2.6	20(25)	～50	7～9	3
軟木	—	0.35	50	5.5	—	0.2～0.6
硬木	—	0.7	100	10	—	0.2～0.6
聚苯乙烯	—	1	～50	～30	72	0.1

　　「體積不穩定性」為混凝土的重要缺點，包括潛變與乾縮。工程師在設計上，通常都會考慮混凝土之潛變與乾縮量；但如果混凝土為「多漿」配比，則將會使混凝土的潛變與乾縮量大增，而不利於混凝土的耐久性。

⇨ 1-3　混凝土之研究發展

　　任何材料的改良或發展，都是因應「實際需求」而來。身為土木營建工程人員，必須具有不斷求新求進步的觀念；藉由認知材料進而謀求改善材料，最後才能創新材料。由前節混凝土的優缺點，可推演出「複合材料」的改良理念。表 1-3 為混凝土缺陷的改良方法，但必須注意這些改善方法，可能會有其他副作用發生；故需持續研究改進不斷的改善混凝上缺陷，才能達到「物盡其用」的目標。而這些改良方法亦可混合使用，譬如為獲得高性能混凝土的品質，可使用強塑劑、減水劑及礦粉摻料而達成。為改良混凝土脆性缺點，則可以添加纖維或使用鋼材，使混凝土相當的韌性；為改善混凝土體積穩定性，則可添加聚合物或降低水泥漿量。

表 1-3　混凝土缺點改良方法[2]

改良方法		改良性質
加勁	鋼筋、預力	拉力強度
	纖維	拉力強度、延展性與韌性
使用摻料		強度、耐久性、經濟性、工作性與生態性
使用聚合物		強度、韌性、耐磨與體積穩定性
降低水膠比或水泥漿量		強度、耐久性與體積穩定性

学後評量

一、選擇題

( ) 1. 下列何者為混凝土材料之優點？ (A)張力強度 (B)延展性 (C)體積穩定性 (D)抗火性。

( ) 2. 為改良混凝土的韌性，可採用下列那一種方法？ (A)加纖維 (B)加飛灰 (C)降低水膠比 (D)降低水泥漿量。

( ) 3. 為改良混凝土體積穩定性，可採用下列那一種方法？ (A)加纖維 (B)加飛灰 (C)增加水膠比 (D)降低水泥漿量。

( ) 4. 下列那一種材料之彈性係數最大？ (A)混凝土 (B)花崗岩 (C)硬木 (D)橡膠。

( ) 5. 下列何者為混凝土材料之缺點？ (A)抗壓強度高 (B)具經濟性 (C)強度重量比低 (D)具耐久性。

( ) 6. 世界上使用最多且最廣泛的營建材料為？ (A)鋼材 (B)木材 (C)混凝土 (D)塑膠。

( ) 7. 降低混凝土的水膠(灰)比，可獲得 (A)強度增加 (B)強度降低 (C)品質降低 (D)耐久性降低。

二、問答題

1. 混凝土材料具有那些優缺點？又缺點應如何改善？

2. 混凝土材料與鋼骨材料比較，在特性上有那些差異？

3. 為何混凝土技術是科學、技術與藝術的組合？

4. 請述混凝土材料的重要性。

5. 請列舉十種以上混凝土。

6. 混凝土材料應如何考量，才能滿足生態性(Ecology)的需求？

7. 混凝土材料應如何考量，才能滿足經濟性(Economy)的需求？

8. 混凝土材料應如何考量，才能滿足工作性(Workability)的需求？

9. 混凝土材料應如何考量，才能滿足耐久性(Durability)的需求？

10. 混凝土在設計上應考量「安全性、工作性、耐久性、經濟性與生態性」等性能需求之原因？

11. 混凝土為由那些材料所組成之複合材料？並請繪出混凝土之組成示意圖。

12. What is the durability problems of concrete？

13. Why concrete is made by choice not by chance？

本章參考文獻

1. 沈永年，八十七年五月，混凝土耐久性問題，第 13 屆技職教育研討會論文集，工業類土木營建組，第 169 頁至 192 頁。

2. 黃兆龍，1997，混凝土性質與行為，詹氏書局。

3. Hwang, C. L., J. J. Liu, L. S. Lee, F. Y. Lin, 1996, Densified Mixture Design Algorithm and Early Properties of High Performance concrete, Journal of the Chinese and Hydraulic Engineering, Vo;.8, No.2, pp.207～219.

4. Sheen Y.N. and C.L. Hwang, 1999, New Concepts for Durability Design of Structural Concrete, Proceeding of The Seventh East-Pacific Conference on Structural Engineering & Construction (EASEC-7), August 27-29 1999, Kochi, Japan, pp.1466-1471.

5. Hwang C.L. and Y.N. Sheen, 1998, Hydration Behavior of HPC Containing Large Amounts of Fly Ash and Slag, Sixth CANMET/ACI International Conference on Fly Ash, Silica Fume and Natural Pozzolans in Concrete, Bangkok, Thailand.

6. Mindess, S., and J. F. Yuong, 1998, concrete, Prentice-Hall Inc. Englewood Cliff, N. J.

7. Mehta, P. K. and J. M. Montliro,1993, Concrete-Structure, Properties and Materials, Prentice-Hall Inc. Englewood Cliff, N. J.

8. Mehta,P.K., 1999, Concrete Technology for Sustainable Development, Concrete International, Vol.121 No.11.

9. Mehta,P.K., 2002, Greening of the Concrete Industry for Sustainable Development, Concrete International, Vol.24 No.7, PP.23～34.

2

混凝土組成材料與性質

學習目標

★ 混凝土組成材料種類與性質。

★ 卜特蘭水泥之組成成份與製程。

★ 卜特蘭水泥性質與檢驗規範方法。

★ 拌合水之品質要求與檢驗規範方法。

★ 骨材種類、性質、品質要求與檢驗規範方法。

★ 摻料種類、性質、品質要求與檢驗規範方法。

　　混凝土(Concrete)係由黏結材(Binder)與填充材(Filler)組合而成，如圖 1-1 所示。其中黏結材(Binder)係由水泥及摻料加水所生成之漿體(paste)；填充材(Filler)則包括粗、細骨材(約佔2/3混凝土體積)。又黏結材功用為：(1)包裹骨材表面使之黏結在一起。(2)填充骨材間之孔隙。(3)在混凝土未凝固前，使混凝土具流動性易施工，凝固後使混凝土產生強度。填充材之功用則為：(1)骨材強度較水泥漿高，可提昇混凝土強度。(2)水泥漿體(paste)收縮量較大，以骨材取代水泥漿體，可減少混凝土之體積變化量。(3)骨材具抵抗磨損、載重、水份滲透及風化作用的能力。(4)價格較水泥低廉，可降低混凝土成本。

⇨ 2-1　膠結材料

一、水泥

　　混凝土的膠結材料包括水泥、水與摻料。其中卜特蘭水泥之全世界損耗量為1880年少於200萬噸，1990年則為13億噸，從1880年至1996年水泥用量約成長650倍[1]。水泥的發展可分為「非水硬性黏結料」，「水硬性石灰」及「卜特蘭水泥」三個時期來說明：

1. 非水硬性黏結料

　　　　非水硬性黏結料係指不能在水中進行水化作用的材料，包括石膏及石灰二種材料。西元前 2000 年前，埃及人使用「不純石膏」之非水硬性黏結料來建造金字塔。製造不純石膏材料，只須將石膏加以燒結，將化學結合水份分解而得。非水硬性材料之黏結作用，係由單純加水硬固的反向還原而達成。

(1) 石膏

$$2C\bar{S}H_2 \xrightarrow{130℃燒結} 2C\bar{S}H_{1/2} + 3H \tag{2-1}$$
（石膏）　　　　　　（半水石膏）

式中 C，$\bar{S}$ 與 H 分別代表 CaO，SO_3 與 H_2O。

　　至於石灰，其原料係由石灰岩燒結而得。石灰加水後，會形成「氫氧化鈣而變爲硬固。又石灰暴露空氣中會吸收「二氧化碳」而形成「碳酸鈣」，而還原爲原來的石灰。其基本之反應如下：

(2) 石灰

$$C\bar{C} \xrightarrow{\Delta H = 1000℃} C + \bar{C} \uparrow \tag{2-2}$$

$$C + H \rightarrow CH + \bar{C} \rightarrow C\bar{C} + H \uparrow \tag{2-3}$$

式中 $\bar{C}$ 爲 CO_2 之簡寫符號。

　　公式(2-3)的碳化反應一般僅爲表面作用，因其產物可封住固體表面，但水份蒸發後則會產生「收縮裂縫」。

2. 水硬性石灰

　　很早以前希臘人和羅馬人，藉由燒結石灰岩(含黏土雜質)來製造「水硬性石灰」的技術。

$$石灰質 + 黏土雜質 \xrightarrow{\Delta H} 水硬性石灰 \tag{2-4}$$

　　同時也發現火山堆積物經細磨後，再與石灰、砂及水混合後，亦會產生硬固與防水的特性，如(2-5)所示。

$$火山堆積物 + 石灰 \longrightarrow 水硬性石灰 \tag{2-5}$$

在紀元前一百年希臘人採用那不勒斯灣周遭的卜作嵐石(即火山堆石)，研磨後亦得類似水硬性石灰的材料。

$$\text{Pozzolans 石} \xrightarrow{\text{研磨}} \text{水硬性石灰} \tag{2-6}$$

希臘人、羅馬人和埃及人將使用石灰材料經驗，對水泥的研究開發應用具有相當的貢獻。

表 2-1　卜特蘭水泥發展史

西元	研發者	重要事蹟	材料及製造方法
1756	Smeaton(英)	Edystone 燈塔採用水泥	含「白堊土」之石灰岩加上「卜作嵐」燒結
1796	Parker(英)	羅馬水泥(水硬性)	燒結中不消化之灰黑硬塊加以磨粉
1813	Vicat(法)	生產類似天然水泥之物質	20％黏土加入石灰石經燒結而成
1818	Saylor(美)	引入美國生產	砂質黏土與石灰岩燒成水泥
1822	Frost(英)	類似 Vicat 方法	細磨砂質黏土與石灰岩燒結，溫度低於熟料燒成溫度
1824	Aspdin(英)	定名卜特蘭水泥，獲得專利，開始商業化生產	細磨黏土與石灰岩之生料燒至高溫，熟料「燒塊」形成
1845	Johnson(英)	製造類似美國卜特蘭水泥之石塊	燒結黏土與皂土混合料至形成燒塊
1871	Saylor(美)	在美國申請專利	
1876	唐山洋灰公司(中)	引進水泥製造技術	
1880	Grant(德)	改良水泥生產技術	水泥磨細
1909	Edisent(美)	發明旋窯，解決凝結問題	添加石膏與水泥熟料研磨

3. 卜特蘭水泥發展過程

　　卜特蘭水泥的發展係淵源於早期的石膏及石灰使用經驗，表2-1為卜特蘭水泥的發展歷程。1824年英國人 Aspdin 獲得卜特蘭水泥生產專利以後，水泥就大量的應用於各項工程建設。在中國則遲至 18 世紀末期才引入西方的水泥材料，早期稱為「洋灰」，在台灣則稱為「紅毛土」。隨後水泥的研發重點，著重在水泥製造技術的改良，以提昇生產效率及節約能源為主要考量。近年來發覺在混凝土水泥用量若過多，將不利於混凝土耐久性，而「富貝萊土水泥」的開發，其目的都在發揮水泥材料應有的膠結性能，並且降低水化熱及減少收縮龜裂，而有助於強度持續發展與耐久性。

4. 水泥產製

　　水泥的製造過程，可簡化以「二磨一燒」的程序來加以說明，即先採取水泥原料(生料)，經過磨細混合均勻後，經過水泥窯中高溫燒結形成「熟料」，再添加適量石膏後加以研磨，即製成「水泥」，圖2-1為水泥生產流程示意圖。水泥的生產原料為石灰岩(主要成分為$CaCO_3$)與黏土礦物(主要成分為Al_2O_3，及SiO_2)，見表2-1，若將這些原料研磨的愈細並且混合愈均勻，則燒結反應結晶也就愈完全。水泥的製造技術是簡易的，而其品質主要受到原料的成分、研磨的細度、混合均勻性、燒結的溫度及時間、添加石膏量及研磨的程度而定。添加適量石膏之目的在調整水泥的凝結時間，以避免產生速凝或閃凝的問題，使水泥有良好的工作性。又在製程上，水泥的生產可分為「乾式法」及「濕式法」二種，「乾式法」係將原料直接研磨，冉混合送入旋窯中，在研磨及混合過程容易產生混合不均勻和空氣煙塵污染的問

題，但能源消耗少而較經濟。「濕式法」則在生料研磨過程中加入水變成泥漿，因可均勻混合故品質較佳且無環境污染問題，但是乾燥水份需耗用較多能源而不經濟。現代水泥廠製採用較新穎的設備，使用懸浮的「預熱系統」及良好的靜電集塵設備，可節約能源及確保環境清新，然而回收廢氣中，含有大量之氧化鉀(K_2O)及氧化鈉(Na_2O)等鹼性物質，導致水泥中含鹼，易產生鹼骨材反應(AAR)的耐久性問題，尤其台灣的骨材潛在活性大，故應加以限制水泥中之鹼性物質含量。

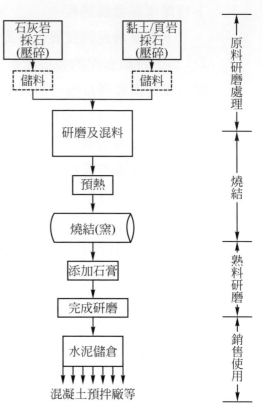

圖2-1　水泥生產流程圖(二磨一燒)示意圖

　　除了正確原料成份、足夠細度及混合均勻外，並需要有充分的燒結時間與燒結溫度。圖2-2顯示原料混合後在窯中的反應情形，在 1000℃ 以上才會形成「矽酸二鈣(C_2S)及「矽酸三鈣(C_3S)」，通常生產1噸水泥至少需要1800kcal/kg的熱量，而通過旋窯時間大約為3-4小時，水泥旋窯坡度為4.2公分／公尺，新式旋窯效率較高，生產時間可以大量減少至1小時左右，其正

確燒結時間視 X 光繞射分析及定性分析結果而定。圖 2-2 顯示在燒結過程中，溫度 50℃ 至 600℃ 的區段為自由水蒸發的「脫水區」，溫度 600℃ 至 1350℃ 的區段為黏土分解及石灰岩分解的「石灰燒結區」，此區段末期將形成「矽酸二鈣」及熔漿，透過緩慢的結晶作用，到 1450℃ 將形成大量的「矽酸三鈣」，此期稱為「燒塊區」或「熟料區」，到了噴火口附近由於沒有火焰直接燒結使溫度下降，有一部份燒塊無法形成結晶而成為玻璃質。燒結完成後即形成矽酸三鈣(C_3S)、矽酸二鈣(C_2S)、鋁酸三鈣(C_3A)及鋁鐵酸四鈣(C_4AF)。

$$石灰岩(CaCO_3) + 黏土礦物(Al_2O_3 \ \& \ SiO_2) \xrightarrow{\Delta H} \begin{array}{c} 水泥 \\ (水硬性石灰) \end{array}$$

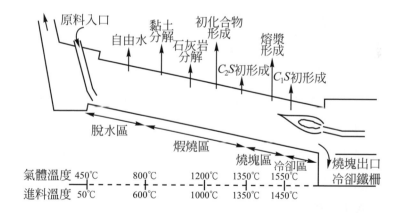

圖 2-2　水泥原料經脫水、煆燒與燒結後形成水泥熟料礦物

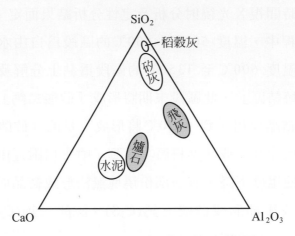

圖 2-3　CaO-Al$_2$O$_3$-SiO$_2$三相平衡圖

5.　水泥組成成份

卜特蘭水泥的主要組成為C$_3$S、C$_2$S、C$_3$A及C$_4$AF，見圖 2-3 及表 2-2 與表 2-3 所示。這些水泥的成份物質經過燒結反應，即形成具有黏結作用的「水泥熟料」，若相對量不均衡，則較難形成水化生成物，其性質也會隨之改變，此為必須將水泥區分為多種型別的原因。在CNS 61 中有提供潛在C$_3$S，C$_2$S，C$_3$A，C$_4$AF 計算方式如 2-7 式及 2-8 式所示。但如果燒結不完全，則這些熟料礦物不會產生如 2-7 及 2-8 式的水化產物，必須鍛燒溫度及時間足夠才會形成。即此二公式係提供水泥在某化學成分下之可能含有熟料礦物。

⑴　當 A/F≧0.64 時：

$$C_3S = 4.071C - 7.600S - 6.718A - 1.430F - 2.82\overline{S}$$

$$C_2S = 2.8678S - 0.7544C_3S$$

$$C_3A = 2.650A - 1.692F$$

$$C_4AF = 3.043F \tag{2-7}$$

表 2-2　卜特蘭水泥主要成分

化學名稱	化學式	簡寫
矽酸三鈣	$3CaO \cdot SiO_2$	C_3S
矽酸二鈣	$2CaO \cdot SiO_2$	C_2S
鋁酸三鈣	$3CaO \cdot Al_2O_3$	C_3A
鋁鐵酸四鈣	$4CaO \cdot Al_2O_3 \cdot Fe_2O_3$	C_4AF
石膏(二水硫酸鈣)	$CaSO_4 \cdot 2H_2O$	$C\bar{S}H_2$

表 2-3　卜特蘭水泥化學簡寫符號說明

簡寫符號	化學式	俗稱
C	CaO	氧化鈣俗稱「生石灰」
S	SiO_2	矽酸鹽又稱「硅酸鹽」
A	Al_2O_3	氧化鋁又稱「鋁礬土」
F	Fe_2O_3	氧化鐵
M	MgO	氧化鎂，鎂土或苦土
K	K_2O	鹼鹽
N	Na_2O	
$\bar{S}$	SO_3	三氧化硫
$\bar{C}$	CO_2	二氧化碳
H	H_2O	水

(2) 當 A/F<0.64 時：

$$C_3S = 4.071C - 7.600S - 4.479A - 2.859F - 2.852\bar{S}$$

$$S_2S = 2.867S - 0.7544C_3S$$

$$C_3A = 0$$

$$C_4AF^* = 2.100A + 1.702F \tag{2-8}$$

式中 C_4AF^* 其實係以 C_4AF 及 $C2F$ 之固熔體之形式存在。

6. 水泥類型(依 CNS 61 & ASTM C150)與用途

水泥類型若依用途及規範(CNS & ASTM)區分，則可分為下列五種。而表 2-4 為各類型卜特嵐水泥的典型成份與性質。

表 2-4　各類型卜特蘭水泥的典型成分與性質[1]

化學成份	I 型 普通	II 型 中度抗硫及水化熱	III 型 早強	IV 型 低熱	V 型 抗硫
矽酸三鈣(C_3S)	50	45	60	25	40
矽酸二鈣(C_2S)	25	30	15	50	40
鋁酸三鈣(C_3A)	12	7	10	5	4
鋁鐵酸四鈣(C_4AF)	8	12	8	12	10
石膏 CSH2	5	5	5	4	4
細度(Blaine，m^2/kg)	350	350	450	350	350
1天之抗壓強度 kg/cm^2(Psi)	70 (1000)	60 (900)	140 (2000)	30 (450)	60 (900)
水化熱(7 天之 J/G)	330	250	500	210	250

第 I 型，普通水泥(CNS 容許添加 5 ％合格水淬爐石粉或飛灰)

第 II 型，改良水泥(中度抗硫與中度水化熱)

第 III 型，早強水泥(混凝土需要獲得早期強度)

第 IV 型，低熱水泥(用於巨積混凝土)

第 V 型，抗硫水泥(用以抵抗高度硫酸鹽侵蝕)

7. 水泥之化學性及物理性需求

(1) 化學性

其目的在限制水泥中之有害物質含量，依表 2-5 所示之要求。

表 2-5　卜特蘭水泥化學成分規定(CNS 61)

<table>
<tr><td colspan="2">水泥型別</td><td>I,IS 及 IA</td><td>II 及 IIA</td><td>III 及 IIIA</td><td>IV</td><td>V</td><td>備註</td></tr>
<tr><td rowspan="8">化學成份標準規定</td><td>二氧化矽(SiO_2)最小值，%</td><td>—</td><td>20.0</td><td>—</td><td>—</td><td>—</td><td></td></tr>
<tr><td>氧化鋁(Al_2O_3)最大值，%</td><td>—</td><td>6.0</td><td>—</td><td>—</td><td>—</td><td></td></tr>
<tr><td>氧化鐵(Fe_2O_3)最大值，%</td><td>—</td><td>6.0</td><td>—</td><td>6.5</td><td>—</td><td></td></tr>
<tr><td>氧化鎂(MgO)最大值，%</td><td colspan="5" style="text-align:center">6.0</td><td></td></tr>
<tr><td>三氧化硫(SO_3)最大值，%
1. 當 C_3A 為 8 ％以下時)
2. 當 C_3A 大於 8 ％</td><td>3.0
3.5</td><td>3.0</td><td>3.5
4.5</td><td>2.3</td><td>2.3</td><td></td></tr>
<tr><td>燒失量最大值，%</td><td>3.0</td><td>3.0</td><td>3.0</td><td>2.5</td><td>3.0</td><td></td></tr>
<tr><td>不溶殘渣最大值，%</td><td colspan="5" style="text-align:center">0.75</td><td></td></tr>
<tr><td></td><td></td><td></td><td></td><td></td><td></td><td></td></tr>
<tr><td rowspan="2">熟料成份</td><td>矽酸三鈣(C_3S)最大值，%</td><td>—</td><td>—</td><td>—</td><td>35</td><td>—</td><td rowspan="2">水泥熟料礦物含量之計算依公式(2-7)及公式(2-8)所示</td></tr>
<tr><td>矽酸二鈣(C_2S)最小值，%</td><td>—</td><td>—</td><td>—</td><td>40</td><td>—</td></tr>
</table>

表 2-5　卜特蘭水泥化學成分規定(CNS 61)(續)

	水泥型別	I,IS 及 IA	II 及 IIA	III 及 IIIA	IV	V	備註
熟料成份	鋁酸三鈣(C_3A)最大值，%	－	8	15	7	5	水泥熟料礦物含量之計算依公式(2-7)及公式(2-8)所示
	鋁鐵酸四鈣加 2 倍之鋁酸三鈣($C_4AF + 2C_3A$)或固熔體($C_4AF + C2F$)採用兩者中之合適者最大值，%	－	－	－	－	25.0	
化學成份規定	鋁酸三鈣(C_3A)最大值，%	－	－	8	－	－	用於抵抗中度硫酸侵蝕
	鋁酸三鈣(C_3A)最大值，%	－	－	5	－	－	用於抵抗高度硫酸鹽侵蝕
	矽酸三鈣(C_3S)及鋁酸三鈣(C_3A)之和 最大值，%	－	58	－	－	－	適用於中度水化熱
	鹼類($Na_2O + 0.658K_2O$)最大值，%			0.60			低鹼水泥

(2)　物理性

　　　其目的在控制水泥之強度發展與凝結時間，依表 2-6 所示之要求。

8.　其他種類水泥

　　　包括混合水泥(Blend Cement)、高爐水泥、膨脹水泥、速凝水泥、污工水泥等等。

9.　水泥品管檢驗

　　　水泥品質管制之檢驗項目很多，其主要項目如下所述。而除了要求水泥廠商提供水泥品質試驗報告書外，亦應採樣封存及配合檢測所記錄之品質管制圖加以管制之。

(1)　細度(CNS 2924)、比重(CNS 11272)

(2)　凝結時間(CNS 785 與 CNS 786)

表2-6　卜特蘭水泥物理性質規定(CNS 61)

水泥型別			I及IS	IA	II	IIA	III	IIIA	IV	V
物理性質標準規定	墁料之空氣含量，體積百分率：	最大值，%	12.0	22.0	12.0	22.0	12.0	22.0	12.0	12.0
		最小值，%	—	16.0	—	16.0	—	16.0	—	—
	細度或比表面積 m²/kg (兩法任選用其)*	濁度計法，最小值	160				—		160	
		氣透儀法，最小值	280				—		280	
	熱壓膨脹(%)，最大值		0.80							
	強度發展，各試驗齡期抗壓強度 kg/cm²(psi)不得少於下列各值：	1 天	—	—	—		126 (1800)	102 (1450)		—
		3 天	126 (1800)	102 (1450)	105 (1500) 70＋ (1000)	85 (1200) 56＋ (800)	246 (3500)	197 (2800)		85 (1200)
		7 天	197 (2800)	158 (2250)	175 (2500) 119＋ (1700)	141 (200) 95＋ (1350)			70 (1000)	155 (2200)
		28 天	281 (4000)	225 (3200)	281 (4000) 225＋ (3200)	225 (3200) 180 (2500)	—	—	175 (2500)	221 (3000)
	凝結時間（兩法任選用其一）	吉爾摩氏(Gilmore)針法 初凝(分鐘)，不少於	60							
		吉爾摩氏(Gilmore)針法 終凝(分鐘)，不多於	600							
		費開氏(Vicat)針法 初凝(分鐘)，不少於	45							
		費開氏(Vicat)針法 終凝(分鐘)，不多於	375							
擇選規定	假凝結，針入度，最小值，%		50							
	水化熱	7 天，最大值，kJ/kg(cal/g)	—	—	290 (70)	290 (70)	—	—	250 (60)	—
		28 天，最大值，kJ/kg(cal/g)			330 (80)	330 (80)			290 (70)	
	硫酸鹽膨脹，14天，最大值，%									0.04

*ACI 363 高強度混凝土中，要求水泥 7 天強度達到 294kg/cm²，細度介於 350～400m²/kg，C₃S含量要較高。

＋有水化熱或C₃S＋C₃A含量限制時。

⑶ 強度發展(CNS 1010)

⑷ 化學成份(CNS 1078)

⑸ 溫度

二、拌合水

水在混凝土材料也爲重要地位,因爲沒有拌合水是無法使混凝土中的水泥產生水化作用,而發揮膠結材料的功能。而拌合水之品質要求與相關檢驗項目、方法與規範,如下所述:

1. 品質需求

⑴ CNS 1237 規範要求拌合水需潔淨,不含油脂、酸、鹼、鹽類、有機物或其他對混凝土或鋼筋有害之物質。

⑵ 水只要「可以飲用」,就可當作拌合水使用。

2. 檢驗項目、方法與規範

表 2-7 拌合水品質檢驗項目、方法與規範

基本檢驗項目	檢測方法	標準規範
酸性與鹼性	1.酚鈦或甲基橙指示劑 2. pH 測定儀 3.比色法	CNS 1237
固體總量與有機物	以 100℃烘乾後再以 132℃烘乾 1 小時。	CNS 1237
氯離子	滴定法	CNS 5858
1. 凝結時間 2.砂漿方塊強度	1. 凝結時間之差異不早於 1 小時及晚於 1.5 小時。 2.抗壓強度應爲飲用水 90 ％以上。	CNS 786 CNS 1010

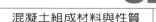

⇨ 2-2 填充材料

　　骨材(Aggregate)又稱粒料，在混凝土中約佔70％～80％的體積，對混凝土性質有很大的影響。表2-8為骨材性質對混凝土性質的影響，顯示骨材在混凝土中的重要性。過去骨材考慮只是混凝土中的填充材料，所以常被忽視。在1990年後骨材已漸被當作混凝土的構架材料，其觀念為混凝土即使沒有水泥漿，亦可由骨材來支撐載重。1992年高雄東帝士大樓(T&C Tower)所採用的高性能混凝土，係以骨材堆積為主要混凝土配比設計觀念，使骨材在混凝土所扮演的角色更顯重要。

　　混凝土所使用的骨材，必須是淨潔、堅硬、耐久，且不含有害量之粉塵、黏土及有機物，並具有適當的級配與形狀[4]。

1. 潔淨

　　骨材的淨潔度，係指骨材之粉塵、有機物及黏土含量。骨材若不潔淨將影響混凝土的工作性，進而增加水泥用量，而不利於混凝土強度。若含有機物，將影響水泥之凝結及強度發展。若含過量氯化物，則易造成混凝土內鋼筋腐蝕。

2. 堅硬

　　骨材應避免採用軟弱岩石及多孔隙的岩材，譬如軟質砂岩、軟質凝灰岩；風化岩石，譬如片岩、頁岩等。

3. 適當形狀與級配

　　骨材應避免扁平、細長和條形的顆粒。即避免使用含片岩、片麻岩、黏板岩等之骨材；製程中也須適當之處理，以免形成片狀顆粒。粗細骨材之級配應符合CNS 486之要求。

表 2-8　混凝土性質與骨材性質之關係

混凝土性質		骨材相應性質
耐久性	抗凍融作用	健度、孔隙、孔隙結構、透水性、飽和度、強度、紋理及結構、黏土礦物
	抗乾濕作用	孔隙結構
	抗熱冷作用	熱膨脹係數
	抗磨損作用	硬度、洛杉磯磨損率
	抗鹼骨材反應	活性矽化物含量
強度(安全性)		強度、表面紋理、淨潔、顆粒形狀、最大骨材粒徑
收縮和潛變		彈性模數、顆粒形狀、級配、淨潔、最大骨材粒徑、黏土礦物
熱膨脹係數		熱膨脹係數、彈性模數
熱導性		熱導性
比熱		比熱
單位重		比重、顆粒形狀、級配、最大骨材粒徑
彈性模數		彈性模數、波松比
滑動性		粗糙度
經濟性		顆粒形狀、級配、骨材最大粒徑
工作性		圓形顆粒，緻密級配，孔隙

一、混凝土配比設計所需的骨材性質

混凝土配比設計所需的骨材性質如表 2-9 所示，並逐項說明如下：

表 2-9　為骨材在混凝土配比設計上所需之性質

性質	說明	範圍	相關規範
形狀和紋理	形狀愈近圓球狀，所需水泥漿體愈少。在相同漿量下，工作度可獲改善。表面紋理愈平整光滑，則需漿量愈少。相同漿量下工作度愈佳。但表面粗糙有較佳之互制作用，提高初期強度，對極限強度則無明顯之差異。	扁平率＜3	CNS 1240 ASTM C295 ASTM C3398
級配	在工作度「最佳化」及水泥漿體用量「經濟化」下，理論上的策略為： 1. 儘量採用最大粒徑的級配骨材，以縮小單位重量之表面積(S)及孔隙空間(V_v)。 2. 適當摻加細料以增加黏滯性及防止骨材的析離。 3. 採用圓形光滑骨材，以減少凸凹多角的表面，減少表面積(S)，而節省用漿量。透過篩分析可以獲得最大骨材尺寸(D_{max})，顆粒分佈曲線(級配)及細度模數(FM)的資料。	細骨材 FM 介於 2.3～3.1	ASTM C117 ASTM C136 CNS 486 CNS 1240
容積比重	容積比重(BSG)為配比設計算體積與重量關係時之依據資料。	2.4～2.9	ASTM C127 ASTM C128 CNS 488
單位重	單位重為單位體積之重量，其體積係包括骨材實體積、骨材內孔隙、及骨材與骨材間之空隙。	1200～1750kg/m³	ASTM C29 CNS 1163
吸水率及含水量	吸水率(AC)及含水量(MC)為骨材影響混凝土品質的關鍵所在，因為 AC 隨骨材風化狀況、裂隙多寡、孔隙多少、骨材種類及成分而異。同一來源骨材亦常有相當大差異。MC 則隨風速、溫度、濕度狀況而異，同一堆骨材，上層與下層間就有明顯的差別。若是 AC 及 MC 沒有適當檢測及控制，則會改變原有配比的用水量，進而改變水灰比(W/C)，影響混凝土強度性質。	粗骨材 1～6 % 細骨材 3～8 %	ASTM C70 ASTM C120 ASTM C128 ASTM C566 CNS 488 CNS 487

1. 形狀與紋理

　　骨材形狀愈近圓球形者，則混凝土在同一工作度下，所需水泥漿體愈少。骨材多角形凹凸面愈多，表面積愈大，骨材間移動所需潤滑漿量就愈多。在同一漿量體積及相似骨材級配條件下，具圓形骨材之混凝土工作度較多角形者佳。表面紋理成平整光滑，則需漿愈少。相對的，在相同漿量下，則工作度愈佳，所以配比設計時應儘可能採用圓形顆粒及表面光滑者。

2. 骨材級配

　　骨材的級配爲不同尺寸顆粒的排列組合，如圖 2-4 所示。

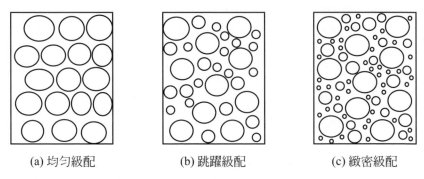

(a) 均勻級配　　　　　(b) 跳躍級配　　　　　(c) 緻密級配

圖 2-4　骨材級配種類示意圖

(1) 骨材級配重要性

　　骨材具良好級配之優點爲①可使工作度「最佳化」，以獲得良好工作性②減少漿體用量以獲得經濟性，而減少空隙(V_v)及降低表面積(S)和潤滑漿量厚度(t)則是很重要手段，也是高性能混凝土的主要設計理念。圖 2-5 所示爲骨材間空隙(V_v)與界面漿量($V_l = S \cdot t_{min}$)之相互關係。混凝土若使用漿量(V_p)過高，則漿體本身會產生微裂縫而影響到混凝土之耐久性。見圖 2-6 爲漿量過多混凝土產生漿體裂縫及沿骨材界面之幅射裂縫示意圖。

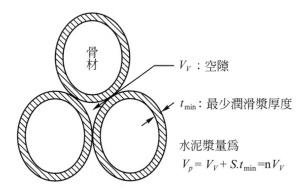

圖 2-5　骨材間空隙及所需水泥漿量示意圖

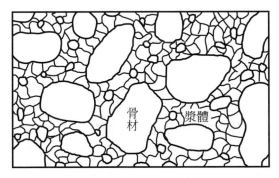

圖 2-6　骨材界面輻射裂縫與水泥漿體裂縫示意圖

骨材級配對水泥漿量之影響可由 2-9 式得知：

即 $V_p = V_v + S \cdot t_{min} = nV_v$ 　　　　　(2-9)

式中

V_p：水泥漿體用量

V_v：骨材間空隙

S：骨材表面積和

t_{min}：最少潤滑及黏結水泥漿厚度

n：係數，約 1.1～1.5 規混凝土品管能力而定

　　為達到最經濟漿量與最佳工作度，其方法可由2-9式可知應從減少孔隙量(V_v)、減少表面積(S) 及減少潤滑漿厚度(t_{min})來著手。而其基本原則為：

① 使用較大粒徑粗骨材

　　使用較大粒徑粗骨材，可減少空隙空間和表面積(即減少表面積(S)及空隙(V_v))。因為使用較大粒徑粗骨材，則骨材表面積比同重量較小粒徑骨材有較少之表面積。對「高強度混凝土」而言，在採用高膠結量下，需採用「粗砂」取代「細砂」的意義在此。當然普通混凝土之粗骨材亦可採用此策略，但實際上粗骨材粒徑亦需受限於鋼筋間距、模板鋼筋距及樓板厚度。

② 適量細粒料

　　適量細粒料可增加混凝土「黏滯性」及避免骨材「析離」；而採用良好的細粒料級配，亦可減少空隙量(V_v)。然而過多細粒料增加總表面吸附水量，亦會造成過於黏稠而不利施工性。高性能混凝土，則因使用適量飛灰，所以在良好配比下，可避免黏稠問題。

③ 採用圓形及光滑的骨材

　　可減少潤滑用漿量(即減少潤滑厚度(t))，因為圓形及光滑顆粒表面積比較少，當然潤滑漿量就不需太多。

　　以上骨材級配原則對一般混凝土是恰當的，但對低漿量高強度之高性能混凝土(超過560kg/cm²的抗壓強度，250mm的坍度)而言，其粗骨材粒徑則不可太大，以免總黏結強度不夠。因為在高強度條件下，水泥膠結料強度較高，混凝土最弱面在界面上，在相同黏結應力下增加骨材表面積，就可

增加「總黏結強度」。而細骨材之細度則必須較粗,如此才可減少表面積(S),並避免黏度過稠,且有適量的卜作嵐材料在配比中。若細骨材過細,相應之表面積(S)較大,則所須潤滑漿量將不足。

(2) 骨材級配之品管

　　在混凝土配比設計工作上,必須將骨材之級配狀況加以檢核,這是混凝土工程品管作業必須進行的重要工作。

① 篩分析

　　骨材篩分析目的,在於瞭解骨材顆粒分佈狀況,並檢核骨材級配是否合乎規範要求,以計算出「最大單位重」或「最小空隙」,供計算混凝土之黏結材漿量(V_p)。用於混凝土骨材之標準篩尺寸包裝 ASTM 及 CNS 二種,如表 2-10。典型的粗骨材及細骨材級配計算範例如表 2-11 及表 2-12 所示。

表 2-10　骨材篩分析之標準篩

骨材種類	標準篩	標稱篩孔徑	
	ASTM	mm	in
粗骨材	3in	75.0	3.00
	2.5in	63.0	2.50
	2in	50.0	2.00
	1.5in	37.5	1.50
	1in	25.0	1.00
	3/4in	19.0	0.75
	1/2in	12.5	0.50
	3/8in	9.5	0.375

表 2-10　骨材篩分析之標準篩(續)

骨材種類	標準篩	標稱篩孔徑	
	ASTM	mm	in
細骨材	No.4(3/16in)	4.785	0.187
	No.8	2.36	0.0937
	No.16	1.18	0.0469
	No.30	0.60	0.0234
	No.50	0.3	0.0124
	No.100	0.15	0.0059

表 2-11　粗骨材篩分析計算範例

篩號	留篩率(%)	累積留篩率(%)	通過率(%)
3in	0	0	100
2 in	2	2	98
1.5 in	4	6	94
1 in	20	26	74
3/4 in	17	43	57
1/2 in	28	71	29
3/8 in	27	98	2
#4	2	100	0
#8～#100	0	100	0
備註：F.M.＝ 7.47			

表 2-12　細骨材篩分析計算範例

篩號	留篩率(%)	累積留篩率(%)	通過率(%)
3/8 in	0	0	100
#4	4	4	96
#8	9	13	87
#16	17	30	70
#30	20	50	50
#50	30	80	20
#100	18	98	2
#200	2	100	0
備註：F.M.＝2.75			

②　最大骨材粒徑(D_{max})

❶　骨材最大粒徑(The Maximum Size of Coarse Aggregate)：指所有試樣均能通過的最小篩孔大小，在實用上是容許有些許留篩量的。

❷　標稱最大粒徑(The Nominal Maximum Size of Coarse Aggregate)：所有試樣容許通過的最小篩孔大小，一般較骨材最大粒徑為小。依 ASTM 規範，粗骨材最大粒徑篩尺寸，其遺留在次一號篩之百分比不得少於10%。譬如其粗骨材有 10%遺留在 3/8in 篩上，則其最大粗骨材粒徑為 1/2in。例如骨材最大粒徑$D_{max}＝2in$ 的骨材，其標稱最大粒徑可能為：$D_{max}＝1.5in$。表 2-13 所示為混凝土使用之骨材標準級配的要求，可看出留篩的評可程度。最大骨材粒徑，基本上考慮「良好級配」的原則下，粒徑排列組合的

成果，如果能做ASTM C33規定時，採用較大D_{max}則混凝土配比應可獲適當「經濟性」及「工作性」。混凝土施工規範要求粗骨材最大粒徑D_{max}須取下列之最小值：(a)模板最小寬度之 1/5(b)混凝土版厚之 1/3(c)鋼筋、套管等最小間距之 3/4(d)混凝土泵送管內徑之 1/4。

表 2-13　骨材的級配要求(ASTM C33)

細骨材		粗骨材				
篩號	通過率%	篩號	通過率%(標準最大粒徑)			
			1 1/2in	1in	3/4in	1/2in
3/8in	100	1 1/2in	95～100	100	—	—
No.4	95～100	1in	—	95～100	100	—
No.8	80～100	3/4in	35～70	—	90～100	100
No.16	50～85	1/2in	—	25～60	—	90～100
No.30	25～60	3/8in	10～30	—	20～55	40～70
No.50	10～30	No.4	0～5	0～10	0～10	0～15
No.100	2～10	No.8	—	0～5	0～5	0～5
二連續篩號間之殘留量不應超過 45％。						

③ 細度模數(Fineness Modulus, FM)

　　細度模數係用以表示骨材「粗細的程度」，其定義如2-10式。

$$F.M. = \frac{\Sigma(累積停留於特定標準篩上之重量百分比)}{100} \quad (2\text{-}10)$$

式中之特定標準篩指篩號為「#100，#50，#30，#16，#8，#4 和 3/8 吋，3/4 吋，1.5 吋及 3 吋)」。細度模數在配比設計中，主要使用於細骨材，其細度模數之規範要求在「2.3～3.1」間。「細度模數愈大」表示「顆粒愈粗」。

ASTM 規定砂之 FM 在 2.3(細)至 3.1(粗)之間」，混凝上配比品管要求砂之差異值在 0.2 以內，但對高流動性及高強度混凝土等高水泥膠結料漿量之配比，通常要求較粗的砂(FM 介於 2.8～3.1 為標準)，其目的在減少細砂對水的吸附作用，造成黏稠性過大，而影響工作性。

3. 容積比重(BSG；Bulk Specific Gravity)

混凝土配比設計時，常須以容積比重來計算體積與重量之關係值。而「容積比重」係包括空隙體積，故比「絕對比重」或「真比重」小。其定義如下式所示。

$$\text{BSG} = \frac{W_{整體}}{V_{整體}} \cdot \frac{1}{\gamma_W} = \frac{W_{固體}}{V_{固體} + V_{空隙}} \cdot \frac{1}{\gamma_W}$$

式中

$W_{整體}$ 即 Wt，包括實體和空隙之重量，因空隙無重量，故 $W_{整體}$ ＝ $W_{固體}$。

$V_{整體}$：包括實體和空隙之總體積。

而「絕對比重 (ASG；Absolute Specific Gravity)」：為不包含空隙的實體單位重量，即

$$\text{ASG} = \frac{W_{固體}}{V_{固體}} \cdot \frac{1}{\gamma_W}$$

式中

$W_{固體}$：骨材實體之重量。

$V_{固體}$：骨材實體之體積。

若骨材空隙充滿水分，則：

$$ASG > BSG_{SSD} > BSG_{OD}$$

式中 SSD 及 OD 分別表示「面乾內飽和」及「烘乾狀態」。

4. 單位重(Unit Weight, UW)

單位重定義為「單位容積的材料重量」，以 kg/m³為單位。一般以 UW 表示單位重，與實體單位重量(即不含孔隙之材料實體重)不同，但與容積比重觀念相似。可利用單位重與實體單位重之關係可以找出骨材間之空隙率，圖 2-7 所示即為骨材單位重量與空隙之關係。

單位重量　$UW = Wa$

容積密度　$\gamma_a = BSG \cdot \gamma_W$

骨材體積　$V_a = \dfrac{UW}{\gamma_a} = \dfrac{UW}{BSG \times \gamma_W}$

總體積　　$V_t = V_a + V_v = 1$

空隙率　　$V_v = 1 - V_a = 1 - \dfrac{Wa}{BSG \cdot \gamma_W} = \dfrac{BSG \cdot \gamma_W - UW}{BSG \cdot \gamma_W}$

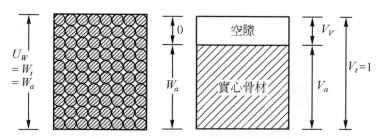

圖 2-7　骨材單位量與空隙示意圖[3]

空隙率一般在 0.25～0.4 間，視級配狀況而異，當粗細骨材混合時，亦可以「混合單位重」來求出最佳混和比例，如此可獲取「最小空隙」，此時混合料級配曲線會落在標準級配的中點，而且近似「富韌曲線」。因為空隙減少時，同一工作性所需之漿量因而減少，不僅有利經濟性外，也因為漿少，則漿體裂縫及骨材界面輻射裂縫機率降低，對長久耐久性亦有幫助。混合單位重的計算方法，係依重量關係調配細骨材與粗骨材比率，並依容積單位重之方法量測出單位重，見圖 2-8，求出最大單位重之點，即可反求最小空隙，此仍潤滑漿量之最低限，通常水泥漿量為空隙的倍數，高性能混凝上的緻密配比方法，即以此種級配與顆粒充填之方法求得，見圖 2-5。而顆粒材料互填對混凝土工作性、安全性、耐久性、經濟性及生態性有很大之正面效益，圖 2-9 為顆粒材料互填對單位重影響之示意圖。

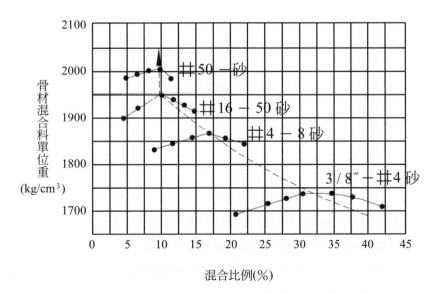

圖 2-8　粗骨材混合料單位重的變化[3]

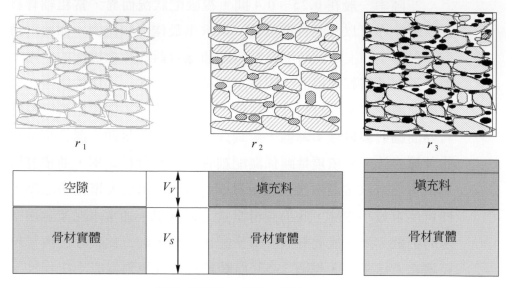

如果 r 填充料 $< r$ 固體，則 $r_1 < r_3 < r_2$
如果 r 填充料 $> r$ 固體，則 $r_1 < r_2 < r_3$

圖 2-9　顆粒材料互填與單位重影響示意圖[3]

5.　吸水率及含水量(Absorption and Surface Moisture)

　　骨材含水狀態常受到環境與溫濕度的影響，在混凝土拌和時必須加以修正。否則因含水量變化，將導致混凝土之水灰比(W/C)或水膠比(W/B)改變，而影響到混凝土強度或工作性，甚至對混凝土均勻性及耐久性有不利影響。因此骨材含水量之修正與正確的拌和水量之確認是非常重要的工作。骨材含水狀態有二種基準，若在烘箱中以溫度105℃烘烤24小時或至恆重時，則稱為烘乾重(OD)，見圖 2-10。若骨材置於水中至恆重後，擦乾表面至無游離水時，則稱為面乾內飽和(SSD)狀態，見圖2-10。因為粗骨材微裂隙及孔隙不大，即OD與SSD相近，故在計算時常被忽略，即假設$BSG_{SSD} \cong BSG_{OD}$。

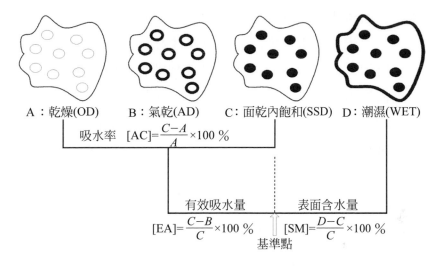

A：乾燥(OD)　　B：氣乾(AD)　　C：面乾內飽和(SSD)　D：潮濕(WET)

吸水率　$[AC]=\dfrac{C-A}{A}\times100\%$

有效吸水量　　　　　表面含水量

$[EA]=\dfrac{C-B}{C}\times100\%$　　$[SM]=\dfrac{D-C}{C}\times100\%$

基準點

圖 2-10　骨材含水狀況示意圖

(1)　飽和面乾(SSD)狀態為基準

　　　骨材吸水率為骨材烘乾(OD；Oven Dry)與面乾內飽和(SSD；Saturated Surface Dry)狀態重量差值之比率。而有效吸水率(EA)則為氣乾狀態(AD；Air Dry)與面乾內飽和(SSD)之含水狀態之差值比率，其定義如圖 2-10 所示。「吸水率」及「有效吸水率」均表示配比設計時骨材之不足水分，要調整骨材水分使達到「面乾內飽和」狀態，如此混凝土拌和時骨材才不會吸收水泥漿之水分，而影響混凝土之水化作用。

①　吸水率(Absorption Capacity；AC)

$$AC = \frac{W_{SSD} - W_{OD}}{W_{OD}} \times 100\% = \frac{C-A}{A} \times 100\%$$

②　有效吸水率(Effective Absorption；EA)

$$EA = \frac{W_{SSD} - W_{AD}}{W_{SSD}} \times 100\% = \frac{C-B}{C} \times 100$$

③ 表面含水量(Surface Moisture；SM)

　　表面含水量係指附著於骨材表面上之自由水，見圖 2-10 所示，此自由水如果不加以掌控則會造成水膠(灰)比改變，而影響混凝土之強度、均勻性及耐久性，因此必須嚴加控制，以確保混凝土品質。在混凝土預拌廠骨材進料時其水分常較大，即骨材表面含大量水份，尤其是細骨材(砂)之含水率更大，將不利於混凝土施工品質，故應加以修正調整。預拌廠常採用「自動測濕儀」，配合快速量測水分儀器，來修正骨材之表面含水量。而骨材表面含水量之計算為：

$$\text{SM} = \frac{W_{潮濕} - W_{\text{SSD}}}{W_{\text{SSD}}} \times 100\% = \frac{D-C}{C} \times 100\%$$

　　氣乾(AD)與潮濕(W_{wet})為骨材儲料庫之狀態(W表示庫存)，故儲存骨材含水率(MC)可表示如下式所示。

$$\text{MC} = \frac{W_{庫存} - W_{\text{SSD}}}{W_{\text{SSD}}} \times 100\%$$

　　EA 與 SM 為 MC 的另一種表示方式，其差別為 EA 為「正數」而 SM 為「負數」。二者均為決定「拌和水量」應加入或扣除的水量，故骨材需加入水或需扣除水之計算如下。

$$W_{修正} = (\text{MC}) \cdot W_a$$

　　計算 SM 與 EA 的簡單方法，係依阿基米德原理求出。以潮濕骨材(W_{wet})為例，則

$$W_{庫存} = W_{\text{SSD}} + W_{\text{SM}}$$

W_{SSD} 求得後再代入上式即可求得 W_{SM}。同理，W_{EA} 亦可依此方法求出。使用 SSD 為骨材設計基準之理由為❶一般良質骨材裂隙少故接近 SSD 狀態❷ SSD 與混凝土中骨材含水的狀態一致❸以「水取代法」可簡單求出含水量，可計算 BSG。而用 SSD 的問題為❶正確的 SSD 狀態很難決定❷ AC 可能依據不同的基本狀態，譬如以 OD 為基準，故計算時必須瞭解量測基準。

(2)　烘乾狀態(OD)為基準

①　吸水率：AC 以 OD 為基準，故與 SSD 基準相同。

②　有效吸水率：EA 之求法係以 W_{OD} 為分母，故類似 SSD 狀態，見下式。

$$\text{EA} = \frac{W_{\text{SSD}} - W_{\text{AD}}}{W_{\text{OD}}} \times 100\,\%$$

③　表面含水量：類似 SSD 狀態，見下式。

$$\text{SM} = \frac{W_{潮濕} - W_{\text{AD}}}{W_{\text{OD}}} \times 100\,\%$$

(3)　總含水量(TM)：總含水量為料庫骨材儲存狀態與烘乾狀態之差值。

$$W_{\text{TM}} = W_{\text{STOCK}} - W_{\text{OD}}$$

如果　TM < AC，則骨材為氣乾(AD)狀態。

　　　TM = AC，則骨材為面乾內飽和(SSD)狀態。

　　　TM > AC，則骨材為潮濕(W潮濕)狀態。

因此表面含水狀態可以下式表示

$$MC = \frac{TM - AC}{W_{OD}} \times 100\%$$

如以 SSD 基準，當 MC 為正值則為 SM；MC 為負值則為 EA。故 SM 與 EA 不管是以 SSD 或以 OD 為基準其本質是不變的。

(4) 骨材含水量計算範例

骨材含水量計算範例係以同一批骨材進行含水量量測，並分別以 SSD 及 OD 為基準。

① 以 SSD 為基準

❶ 由含水量試驗求得

骨材面乾內飽和(SSD)重量＝750g

骨材烘乾(OD)重量＝738g

所以吸水率 $AC = \frac{750 - 738}{738} \times 100\% = 1.63(\%)$

❷ 由儲料場取得骨材後量測得下列資料

骨材在空氣中的氣乾重(AD)＝744g

骨材的烘乾(OD)重＝738g

$EA = \frac{W_{SSD} - W_{AD}}{W_{SSD}} \times 100 = \frac{750 - 744}{750} \times 100 = 0.8\%$

② OD 為基準

❶ 骨材在儲料場之潮濕重量(W潮濕)＝847.3g

骨材之烘乾(OD)重量＝792.7g

則總含水率 $TM = \frac{847.3 - 792.7}{792.7} \times 100 = 6.89\%$

❷　骨材之 SSD 重量(W_{SSD})＝ 501.4g

　　骨材之乾(OD)重量(W_{OD})＝ 490.7g

　　含水率 AC ＝ $\dfrac{501.4-490.7}{490.7} \times$ ＝ 2.18 ％

　　表面含水率SM在OD狀況＝TM−AC＝6.89−2.18＝4.71 ％

(5)　應用範例

　　　混凝土配比設計過程中，常由於骨材含水量狀態不同，需加以修正以保證品質。如果已知試驗資料如表 2-14 所示，則拌和水量與骨材用量需修正如下：

表 2-14　某混凝土配比與骨材含水量資料

項目	配比資料($\mathrm{kg/m^3}$)
卵石(SSD 狀態)	1098
砂(SSD 狀態)	724
水泥	320
水	160
卵石的 EA	0.8 ％
砂的 SM	2.68 ％

則卵石不足水量為 $1098 \times 0.8\% = 8.79$ (kg)

砂須扣除表面水 $724 \times 2.68\% = 19.41$ (kg)

調整水量：$19.41 - 8.79 = 10.62$ (kg)

調整後拌和水量＝ $160-10.62 = 149.38$ (kg)

卵石重修正為 $1098-8.79 = 1089.2$ (kg)　　　（減石加水）

$$細砂重修正為 724 + 19.41 = 743.4 \text{ (kg)} \qquad (加砂減水)$$

二、骨材的耐久性及有害物質

1. 骨材的耐久性

骨材在混凝土中佔約 60～75 ％體積，故骨材對混凝土的影響是舉足輕重的。骨材的耐久性及在惡劣環境下的耐久性質必須加以重視的，但現階段骨材耐久性質測試，通常都是採用「加速檢測」的方式，其檢測技術及骨材與混凝土耐久性相關性質如表 2-15 所示。

表 2-15　骨材耐久性性質及與混凝土性質之關係

骨材耐久性性質	標準試驗方法		相關混凝土性質
	ASTM	CNS	
抗鹼性反應	C283 C227 C342 C441	13617 13618 13619 13620	易產生鹼骨材反應程度
抗磨耗	C131 C295 C536	3048	抵抗磨耗
抗凍融	C295 C666 C682	1168 1169 1170	表面惡化裂縫(D-裂縫) 嚴重整片剝落及爆開
抗硫酸鹽侵蝕	C88	1167	

(1) 鹼骨材反應(AAR；Alkali-Aggregate Reaction)

骨材若含有酸性的矽酸鹽及鉛酸鹽、或鹼性的碳酸鈣或碳酸鎂，當受到水泥中或混凝土中之強鹼，譬如氫氧化鈣、氫氧

化鈉或氫氧化鉀等的接觸作用，將產生中和作用或堆積沉澱作用，而發生鹼骨材反應，這種反應會產生有害之膨脹作用使骨材分解，見圖 2-11 所示，其簡化反應如下式所示。

$$\underset{\text{來自水泥}}{\underbrace{(N/K)}} + H + \underset{\text{來自骨材}}{\underbrace{S}} \longrightarrow \underset{\text{膨脹膠體}}{\underbrace{(N/K) - S - H}}$$

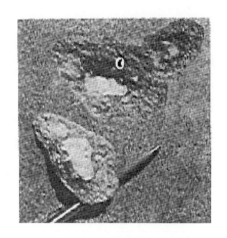

(a) 爆開反應

(b) 龜裂溶流反應

圖 2-11　混凝土鹼骨材反應爆裂照片[3]

　　而隨著國際環境保護的要求標準提高，水泥製造過程之高溫揮發粉塵被回收，其中含大量鈉(Na)及鉀(K)之氧化物，這些物質被收回而混在水泥中，造成水泥中所含之鈉(Na)及鉀(K)變高，使原來屬潛在活性或惰性的骨材變成活躍，導致提昇被侵蝕的機率。故防止鹼骨材反應是很重要的，但首先應瞭解鹼骨材反應機理(AAR)。

① 鹼骨材反應機埋(AAR)

　　鹼骨材反應作用的程序如下：

❶ 矽酸鹽水解

　　因為矽酸鹽類在鹼質及含水環境中水解，使骨材失去整體性。當然也必須矽酸鹽由骨材中分解，才能產生反應，而能發生反應必然有二個條件，一是環境中的鹼質太強，二是骨材為玻璃質無良好結晶之材質方可，這類活性骨材如表 2-16 所示。

表 2-16　鹼骨材反應之活性矽骨材

活性物質	物理狀態	岩石種類	分佈
蛋白石	無定形	砂質(蛋白石的)石灰石，黑砂石，頁岩，火隧石	分佈很廣
砂質玻璃	無定形	火山玻璃(流紋岩，安山岩，英安岩)和凝灰岩，人造玻璃	火山地區、火山地區的河礫石、容器玻璃
玉髓石	結晶很差的石英	含矽的石灰石和砂岩，黑砂石和火隧石	分佈很廣
鱗石英、方石英	結晶的	蛋白石，火燒過的陶器	不普遍
石英	結晶的	石英岩，砂，砂岩，大量火成岩和變質岩(例如花崗石和晶片岩)	普遍，但只有當微晶或高度扭曲才具有活性

❷ 形成(N/K)-S-H膠體

　　水解之矽酸鹽與水泥提供之鹼緩慢反應形成膨脹膠體，由此可知必須要有水的環境，才會發生反應。如果混凝土很乾或是很緻密，水分無法擴散，則 AAR 反應將受阻滯。

❸ 膠體膨脹

　　膠體膨脹將產生內應力和破裂，造成爆開及地圖狀裂縫，骨材界面產生環狀膠體物，見圖 2-11 所示。

❹ 形成流動溶液(凝膠體)

　　裂縫的形成，使膠體沿裂隙流出，當然這也必須有足夠濕氣存在，才有媒介可溶流出來。

② 控制鹼骨材反應的方法

　　控制鹼骨材反應的方法，主要理念在於設計及控制材料本身使之不會產生反應，或快速消耗產生反應之鹼質物其方法如下：

❶ 限制水泥中鹼的含量

　　水泥可依規範加以要求使 $N + 0.66K < 0.60$ ％，以免含鹼量都有過高之虞。消極的作法以減少水泥用量，而相對減少鹼的供應量，這是高性能混凝土配比之策略。

❷ 避免使用活性骨材

　　混凝土之骨材在使用前應先調查檢測，以免使用到活性骨材而導致鹼骨材反應。又骨材之 SiO_2 含量為 50 ％且粒徑在 0.6 至 1.7mm 時，其鹼骨材反應膨脹量最大[23]。

❸ 減少水泥與水用量

　　減少水泥用量可降低鹼量與 CH，而減少產生鹼骨材反應之機率。

❹ 使用卜作嵐摻料

　　藉由使用飛灰、爐石粉等卜作嵐材料，可利用卜作嵐反應吃掉鹼性物質，而避免產生鹼骨材反應。

表 2-17 骨材中有害物質容許值及對混凝土影響

有害物質種類	許可值(%)	對混凝土影響	相關規範	
			ASTM	CNS
有機物		影響凝結及硬固時間可能造成惡化	C40 C87	11153
通過#200號篩 (75μm)細料	＜ 1.0(粗) ＜ 3 細(磨耗) ＜ 5 細(一般)	影響黏著性，增加用水量	C117	491
煤或褐煤其他輕質物	＜ 0.5(外觀) ＜ 1.0(一般)	影響耐久性，可能造成污染及爆開	C123	1164 1172 10990
柔軟顆粒	＜ 10	增加用水量影響耐久性	C851	1173
土塊與易碎顆粒 (r＜ 2.40)	＜ 3	影響工作及耐久性，可能造成爆開	C142	1171
角岩(r_{SSD}＜ 2.40)	＜ 8	影響耐久性，可能造成爆開	C295	—
氯化物	＜ 0.1	不正常凝結，造成混凝土中鋼筋鏽蝕	—	1240 12891
磨損率	＜ 50	造成較大之磨耗結果	C131 C295 C536	3048 490
硫酸鎂健性 (粗骨材，5次循環)	＜ 18(硫酸鎂) ＜ 12(硫酸鈉)	影響耐久性，造成表面粉化分解	C88	1167
骨材鹼性反應膨脹	＜ 0.0005 (3 個月)	不正常膨脹，發生地圖狀爆裂	C289 C229 C342 C441	—

(2) 有機物

有機物會延緩混凝土的凝結與硬固，也會降低混凝土強度而造成劣化現象。有機物譬如泥煤、腐植土及有機酸壞土。有機物的測定係以細骨材(砂)之比色試驗加以檢測，比色結果若顏色較標準色深，則予拒用。

(3) 通過#200號篩(75μm)之細料

通過#200號篩(75μm CNS 386)者爲沉泥及黏土。在卵石顆粒上，若有沉泥或黏土包覆是不利的，因爲這將使水泥漿體與顆粒間的黏著力減弱，也會增加水泥用量，而不利混凝土品質。若含膨脹黏土及皀土等，則混凝土用水量會顯著的增加，而影響混凝土工作性。而細料在細骨材限制範圍爲 3～5 ％；粗骨材則以不超過 1 ％爲限。

(4) 煤或褐煤或其他輕物質

煤及褐煤或其他低密度材料，譬如木材或纖維材料，如果過量將影響混凝土的耐久性。這些輕質物存在於骨材表面，則可能導致分解、爆開或造成污點。一般煤等輕質物規定不得超過 0.5-1.0 ％範圍。

(5) 氯化物

骨材料源如果靠近河口、海岸區或島嶼區，則因浸泡海水，而使表面吸附有氯化物，這些氯化物容易游離成氯離子侵蝕鋼筋表面鈍化膜，產生膨脹或孔蝕混凝土之劣化現象，形成類似「海砂屋」等嚴重腐蝕的劣化現象，而危及混凝土的耐久性，所以必需加以限制，一般限制細骨材中氯化物在 0.1 ％或 0.04 ％以下。

(6) 磨損率

磨損率爲骨材堅硬程度的指標,磨損率小表示骨材質地堅硬,可以製作出良質的混凝土。粗骨材磨損率可依 CNS 3408 規範加以檢驗,一般規範要求粗骨材磨損率應低於50％。

(7) 健性

健性試驗爲骨材孔隙的多寡及片理結構存在與否的指標,骨材健性試驗可依 CNS 1167 規範加以檢驗,對粗骨材浸泡硫酸鎂溶液而言,5 次循環之重量損耗率應少於18％。

(8) 鹼骨材反應

ASTM 規範測試骨材之鹼骨材反應,係採用快速檢測方法。即可經由砂漿棒、岩石岩相分析等方法來評估,但亦可能會有很大的差異,即目前的鹼骨材反應檢測標準仍尚未一致。

三、特種骨材

採用特種骨材可製成特殊目的混凝土。但應查核此特種骨材是否可獲預期的目標,表 2-18 爲混凝土骨材種類與密度之分類。

表 2-18　骨材種類與密度分類

骨材種類	骨材乾搗單位重 (kg/m³)	混凝土單位重 (kg/m³)	混凝土強度 (MPa)	工程用途
超輕重	＜500	300～1100	＜7	非結構之絕緣體
輕質	500～800	1100～1600	7～14	污工單元
結牆輕質	650～1100	1450～1900	17～35	結構
常重	1100～1750	2100～2550	20～40	結構
重質	＞2100	2900～6100	20～40	輻射遮障

註:MPa ×145 ＝ psi

1. 輕質骨材

　　若採用冷結型飛灰輕質骨材、燒結型飛灰輕質骨材、之燒結黏土輕骨材及天然輕質骨材等，則可製造輕型混凝土構件，而有利高樓建築耐震結構物或能源節約之建築用途。

2. 廢料骨材

　　由於自地球之資源日漸枯竭，如何應用回收資源(Recycle)成為 21 世紀人類共同追求之目標。將垃圾資源或拆除之建物廢物加以擊碎處理，即可製成價廉有用之骨材，但使用時必須考量廢料骨材對混凝土性能、凝結、耐久性及成本問題。廢料骨材之來源與種類如表 2-19 所示。

表 2-19　廢料骨材種類

廠料骨材種類	來源
⑴礦場廢碴	鋼鐵工廠
⑵玻璃瓶罐	資源回收站，焚化爐廠
⑶焚化爐碴	焚化爐廠
⑷破爛橡皮輪胎	汽車工業
⑸電廠飛灰	火力電廠
⑹稻殼灰	農場

3. 重質骨材

　　重質骨材種類如表 2-20 所示，重質骨材係應用於核子反應爐或核子輻射遮障之包封結構，或需要重量之基礎結構上。

表 2-20 重質骨材成份與相關性質

成份	類別	容積比重 BSG	單位重(kg/m³)	混凝土單位重 kg/m³
針鐵礦	天然	3.5～3.7	2100～2250	2900～3200
褐鐵礦	天然	3.4～4.0	2100～2400	2900～3350
重晶石	天然	4.0～4.6	2300～2550	3350～3700
鈦欽鐵礦	天然	4.3～4.8	2550～2700	3500～3700
磁鐵礦	天然	4.2～5.2	2400～3050	3350～4150
赤鐵礦石	天然	4.9～5.3	2900～3200	3850～4150
鐵磷礦石	人造	5.8～6.8	3200～4150	4100～5150
鋼鐵	人造	6.2～7.8	3700～4650	4650～6100

4. 抗滑及抗磨骨材

採用含金剛砂、鋁鐵砂及磁值骨材，可增加混凝土抗滑及耐磨性質。

5. 裝飾用骨材

採用有色岩石及有色玻璃，可以增加混凝土表面之色澤及處理。

四、台灣地區骨材特性

台灣地區砂石供應的來源大略可分為河川砂石、陸上砂石、海域砂石與農地砂石等四大類，有關砂石產銷存量之調查體系主要有台灣省礦物局、經濟部水利處、經濟部中央地質調查研究所與工研院能資所等單位。依 1999 年由各縣市彙送之石生產量調查統計結果，台灣地區共有 16 個縣市生產砂石、土石採取區共 268 區，碎石洗選場共 445 家，平均每月砂石總生產量約 150,000 立方公尺，每月平均生產量前三名分別為雲林縣、台中縣市與彰化縣[27]。

　　台灣大小河流共 151 條，可供採砂石者 61 者，以高屏溪、濁水溪、大肚溪、大甲溪等流域面積較廣，砂石蘊藏量及開採量較大。北及中部河川粗骨材來源以大漢、淡水、頭前、後龍、大安、大甲、大肚、濁水等河川為主；南部集中在北港溪、八掌溪、曾文溪、高屏溪；東部則以花蓮溪、卑南溪為主。台灣地區現有骨材大都取自河川，即山區岩石在風化及崩解後，經山洪挾帶而流自河川堆積而成。而河川骨材之岩性與上游岩性具有共同性，惟河川骨材係受自然淘選及沖刷作用，故特性較不活潑。

1.　骨材分佈與性質

　　　　河川砂石係經過自然變遷作用，受遷徙風化侵蝕的影響，其形狀及粒徑變成圓滑及較小，或顆粒在移動過程中被粉碎或溶解。故河川砂石加工層面較陸上砂石低，但靠近溪口細粉料較多，對高強度混凝土不適宜，靠近海岸線，則又會因氯離子含量而有害鋼筋。

　　　　台灣西部河川流域之構成地層為第三世紀的沉積物，受到相當程度壓緊和變質作用，而成為西部較新地層中碎屑物質之主要來源，其形態主要為礫岩、砂岩及頁岩為主。大部份沉積物是深灰及灰黑色劈理良好的硬頁岩、板岩、千枚岩及變硬泥岩等；其中夾有砂岩層與質地堅緻之硬砂岩，以近似圓形砂石者居多。河川流域，粒徑由上游向下游呈遞減趨勢，河床砂石呈層狀變化。主要河川骨材岩性與其集水區露頭岩盤一致，大漢、頭前溪以石英岩和混濁砂礫岩為主；中部之大安、大甲、大肚及濁水溪，以石英礫岩為主；南部地區之高屏溪以石英岩、板礫岩為主；東部地區之蘭陽溪、木瓜溪、花蓮溪、秀姑巒溪、卑南大溪等則以片岩、板岩、頁岩、大理岩、蛇紋岩及變質石灰礫岩等為主，質地

較脆狹長粒料較多，較不適用於製作高強度混凝土。台灣主要河川之粗細骨材巨觀工程性質，包括岩石強度、硬度、比重、吸水量、級配、形狀紋理、單位重、孔隙率、健度及有害物質等。

(1) 岩石單軸抗壓特性

岩心單軸抗壓強度性質主要受含水狀態、加壓速率、試體形狀、礦物組成、顆粒大小、試體端面平整等因素所支配。含水狀態會影響岩心孔隙與裂縫水壓，故會影響強度。加壓速率，國際岩石力學學會(ISRM)建議在0.5～1.0 MPa/sec範圍，速率愈快，強度可能較高。

表 2-21　台灣石材岩心強度性質

南部地區	抗壓強度 (kg/cm^2)	1600～2007
	彈性模數 $(10^5 kg/cm^2)$	1.45～7.06
	波松比	0.051～0.687
東部地區	抗壓強度	496～1848

(2) 骨材強度

骨材顆粒強度可藉岩心抗壓強度來推估；也可由「點荷重試驗值」來表示。混凝土承受外力時，粗骨材顆粒邊緣處會產生應力集中現象，故極佳骨材之抗壓強度可達 $2100kg/cm^2$；達 $840kg/cm^2$ 者可視為優良。母岩之抗壓強度大於 $500kg/cm^2$ 屬於硬石；$500～100kg/cm^2$ 為準硬石；小於 $100kg/cm^2$ 為軟石。砂岩質粗骨材之抗壓強度約 $1330kg/cm^2$，視其生成年代與地域因素等條件而異。粗骨材彈性模數值會影響混凝土之潛

變、乾縮及骨材一水泥漿體鍵結處之裂縫發展。但岩心彈性模
數與強度間則無明顯關係，一般岩石之彈性模數約為 1.3 至 5.4
$\times 10^5 \text{kg/cm}^2$。

(3) 超音波波傳速度

　　骨材超音波波傳速度影響包括岩石種類、紋理、密度、孔
隙率、異向性、應力、含水量及溫度等，一般而言，越堅實之
岩石其波傳速度愈快，砂岩之波波傳速約 3000 至 6000m/sec。
岩石礦物之縱波波速(m/s)如表 2-22 所示。通常密度愈大，波
速愈快；換言之，就成份及紋理相同之骨材而言，波速隨孔隙
率增加呈遞減現象。含水量增加，波速亦增加；但若溫度升
高，晶粒間接觸較疏鬆且會產生內部裂縫，導致縱波速度降
低。岩石波傳速度受密度與彈性性質所支配，而強度性質又與

表 2-22　岩石礦物傳波速(m/sec)

礦物名稱	傳波速度
橄欖石	8400
白雲石	7500
輝石	7200
角閃石	7200
方解石	6699
斜長石	6250
石英	6050
正長石	5800
白雲母	5600

彈性、勁度有關，故可藉由超音波波傳速度來推測骨材品質。若以動態性質來評估，應注意岩石動態彈性模數與靜態彈性模數之比值，依岩石種類而異，一般的比值為 1.07 至 1.35。

(4) 堅硬性

堅硬性為骨材受磨耗及揉搓時抵抗破損的能力。若混凝土之水灰比高，則抵抗磨損之能力會較低，故混凝土之耐磨性主要靠骨材。粗骨材以石英、砂岩及質地緻密之火山岩，具磨損抵抗能力較大。骨材之磨損抵抗能力可用洛杉磯試驗法(CNS 3408 及 490)加以測定，並以磨損率表示，其值愈低表強度愈高。一般混凝土用粗骨材最大磨損重量比不得大於 50 ％；尤其高強度混凝土用骨材宜採低磨損率者。台灣各地區及北中部主要河川粗骨材磨損率，均小於 50 ％。

(5) 形狀與紋理

粗骨材形狀與表面紋理對新拌混凝土之工作度及早期強度影響較大，但對硬固混凝土晚期強度之影響則不明顯。理想的骨材形狀最好是接近圓形且具光滑紋理，如此可減少拌和時之阻力及所需之漿體，但對混凝土早期強度發展較差，大部天然砂及礫石接近此形狀。人工碎石粗骨材則具多角狀及粗糙紋理，骨材間移動阻力大，需較多水泥漿體潤滑骨材表面，所以經濟上會受影響，但對早期混凝土強度可能較有利。若考慮硬固混凝土之剪力抵抗時，粗糙多角形骨材較圓形或光滑骨材佳。

(6) 單位重及空隙率

單位重為骨材單位體積之重量，體積則包括骨材實體積、骨材空隙及骨材與骨材間之空隙。單位重因骨材級配、比重、粒形、紋理、含水量等而異。一般粗骨材之單位重約在

1550～1850kg/m³範圍。而河川粗骨材「空隙率」約爲35～40％，但粗細骨材具有適當粒度及良好混合比例時，其空隙率約爲25％以下。

(7) 健度及有害物質

　　健度差之粗骨材其吸水性較大且易破碎，水份飽和易時產生膨脹，再暴露自然界中則容易風化碎裂，若使用於混凝土中則會降低其強度或導致破裂與分解。一般而言，頁岩、易碎砂岩、雲母質或黏土質頁岩、粗顆粒結晶岩及火山岩等，均屬健度差者。經硫酸鈉或硫酸鎂(鈉)溶液五次往復試驗之容許最大損失值應在12％～18％範圍。

(8) 鹼骨材反應

　　具鹼骨材反應潛能之骨材極少，部份存在於東部某些地區的骨材，譬如大理石、石灰岩等，但甚少用於混凝土上。台灣南部地區骨材大致上良好；僅少部份河川骨材具鹼骨材反應潛能；中部地區稍差，而東部地區及澎湖則有許多具鹼骨材反應之骨材；北部地區所採取之樣品大致良好，但若爲安山岩質之骨材，則與東部地區相似，故於選取骨材時宜應注意。由岩相分析結果顯示，台灣地區易發生鹼-骨材反應之岩石種類分佈在澎湖海嶼，本省東部及北部山區乃安山岩類、石英岩類、砂岩類等，此類岩石含活性矽稍高，易產生鹼骨材反應，故採用時應注意，可採用卜作嵐材料來減少其影響性。

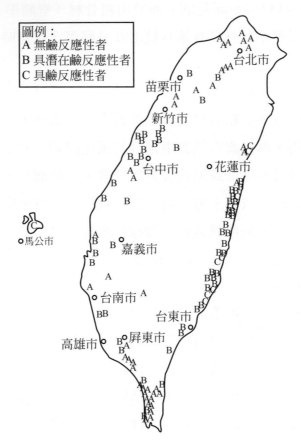

圖例：
A 無鹼反應性者
B 具潛在鹼反應性者
C 具鹼反應性者

圖 2-12　台灣地區鹼骨材反應潛能圖[23]

⇨ 2-3　摻　料

一、混凝土摻料演變史

摻料(Admixture)在混凝土中的研究發展歷史中，大致是與水泥的發展同時進行。在羅馬時期曾發現添加動物的血液和牛奶到混凝土中，可增加混凝土的工作性；輸入氣體則可增加耐久性。但是真正的原理並不清楚，即係在「不知而行」中摸索發展。直到 1930 年後才有輸氣劑

(AEA)的研發應用。1962 年 ASTM 494 化學摻料被提出了。1970 年高性能減水劑(又名強塑劑)問世了，及 1980 年代飛灰、爐石、矽灰等礦粉摻料的研究應用成功，才導致高強度混凝土(HSC)、高流動化混凝土(HFC)與高性能混凝土(HPC)等，相繼被研發出來並且應用到混凝土工程上。目前摻料的研究發展，已成為混凝土科技的重要的研究領域，即摻料為混凝土之第四種基本成份。

使用摻料之目的，在於能夠改變原有混凝土的某些特殊性能，譬如包括為了獲得混凝土的良好工作性、強度、耐久性、經濟性、生態性或體積穩定性；或為了控制混凝土的凝結時間或其他特殊性能需求等等效果，見表 2-23 所示。由表 2-23 可知亦可獲得同時數項性能需求，因為可以依據摻料本身的性質而加以組合相輔相成而不是互相克制，以調配

表 2-23　摻料種類與改良混凝土性質

混凝土性質 ＼ 摻料種類	減水劑	強塑劑	卜作嵐	礦石粉	輸氣劑	緩凝劑	凝結控制劑	快凝劑	聚合物	乳液	纖維	防銹劑	斥水劑	膨脹劑	起泡劑	其他
工作性	○	○	○	○	○				○	○	○					
安全性(強度)	○	○	○	○	○	○			○	○						
耐久性	○	○	○	○	○	○			○	○	○	○	○			
經濟性	○	○	○	○												
生態性	○	○	○	○												
體積穩定性	○	○	○	○			○		○	○	○					
凝結控制		○	○			○	○	○								
特殊性質		○	○						○	○	○			○	○	○

出符合工程品質需求的混凝土。表 2-23 亦顯示摻料的種類很多，改善的效果亦隨摻料的性質而有所不同，這些摻料的性質必須由摻料研發製造廠商，根據其研發成果加以印證；並且摻料的使用特性，包括優缺點都要事先加以認證說明，且應經常抽驗以保證摻料的品質穩定性。1993年台灣的高性能混凝土，即是應用「強塑劑」及「卜作嵐」材料所研發產生的成果。若混凝土的需求性能為韌性，譬如軌枕或使用於需要韌性需求的工程，則可以添加「纖維」於混凝土中以增加韌性。故應先充分理解摻料的特性，才能進而靈活的應用摻料，以獲得具有良好品質與性能的混凝土。

二、混凝土摻料使用重點

摻料的使用必須有其目的與需要，一般業者都會先考慮到使用摻料是否具有經濟性，接著才會考慮到其他性能目的的須求。基本上使用摻料應先有其研究基礎，即知道摻料的基本性質(Know How)後，才能加以有效的應用，以下為使用摻料應考慮的重點。

1. 經濟性方面

混凝土生產業者最關心的就是「經濟性」，而其最直接想用的方法，就是減少水泥量，但這是不對的因為只是一味的降低水泥量，會影響到混凝土安全性。故經濟性的考量應以提高「水泥強度效益」為目標，如此才能調降混凝土的水泥用量。所以為了確保混凝土品質，在相同設計強度的原則下，水膠比(W/B)必須確保不變，唯一能減低水泥量的方法就是降低用水量。而水膠比(W/B)，為「水與水泥加上卜作嵐礦粉摻料的比值」。使用減水劑或強塑劑的減水功能，可以有效減少用水量，達到原設計之坍度標準。另外，傳統減少水泥用量的方法，常採用卜作嵐(飛灰、稻殼灰、爐石粉或矽灰)直接取代部份水泥，雖然長期強度只要

水膠比(W/B)一樣，是會如同原設計達到強度要求，但是如果取代不當，或過度大量使用，會造成早期強度嚴重不足的現象，必須相當謹慎，方可達到早期強度不變的目標。當然更為經濟可行的方案是使得顆粒骨材之堆積更密實，如此可以減少骨材間孔隙，而減少水泥漿用量，達到經濟性的目標。

2.　工作性方面

新拌混凝土的工作性，對現場混凝土澆置施工者相當重要。因為若混凝土工作性不佳時，現場工作人員常會以加「水」來方便他的澆置工作，但如此就造成混凝土品質劣化的問題。又在都市施工時程，常有交通堵塞現象，如果長期輸送，工作度損失大，可工作性不佳，會造成施工的不方便，以致產生蜂窩及冷縫，因此可以參考表 2-23 所示，利用單種或數種摻料來增加工作性。另外，為了結構物內灌漿或其他特殊施工方式，應用減水劑或適宜礦物摻料可以使施工簡便。1990 年代為了使混凝土沒有蜂窩、泌水及析離問題，更為了使工作人員之品管簡易，而採用強塑劑及卜作嵐摻料等，加上緻密堆積的方式，使得混凝土如同蜂蜜般可以自由流動，而達到自填、免搗實或自平的目的。

3.　耐久性方面

對海域環境或潮濕區域，耐久性的問題必須加以重視，耐久性問題直接與水的流動有關，最直接的處理方式就是控制使水膠比(W/B)較低，或使孔隙減低而阻礙水的移動。控制水膠比(W/B)的最佳方法，當然就是採用減水劑或強塑劑等界面活性劑。控制降低孔隙的最佳方法，則不外「減低用水量」及「添加卜作嵐」等「減滲材料」的策略，所以控制水與混凝土中固態材料之比例小於 0.08 為重要的手段，即 W/S ＜ 0.08。減少裂縫也是另

一重要的耐久性策略，尤其在張力區或反覆載重之結構物中，裂縫引致的鋼筋腐蝕問題更大，是故適當添加纖維材料是有益於耐久性的。

4. 安全性(強度)方面

安全性強調達到設計者最低要求的強度性質，通常可以控制減水劑及強塑劑等多種方式，在不改變水泥等膠結材料的用量下，可降低水膠比(W/B)而提昇安全性。另外，添加卜作嵐材料，可改善水泥水化產物「氫氧化鈣」的生產量，進而改善骨材與水泥漿之弱界面，亦有益於長期強度之提昇。

5. 生態性方面

據環保署調查資料，營建工地造成的空氣污染約佔全國的40％，而營建工程之廢棄物(含廢土)每年約550萬立方公尺。混凝土的應用考慮生態性的觀念，在以往是不被重視的，自 1990 年代保護地球自然資源的觀念下，混凝土設計必須達到生態保護的目標，其最簡單的方法就是減少在製程中排放大量CO_2，造成嚴重溫室效應的水泥及鋼鐵材料的使用量，增加混凝土構造物的使用壽命，採用工業固態廢料，應用工業再生材料，並且應用本土化材料等。所以應用減水劑以減低拌和用水量，間接減少水泥用量，採用卜作嵐材料以緻密孔隙結構，應用造紙廢料之木質素所製造之減水劑、強塑劑及輸氣劑，增加材料之流動性，直接減少水量，進而減少耗能水泥材料之用量，均是達到確保生態性之方法。

6. 特殊性目的

為了特殊的目的，如修補工作時，可採用乳液改良劑，改變混凝土的黏性：減少乾燥收縮，而採用收縮補償劑；隧道襯砌工

程需要瞬間的穩定開挖面，可摻加速凝劑等；為了確保橋樑等結構韌性而添加纖維材料等。這些特殊摻料指的就是因應不經常被使應用功能的需求，其所摻加之材料，隨著工程多樣化的性質，特殊摻料的研發亦會因應而生。

三、摻料種類

依照 ASTM C125 定義，混凝土中除水泥、砂、石子及水以外的摻加材料稱為摻料(Admixture)。混凝土摻料包括輸氣劑、化學摻料、礦粉摻料及其它特種摻料。摻料通常係由工業廢料提煉而成，故其成分並非很穩定。而同一種化學摻料可能具有多種效能，見表 2-23 所示。

一般而言，混凝土摻料可分為下列四大類：

1. 輸氣劑(AEA)

    相關規範為 CNS 3091 或 ASTM C360。

2. 化學摻料

    包括凝結調整劑 CNS 12283 或 ASTM C494、減水劑(WRA) CNS 12283 或 ASTM C494 等，見表 2-24 所示。

3. 礦粉摻料

    礦粉摻料相關規範為 CNS 30360 及 CNS 11272 或 ASTM C618 及 C595。全世界煤灰產量於 1992 年為 5 億噸，但只有 2300 萬噸當作卜作嵐材料應用於水泥及混凝土工業，應用率約為 7％；到 1999 全世界煤灰產量為 6.5 億噸，但有 4.5 億噸應用於水泥與混凝土工業，應用率為 70％[28]。

4. 其它摻料

    包括纖維、防鏽劑，防水摻料，膨脹劑，灌漿劑等。表 2-23 所示。

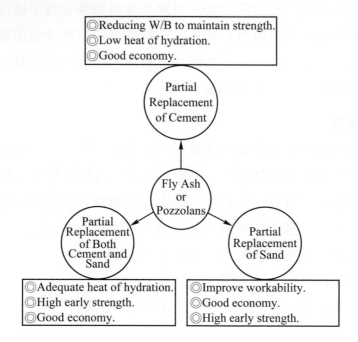

圖 2-13　飛灰在混凝土之應用策略

四、使用摻料應注意事項

摻料的使用有所為而為之，而不是為了「偷工減料」。而混凝土若配比設計不當，則使用摻料是毫無幫助且無意義的。當然摻料也不是混凝土的萬靈丹，因此使用摻料時必須注意下列各點，以確保使用摻料後能獲得所需的混凝土性質或效果。

1.　摻料品質應符合規範要求

摻料應符合規範(CNS,ASTM或JIS)的品質要求，表2-25為CNS對摻料的性質要求標準。規範係建立在公平合理的原則及最低要求，以確保混凝土的品質。

2.　選用適當劑量

　　掺料的製造廠商，在推出產品前已針對掺料物理化學特性進行測試，故掺料的使用可參照廠商建議劑量，再實施試拌並調整及選定最佳劑量。而掺料廠商也應提供掺料的品質驗證數據，以供混凝土業者參考。

3.　檢核工地條件下性能

　　掺料應於工地檢核是否能符合或達到要求品質，因為在工地條件下，使用掺料可能無法獲得如試驗室條件下欲求的混凝土品質。

4.　正確的配比設計

　　混凝土配比對掺料的使用有相當大的影響性，如果混凝土配比不當，則掺料將無法充分發揮特性。因為掺料與混凝土其他材料的相容性，對混凝土品質均勻性及穩定性影響很大。

5.　掺料之經濟性評估

　　混凝土之某性質可使有不同掺料而達成。就同一種掺料而言，不同品牌掺料可能獲得不同之效果，故在使用前均應評估最佳效果下的掺料與使用量，以獲得混凝土工程的經濟性效果。

6.　記錄掺料使用效益

　　掺料的使用效果不能僅由數次的試驗來確定，故在使用掺料過程與其結果均應詳加記錄，並繪製統計分佈圖，以確定掺料的穩定性。並隨時與廠商的資料加以統計分析比較，評估整體混凝土品質之均勻性及穩定性，這些數據及資訊都是混凝土掺料料源品質管制所需之工作。

表 2-24　混凝土摻料種類[23]

摻料		獲得效果	成份
促凝劑 (ASTM C494)		加速混凝土凝結與強度發展	亞硝酸、三羧三乙酸、蟻酸鈣、硝酸鈣
輸氣劑 (ASTM C360)		增進混凝土耐久性(凍融、卻冰、硫酸鹽和鹼性反應)	木脂鹽類、人造清潔劑、木質磺酸素鹽類
鹼反應抑制劑		減低混凝土鹼骨材反應	卜作嵐(飛灰、矽灰)、高爐石粉、鉀及鋇鹽、輸氣劑
黏結摻料		增加混凝土黏結強度	橡膠、聚氮乙烯、壓克力、聚醋酸乙烯、丁二烯-苯乙烯聚物
著色劑		使混凝土顏色改變	氧化鐵、氧化鉻、氧化鈧、碳黑赭土、鈷藍(ASTM C979)
阻鏽劑		氯環境下減低鋼筋鏽蝕活性	亞硝酸鈣、亞硝酸鈉、安息香鈉、磷酸及氟矽鹽、鋁氟酸鹽
礦物摻料	膠結性材料	水硬性性質部份取代水泥	細磨粒化爐石(ASTM C989)；天然水泥；水硬性石灰(ASTM C141)
	卜作嵐材料	卜作嵐反應 增加工作性、增塑性、抗硫；減低鹼骨材反應、滲透、水化熱、部份取代水泥 填充料	矽藻土、貓眼角岩、黏土、頁岩火山堆石、浮石(ASTM C618,N級)、飛灰(ASTM C618.F 及 C 級)、矽灰
	卜作嵐膠結	如膠結料和卜作嵐材料之說明	高鈣質飛灰(ASTM C618.Clnss C)、細磨粒化爐石粉(ASTM C989)
	惰性材料	增加工作性 與當填充料使用	大理石、白雲石、石英、花崗岩等之粉末
造氣劑		凝結前引起膨脹	鋁粉、肥皂鹽、松脂肥皂或蔬菜或勁物黏膠、蛋白質
灌漿劑		調整水泥漿性質以待特殊應用	見輸氣劑、速凝劑、緩凝劑、工作性助劑

表 2-24　混凝土摻料種類[23](續)

摻料	獲得效果	成份
減滲劑	降低混凝土滲透性	矽灰、飛灰(ASTM C618)、細磨爐石粉(ASTM C989)、天然卜作嵐、減水劑、乳液
助泵劑	增進混凝土泵送性	有機及合成高分子、有機聚合物、石蠟、焦油、瀝青、亞克力、有機乳化劑、皂土和焦化矽、天然卜作嵐(ASTM C618,N級)、飛灰(ASTM C618,F和C級)、消石灰(ASTM Cl41)
緩凝劑	延緩混凝土凝結時間	木質素、硼砂、糖、酒石酸及其鹽類
強塑劑 (ASTM Cl017,1型)	流動混凝土 減低水灰比	磺酸化三聚氰胺甲醛凝縮物
強塑劑和緩凝劑 (ASTM Cl017,2型)	使混凝土俱流動與緩凝效果	木質磺酸素、磺化苯酸甲凝縮物
減水劑 (ASTM C494,A型)	減水至少5％	見強塑劑和減水劑
減水和早凝劑(E型)	減水(至少50％)和速凝	木質磺酸素、碳氧酸、碳水化合物(亦將造成緩凝故常加入促凝劑)
減水和速凝劑(D型)	減水(至少50％)和速凝	同減水劑(加入速凝劑)
高度減水劑(F型)	減低用水量(至少12％)	同減水劑
高度減水緩凝劑(G型)	減水(至少12％)和緩凝	同強塑劑

表 2-25　輸氣劑及化學摻料的性質要求規範

物性＼摻料種類		CNS 3091 輸氣劑	CNS 12283 化學摻料						
			A型 減水劑	B型 緩凝劑	C型 早強劑	D型 減水緩凝劑	E型 減水早強劑	F型 高性能 減水劑	G型 高性能減 水緩凝劑
泌水量，拌和水量(%)		＜2	—	—	—	—	—	—	—
用水量，最大值(佔基準混凝土用水量%)			95	—	—	95	95	88	88
凝結時間，允許與基準混凝土之差(時：分)	初凝	±1：15 以內	早1：00 及後1：30 以內	後1：00 以上～3：30 以內	早1：00 以上～3：30 以內	後1：00 以上～3：00 以內	早1：00 以上～3：00 以內	早3：30 以內後1：30 以內	後1：00 以上～3：30 以內
	終凝	±1：15 以內	早1：00 以上及後1：30 以內	後3：30 以內	早1：00 以上	後3：30 以內	早1：00 以上	早1：00 及後1：30 以內	後3：30 以內
抗壓強度，最小值(佔基準混凝土強度%)	1天	90	—	—	—	—	—	140	125
	3天		110	90	125	110	125	125	125
	7天		110	90	100	110	110	115	115
	28天		110	90	100	110	110	110	110
	6個月		100	90	90	100	100	100	100
	1年		100	90	90	100	100	100	100
抗彎強度，最小值(佔基準混凝土強度%)	3天	90	100	90	110	100	110	110	110
	7天		100	100	100	100	100	100	100
	28天		100	90	90	100	100	100	100
長度變化，最大收縮量(兩規定可選用其一)	佔基準混凝土變化量%	120	135	135	135	135	135	135	135
	超基準混凝土增加量	0.006	0.010	0.010	0.010	0.010	0.010	0.010	0.010
	相對耐久性係數最小值	80	80	80	80	80	80	80	80

註：(1)表中所列值包括對試驗結果之許可正常偏差。對B型摻料要求達到90％抗壓強度之目的，在於得能與基準混凝土相比較之水準。

(2)摻有待試摻料混凝土於任一試驗齡期之抗壓及抗彎強度，應不得少於先前任一齡期所得強度之90％。此一限制之目的在於要求摻有待試摻料混凝土的抗壓或抗彎強度，應不得隨齡期增長而降低。

(3)參考 CNS 12284 第 5.1.4 節，兩種規定可選用其一，當基準混凝土之長度變化量為 0.0030％或更大時，則可選用佔基準混凝土變化量%」之限制條件，當基準混凝土之長度變化量小於 0.030％時，則可選用「超出基準混凝土增加量品」之限制條件。

⇨ 2-4　混凝土施工規範相關規定

有關混凝土施工規範對混凝土組成材料之相關規定說明如下：

1.　混凝土材料包括**水泥、粗細粒料、拌合用水**及**摻料**

　　　混凝土材料係指組成混凝土本體之材料，包括水泥、粗細粒料、拌合用水及摻料。

2.　水泥

　(1)　水泥須符合下列規範之規定：

　　①　CNS 61　卜特蘭水泥

　　②　CNS 2306　白色卜特蘭水泥

　　③　CNS 3654　卜特蘭高爐水泥

　　④　CNS 11270　卜特蘭飛灰水泥

　(2)　除另有規定者外，混凝土使用之水泥應爲**卜特蘭水泥第I型**。

　　　鋼筋混凝土設計規範訂定所根據之參考資料，絕大部份試驗試體是使用卜特蘭水泥第I型，因此除非有可靠資料可依循，尤其耐震結構體，應以卜特蘭水泥第I型爲指定水泥。

　(3)　工程上混凝土使用水泥應與配比設計所選用之水泥相當。

　　　水泥相當係是指該水泥可能有兩種情況：①只指同型不同牌之水泥，或是②同型與同牌之水泥。應依下述情況而定：

　　　若界定混凝土要求強度值所用之標準差是從某一特定廠牌與類型水泥之強度試驗結果得到的，則情況②適用；若標準差是得自所有不同品牌之同型水泥之強度試驗統計記錄，則情況①適用。工程材料之品管要求，不只須滿足各項品質之規定，且須品質均勻，因此水泥之使用，同一結構體內應使用同型同牌之水泥爲宜。若水泥之廠牌與類型在合約中有特別指定者，應按其指定。

3. 拌合水

　(1) 混凝土拌合用水須為**潔淨**，且不得含有各種**油脂**、酸、鹼、鹽類、有機物或其他有害於混凝土或鋼筋之物質。

　　　自來水或可供飲用之天然水，可視為符合本規定。

　(2) 混凝土拌合用水質之檢驗應按CNS 1237(混凝土用水品質試驗法)之規定。

　(3) 混凝土拌合用水之品質如有疑問時，應加以檢驗，符合下列條件方可使用：

　　① 按CNS 1010(水硬性水泥墁料抗壓強度檢驗法)之規定進行**強度試驗**，其試體之7天及28天抗壓強度至少需達使用符合第2-4.1節規定之水所做同種試驗強度之**90%**。強度試驗之比較除拌合水不同外，其他條件應完全相同。

　　② 按CNS 786(水硬性水泥凝結時間檢驗法)之規定進行**凝結時間**試驗，其凝結時間與控制試樣(使用符合上述第1.項規定之水)凝結時間之差異不早於1小時及晚於1.5小時。

　(4) **海水**中含有鹽份及硫酸鹽對混凝土及鋼筋具有腐蝕性，不可當做混凝土拌合水。即使不用鋼筋之混凝土亦應考慮混凝土之耐久性。

4. 粒料

　(1) 凝土粒料須符合下列規範規定：

　　① CNS 1240　混凝土粒料。

　　③ CNS 3691　結構用混凝土輕質粒料。

　　④ CNS 11824　混凝土用高爐爐碴粗粒料。

　　⑤ CNS 11890　混凝土用高爐爐碴細粒料。

混凝土所用細粒料應為潔淨之天然河砂或由品質良好山礦石所製造之人造砂，海砂(包括沿海地區地下挖出之砂)含有有害鹽分，不得用做混凝土細粒料。

(2) 粒料未能符合上述第(1)項之規定者，若經試驗或長期使用證明其所拌合之混凝土性能均能符合合約之規定者，則該粒料經工程師認可後方可使用。

未符合 CNS 規定之粒料，但經試驗證明或長期使用證實其混凝土之強度及耐久性均能符合合約之規定者，可經由特案申請加以認可使用。但需留意，已往之良好表現並不能保證未來在新環境與新地點之使用必有良好表現，因此在可能範圍內盡量使用符合規定之粒料。

(3) 粗細粒料應視為不同成分材料，各尺寸粗粒料以及二種或二種以上混合粗粒料，均需符合粒料**級配**規定。

(4) 材料之特別管制

① 為防止材料腐蝕，齡期28天混凝土之成分，包括水、粒料、膠結材料及摻料，其**氯離子含量**應低於下表規定之最大含量。

表 2-26　防止腐蝕之最大水溶性氯離子含量

構材種類與環境情況	對水泥重量(%)	單位體積含量(kg/m^3)
預力混凝土	0.06	0.15
鋼筋混凝土，暴露於含氯環境	0.15	0.30
鋼筋混凝土，經常保持乾燥或防止受潮	1.0	0.30
鋼筋混凝土，其他狀況	0.30	0.60

❶ 參考ACI 201之「耐久性混凝土指南」及ACI 222之「混凝土中金屬之腐蝕」。試驗步驟須符合AASHTO T260試驗方法。含氯評估可從混凝土組成材料之個別試驗值累計獲得。依混凝土配合比例各別材料之含氯量加權換算之混凝土含氯離子總量不得超過表2.26之允許限量。又材料中之氯,有部份是不溶於水,有部份在水化過程中與水泥發生作用而成不溶性。

❷ 用以試驗可溶性氯離子含量之混凝土,試驗時之齡期應為28天至42天。

❸ 表2.26之氯離子允許限量與 ACI 201 與 ACI 222 所提之值不同。於乾燥狀態下使用之鋼筋混凝土,其總含氯控制量為 1 %。表 2-25 暴露於含氯環境者之限量為 0.15 %,潮濕狀況者則為 0.3 %,ACl 201 之對應值分別為 0.1 與 0.15 %。ACI 222 則以水泥重量之 0.08 % 與 0.2 % 分別為預力與一般鋼筋混凝土之含氯限量,係基於酸溶氯之試驗量,而非水溶氯之試驗量。

❹ 當使用塗佈環氧樹脂或鍍鋅鋼筋時,表 2-26 之限量就有可能過嚴。

❺ 暴露於含氯環境之混凝土,混凝土要求之保護層可能須增大或使用塗佈環氧樹脂之鋼筋。設計者應對車輛可能帶進鹽份之停車建築或位臨海洋之結構物之情況,詳加衡量。

❻ 除不純成分外,刻意摻氯之混凝土摻料不得用於預力混凝土或埋有鋁件之混凝土。

② 混凝土中含有鋁質或鍍鋅金屬埋設物或接觸永久性金屬模板,除非能提供為工程師認可之保護措施,否則比照表2-26

之預力混凝土之規定。含有氯離子會導致鋁質埋設物腐蝕(如管類)。尤其當鋁質與鐵質埋設物接觸且處於潮濕環境中，或所處位置因混凝土厚度、塗漆或不透水層覆蓋等妨礙其乾燥者。

5. 摻料

(1) 各項混凝土摻料之使用，應以能達混凝土性能要求且對其他混凝土性質無妨害爲原則，並應經工程師許可。

摻料應符合 CNS 規範之混凝土用摻料爲限。CNS 未有規範之新摻料，則應按建築技術規則(總則編第四條)之規定申請認可，其使用仍應經工程師許可。混凝土性質無妨害係指對混凝土之性質如乾縮、潛變、氯離子含量、龜裂及對鋼筋之腐蝕等之妨害不得超其容許範圍。

(2) 摻料經指定或許可使用時，須符合下列規範之規定。

① CNS 3091 混凝土用輸氣附加劑。

② CNS 11271 卜特蘭飛灰水泥用飛灰。

③ CNS 12549 混凝土及水泥堤料用水淬高爐爐渣粉。

④ CNS 3036 卜特蘭水泥混凝土用飛灰及天然或煅燒卜作嵐摻和物。

⑤ CNS 12283 混凝土化學摻料。

符合 CNS 規範之水淬高爐爐碴粉及飛灰，通常可摻用於符合CNS 61之卜特蘭水泥，但很少與CNS 3654 及CNS 11270 規定之混合水泥合用，因爲混合水泥中已含有卜作嵐成分。巨積混凝土則可考慮水淬高爐爐碴粉與混合水泥合用，因其可容許緩慢的強度成長以及需要低水化熱。

(3) 各種摻料於使用前應有可靠資料以作為配比設計之依據。必要時應進行試驗,測試其性能。

　　　摻料性能與使用時溫度有密切關係,因此應注意使用季節之氣溫,並做相同溫度下之性能試驗。

(4) 施工所使用摻料應與配比設計時所使用摻料相同。

　　　大部份摻料屬化學藥劑,若成分略有不同其效用亦迥異,且有不同之副作用,故應嚴格規定之。

(5) 除本規範之規定外,使用摻料時應依照產品說明書之規定。

6. 材料儲存

(1) 任何材料應妥為儲存,若有受損壞、污染或變質者均不得使用。

① 水泥須用**氣密容器**儲存,若為**袋裝**時並應儲存於不受氣候影響之倉庫或場所,且其地板面至少應高出地面 30cm,以防受潮或污染。

② 袋裝水泥儲存堆置高度應在 10 袋以下,以免重壓硬化。

③ 取用儲存中之水泥,若發現有結硬塊現象時,應加判斷;若係水泥已有水化現象,則應予廢棄不得再用。唯經確認其硬化僅係因重壓所致,使用時甚易將之分散者,經工程師許可者,仍可打散使用。

(2) 混合粒料堆積儲存應防止**過度析離**,並避免不同尺寸粒料或與其他物料摻混。使用前須在拌合廠粒料進料處取樣試驗,以測定其級配與清潔度是否符合規定。

　　　混合粒料堆放當中,較大顆粒容易滾至料堆坡腳而產生分離。因此粒料應盡可能依不同尺寸分別存放。

① 粒料之堆放場應排水良好,以使上下層含水量均勻。

② 乾燥輕質粒料須均勻預潮。爲防止含水量相差懸殊，預潮之粒料使用前至少須 3 堆放 12 小時，但工程師認爲不需預潮者不在此限。

(3) 摻料之儲存須防止污染、蒸發、損壞或對性質有不良影響之溫度變化。如爲懸浮者，使用時應以適當設備攪拌均勻。

學後評量

一、選擇題

( ) 1. 用於抵抗硫酸鹽侵蝕，須使用那一型水泥？　(A)I　(B)II　(C)III　(D)IV。

( ) 2. 水泥製程中須添加何者來抑制凝結時間？　(A)石英　(B)石墨　(C)石灰　(D)石膏。

( ) 3. 拌合水之強度檢驗其砂漿方塊抗壓強度應大於飲用水　(A)50 ％　(B)70 ％　(C)80 ％　(D)90 ％　以上。

( ) 4. 下列何種試驗無法檢驗出拌合水之酸性　(A)酚鈦指示劑　(B)PH 儀　(C)比色法　(D)凝結時間。

( ) 5. 何種熟料礦物對水泥水化熱貢獻最大？　(A)C_3S及C_3A　(B)C_2S及C_3A　(C)CA 及C_4AF　(D)C_4AF及C_3S。

( ) 6. 何種熟料礦物對水泥強度貢獻最大？　(A)C_3S及C_2S　(B)C_2S及C_3A　(C)C_3A　(D)C_4AF。

( ) 7. 水化熱於 3 天前以何種水泥最高？　(A)I　(B)II　(C)III　(D)IV。

( ) 8. 構築巨積混凝土結構以使用何種水泥理想？　(A)I　(B)II　(C)III　(D)IV。

( ) 9. 拌合水之品質要求凝結時間，初凝不早於1小時，終凝不遲於1.5小時，而7天強度至少為控制試體之 (A)70％ (B)85％ (C)90％ (D)95％ 以上。

( ) 10. 骨材約佔混凝土體積的 (A)10～20％ (B)40～50％ (C)50～70％ (D)70～80％。

( ) 10. 使用摻料的目的為何？ (A)強度及工作度 (B)耐久及強度 (C)變形及凝結 (D)以上皆是。

二、問答題

1. 請述混凝土中黏結材料(Binder)之功用。

2. 請述混凝土中填充材料(Filler)之功用。

3. 請簡述水泥之製造與流程。

4. 卜特蘭水泥有那些類型？如果只有第I型水泥，可採用那些方法來達到具有其他類型水泥之特性？

5. 摻料有那些種類？

6. 在混凝土中使用摻料(Admixture)應注意那些事項？

7. 水泥、爐石、飛灰、稻殼灰、矽灰在CaO-SiO_2-Al_2O_3相同之位置有何差異？

8. 已知二種廠牌水泥之化學成份如下，試計算其潛在水泥熟料礦物。

   (1) $SiO_2 = 22.1％$，$Al_2O_3 = 5.57％$，$Fe_2O_3 = 3.44％$，$CaO = 62.8％$，$MgO = 2.59％$，$SO_3 = 2.08％$。

   (2) $SiO_2 = 21.0％$，$Al_2O_3 = 5％$，$Fe_2O_3 = 3.3％$，$CaO = 64％$，$MgO = 2.6％$，$SO_3 = 2.1％$。

9. 請述各型水泥的主要用途及物化性要求。

10. 水質的檢測時常以抗強度及凝結時間為主，是否適用於海水？

11. 請說明骨材級配的重要性及對混凝土之影響。

12. 混凝土施工前水泥的品質應檢驗項目有那些？

13. 水泥製程中因環保要求而回收 Na_2O、K_2O 等揮發性物質，導致水泥中含鹼過高，此對鋼筋與混凝土耐久行有何影響？又有何對策？

14. 請述使用摻料使混凝土達到「耐久性、安全性、工作性、經濟性及生態性」策略(原由)何在？

15. 混凝土施工前水泥的品質應檢驗項目有那些？

16. ACI 318-95 規範規定在使用冰鹽環境下，必須對卜作嵐材料用量加以限制，其理由何在？

17. 請寫出鹼骨材反應的方程式，並說明防制鹼骨材反應的對策有那些？

18. 骨材若含有過多通過#200篩之細料，會有何影響？

19. 台灣河川砂源品質不佳及不足，有何因應對策？

20. 細骨材濕潤狀態下為710克，經烘箱烘乾後為650克，若細骨材之SSD吸水率為5％，則細骨材之表面含水量(以SSD為基準)為多少？

本章參考文獻

1. Mindess, S., and J. F. Yuong, concrete, Prentice-Hall Inc. Englewood Cliff, N. J. (1998).

2. Mehta, P. K. and J. M. Montliro, Concrete-Structure, Properties and Materials, Prentice-Hall Inc. Englewood Cliff, N. J. (1993).

3. 黃兆龍混凝土性質與行為，詹氏書局，1997。

4. 中國土木水利工程學會，混凝土工程施工規範(土木402-88)，1999。

5. 中國國家標準，卜特蘭水泥(CNS 61)，1997。

6. 中國國家標準，混凝土粒料(CNS 1240)，1997。

7. 中國國家標準，混凝土用水品質試驗法(CNS 1237)，1997。

8. 中國國家標準，工業廢水中氯離子檢測法(CNS 5858)，1997。

9. 中國國家標準，水及廢水中硫酸根離子檢驗法(CNS 5862)，1997。

10. 中國國家標準，卜特蘭水泥化學分析法 (CNS 1078)，1997。

11. 中國國家標準，白色卜特蘭水泥(CNS 2036)，1997。

12. 中國國家標準，卜特蘭飛灰水泥(CNS 11270)，1997。

13. 中國國家標準，卜特蘭高爐水泥(CNS 3654)，1997。

14. 中國國家標準，混凝土用輸氣附加劑(CNS 3091)，1997。

15. 中國國家標準，卜特蘭飛灰水泥用飛灰(CNS 11271)，1997。

16. 中國國家標準，混凝土及水泥墁料用水淬高爐爐碴粉(CNS 12549)，1997。

17. 中國國家標準，卜特蘭水泥混凝土用飛灰及天然瑕燒卜作嵐摻和物(CNS 11270)，1997。

18. 中國國家標準，混凝土化學摻料(CNS 12283)，1997。

19. 中國國家標準，水硬性水泥墁料抗壓強度檢驗法(CNS 11270)，1997。

20. 中國國家標準，混凝土粒料(CNS 1240)，1997。

21. 中國國家標準，結構用混凝土之輕質粒料(CNS 3691)，1997。

22. 中國國家標準，混凝土用高爐爐碴粗粒料(CNS 11824)，1997。

23. 中國國家標準，混凝土用高爐爐碴細粒料(CNS 11890)，1997。

24. 沈永年，混凝土耐久性問題，第 13 屆技職教育研討會論文集，工業類土木營建組，第169頁至192頁。

25. 內政部建築研究所主要建材資源供需利用現況與調查架構研究，財團法人台灣營建研究院，pp.50～75，1998。

26. 經濟部礦物局，砂土石產銷調查計畫報告，pp.19～165，1999。

27. 蕭登元、於幼筆，工業生態學中物質流系統之研究介紹—以建築砂石爲例—，工程期刊，第73卷，第8期，pp.33～50，2000。

28. Mehea,P.K.,Concrete Technology for Sustainable Development, Concrete International, Vol.121 No.11, 1999.

混凝土水化行為與微觀結構

學習目標

★ C_2S、C_3S、C_3A 與 C_4AF 之水化行為與反應。

★ 卜作嵐水泥之水化反應行為。

★ 卜作嵐水泥之水化機理與物理意義。

★ 水泥水化作用對混凝土性質的貢獻。

★ 水泥漿體之微觀結構種類與性質。

★ 孔隙結構對混凝土性質之影響。

★ 水泥漿體微觀結構對混凝土性質之影響。

★ 高性能混凝土之水化行為與微觀結構。

　　水泥加水後立即產生水化作用(Hydration)，而成為能黏結粗細骨材的膠結材料。但整個水泥化學反應行為相當複雜，為什麼水泥水化後具有膠結作用？又水化反應可提供那些訊息及水化對混凝土性質的影響如何？這些均有必要加以探討瞭解。在研究水泥的水化作用反應前，應先針對水泥四種主要熟料礦物即C_3S、C_2S、C_3A與C_4AF等加以探討。因為這四種熟料再加上石膏即成為「水泥」，當然這四種水泥熟料之水化反應會相互影響，而水泥的水化反應與這四種熟料之個別水化反應不會完全相同的。矽酸三鈣(C_3S)為水泥中含量最多的成分，約佔水泥重量成份的50％，故其水化反應在水泥水化反應行為中具有舉足輕重的影響。矽酸二鈣(C_2S)則約佔水泥重量成份的 25 ％，其水化反應行為亦不可忽視。此二種矽酸鈣熟料約佔水泥量的 75 ％，對水泥性質的影響很大。以氧化鋁與氧化鐵為主要成分的鋁酸三鈣(C_3A)及鋁鐵酸四鈣(C_4AF)，二者則約佔水泥重量成份的 20 ％左右，其對水泥水化反應行為的影響僅次於矽酸鹽類。此二種水泥熟料之成因有二，一為製造水泥的黏土原料中含有Al_2O_3與Fe_2O_3成分，另一則為Al_2O_3及鐵碴(含Fe_2O_3)均可降低水泥燒結溫度，以延長水泥燒結窯使用年限。即水泥中含有鋁酸三鈣(C_3A)及鋁鐵酸四鈣(C_4AF)是不可避免的，故C_3A與C_4AF的水化反應行為必須加以探討。

⇨ 3-1　矽酸鈣鹽類的水化作用

　　矽酸鈣鹽類包括矽酸三鈣C_3S與矽酸二鈣C_2S二種。基本上，若含鈣量愈多則其水化反應也愈快。含有雜質的C_3S及C_2S稱為「艾萊土」與「貝萊土」，這兩種水泥熟料礦物屬於「熱動學不平衡」的結晶物體。於加上水後會由顆粒表皮發生激烈的「放熱反應」，但在被水化反應物

包封住後，則水化反應會暫時受到阻滯，必須等待後續反應來突破半透水性表皮水化反應物；而水分子仍會緩慢滲入半透水的表皮水化反應物，內部放熱反應因持續接觸水而繼續產生，促使半透水膜受到滲透壓力而產生膨脹作用，當膨脹作用產生之表皮張力大於表皮強度時，原來的半透水皮膜就被脹開，進而促使產生再度水化反應與「局部放熱」，此時水化速率加快，分裂顆粒周遭的水份大量耗盡，而先前產生之水化產物就包裹顆粒核心，因而再度使水化反應被遲緩，而降低水化反應速率，最後因游離水量供應不足，水化反應速率更為減慢。圖 3-1為C_3S水化反應時的放熱情形。這種水化放熱反應亦可以用物理及化學觀點來加以詮釋，如表 3-1 所示。

表 3-1 顯示矽酸鈣鹽類水化反應可區分為五個階段，即初期水解、潛伏期、加速期、減速期與穩定期。水泥水化過程之研究探討最初是由「定性及定量」試驗和微觀測量來印證，並加上適當的「假設」與「推論」，以詮釋矽酸鹽類的水化反應，而水化反應所產生之產物與混凝土性質有密切關係。因此「巨觀與微觀是具一致性的」，即所謂「有諸於

表 3-1 矽酸鈣鹽類水化反應程序

階段	反應名稱	反應速率與機制	水化過程	相關性質
1	初期水解	快速；化學控制	初期水解，離子溶解	溫度急速上昇
2	潛伏期	緩慢；成核控制	連續離子溶解	決定混凝土初凝時間
3	加速期	快速；化學控制	形成初期水化物	決定混凝土終凝時間和初期硬固速率
4	減速期	緩慢；化學和擴散控制	連續形成水化物	決定混凝土早期強度成長速率
5	穩定期	緩慢；擴散控制	緩慢形成水化物	決定混凝土晚期強度

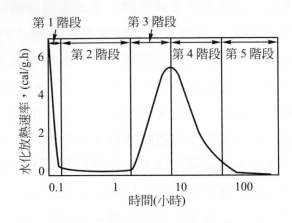

圖 3-1 矽酸三鈣水化放熱反應

內，形諸於外」。這類水化反應的結果如果達到平衡時，即爲完全水化。一般係假設矽酸鹽類水化反應作用會形成類似「托伯莫萊土」(3CaO・2SiO$_2$・3H$_2$O，即C$_3$S$_2$H$_3$或稱C-S-H膠體)之鈣矽水化產物時，(3-1)及(3-2)式係用來表示C$_3$S及C$_2$S的水化反應平衡方程式。

$$\text{艾萊土：} 2C_3S + 6H \xrightarrow{\Delta H\uparrow} C_3S_2H_3 + 3CH，\Delta H = 500J/g \text{(3-1)}$$

(C-S-H膠體) (氫氧化鈣)，水化速率中等

$$\text{貝萊土：} 2C_2S + 4H \xrightarrow{\Delta H\uparrow} C_3S_2H_3 + CH，\Delta H = 225J/g \text{(3-2)}$$

(C-S-H膠體) (氫氧化鈣)，水化速率較慢

上述C$_3$S及C$_2$S的水化反應有二個條件，第一水泥顆粒必須磨得很細，否則水化反應會持續很長時間，才能完全水化。一般而言，混凝土中的水泥，30年後其水化可能還未完成，即整個反應是處在不完全平衡的狀況。第二是C-S-H膠體在長時間反應下，產生增加鍵結的作用，又稱「矽聚合」，即C-S-H並非如假設的以C$_3$S$_2$H$_3$之「托伯莫萊土」晶體存在，而是「不定型結晶」，故又稱爲「膠體(Gel)」。因此(3-1)及(3-2)

只是為了方便解釋而強制平衡。 (3-1)及 (3-2)式亦顯示艾萊土(C_3S)的水化速率較貝萊土(C_2S)的水化反應速率快。就放熱量(ΔH)而言，艾萊土的水化放熱量為$\Delta H = 500J/g$，約為貝萊土水化放熱量$\Delta H = 225J/g$的二倍，式中由於C_3S較C_2S有多一個氧化鈣(C)，故水化所需水量亦較多，同時所產生的水化產物氫氧化鈣(CH)亦多出二個莫耳，而氫氧化鈣生成量越多對混凝土長期耐久性是越不利的。又C_3S快速的水化反應也存在著「草率不密實」的缺點，這對混凝土長期耐久性亦屬不利。因此目前水泥工業正朝向富貝萊土水泥的方向來研發生產，即希望水化反應能是「慢工出細活」，如此有益於混凝土的長期品質。並且富貝萊土顆粒較圓形，也有利混凝土的工作性。

⇨ 3-2 鋁酸鈣鹽類的水化作用

鋁酸鈣鹽類包括C_3A及C_4AF二種，C_3A受雜質的影響不大，鋁鐵酸四鈣(C_4AF)則常以含雜質之「費萊土」存在。而鋁酸鈣鹽的反應遠比矽酸鈣鹽類的反應快很多，依據量測出水化熱的資料顯示，C_3A的水化熱為 $1350J/g$ 比C_3S的水化熱高出二倍以上，因此其水化速度快到必須加以阻止。故水泥中添加適量「石膏($C\overline{S}H_2$)」的目的，就是要使C_3A的水化反應緩慢一些。鋁酸鈣鹽類的水化作用，如同一般放熱性物質一旦泡入水中，就會即刻產生激烈反應。又C_3A及C_4AF由於儲存的放熱能更多，故加入水後就立即產生水化崩解反應，會分裂產生一片片碎裂的水化產物，對混凝土工程性質非常不利的。圖 3-2 顯示鋁酸三鈣的水化放熱情形，可概略看出整體C_3A的反應過程。其水化時間大為縮短，第一個放熱峰約在1小時內即釋放完成，第二個放熱峰則隨石膏($C\overline{S}H_2$)的含量多寡而定，又C_3A及C_4AF的細度也會影響到放熱峰的位置。

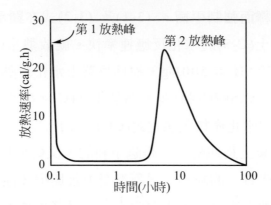

圖 3-2　鋁酸三鈣加上石膏之水化放熱速率圖

　　C_3A 及 C_4AF 的水化平衡方程式，如(3-3)至(3-5)式所示，由此可見 C_3A 及 C_4AF 在不同石膏含量下的水化行為特徵。

$$C_3A + 3C\overline{S}H_2 \xrightarrow[\text{水化速率快}]{\Delta H = 1350J/g} \underset{\text{鈣釩石}}{C_3A \cdot 3C\overline{S} \cdot H_{32}} \qquad (3\text{-}3)$$

$$C_3A \cdot 2C\overline{S} \cdot H_{32} + 2C_3A + 4H \rightarrow \underset{\text{單硫型鋁酸鈣水化物}}{3C_3A \cdot CS \cdot H_{12}} \qquad (3\text{-}4)$$

$$C_4AF + x \cdot CSH_2 + y \cdot H \xrightarrow[\text{水化速率慢}\sim\text{中等}]{\Delta H \approx 460J/g} \text{鈣釩石＋單硫型鋁酸}$$

鈣水化物 $\qquad\qquad\qquad\qquad\qquad\qquad\qquad\qquad\qquad (3\text{-}5)$

　　(3-3)與(3-4)式是一種可「連續轉換」的反應，在石膏含量充裕的情況下，C_3A 的水化反應會產生含 32 莫耳水的鈣釩水化產物，而這種反應會吸取鄰近大量水分子(26 個莫耳)，其反應速率劇烈釋放出的熱量約有 1350J/g，如果水化反應時石膏量已耗盡，則鈣釩石會再和 C_3A 產生二次反應，而轉換生成「單硫型鋁酸鈣」水化也隱示在外界硫酸鹽充分供應的條件下，又將會水化轉換生成鈣釩石，此即為「硫酸鹽侵蝕」的問題。

就矽酸鈣鹽類與鋁酸鈣鹽類的水化速率而言，C_3A的水化速率最快，即使添加石膏有抑制水化之影響也僅是在初期，然後依序為C_3S、C_4AF與C_2S。而不純的之艾萊土、費萊土及貝萊土，其水化速率則較純熟料礦物反應快速，圖 3-3 顯示不同水泥熟料之水化速率。表 3-2 則說明C_3A、C_3S、C_4AF與C_2S對水泥水化強度與水化熱的貢獻。

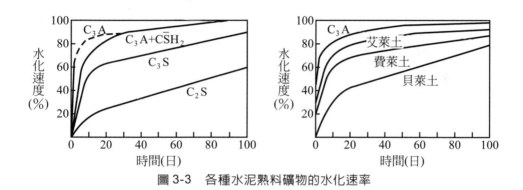

圖 3-3　各種水泥熟料礦物的水化速率

基本上，水化速率太快的水化作用，在水泥漿體結構組織上是不緻密的，同理，水化熱過高的水化作用，或其他會造成快速水化的作用，均會造成水化產物微觀組織的疏鬆不緻密的不良影響。因為C_2S的水化反應慢且水化熱低，這對混凝土長期強度的發展是有良好貢獻的。

表 3-2　水泥熟料礦物對水泥水化強度與水化熱的貢獻

水泥熟料礦物	水化速率	水化熱	對水泥漿體的貢獻	
			強度	水化熱量
C_3S	中度	中度	高	高
C_2S	慢	低	先低後高	低
C_3A	快速	非常高	低	高
C_4AF	中度	中度	低	低

⇨ 3-3 卜特蘭水泥的水化行為

一、卜特蘭水泥的水化反應

　　從上二節水泥熟料礦物的水化行為特徵，可加以重疊後而得卜特蘭水泥的水化反應圖，進而推測各型水泥的水化特徵與性質。因為一般卜特蘭水泥中，以C_3S及C_2S的含量最多，約佔70～80％，所以C_3S及C_2S熟料礦物的影響性甚大，但是C_2S的反應速率較慢，見表3-3及圖3-3，所以水化放熱峰較不突顯，只有C_3S會有高聳的放熱峰，又C_3A約含量在水泥中約佔10％左右，其含量雖然少，但是其放熱量甚高，約1350J/g左右，所以在放熱曲線上亦會出現一個突出峰，見圖3-4所示。此C_3A的水化峰會隨「石膏」的含量多寡而移動出現位置。就同一細度的水泥而言，石膏量太少則放熱將會往前移，太多則往後移。一般控制C_3A的放熱率在C_3S水化放熱峰的後面，俾使之有較高的工作性。

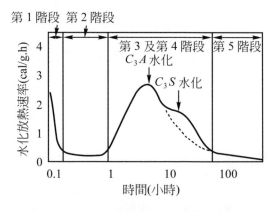

圖 3-4　卜特蘭水泥水化放熱曲線

　　又不同型別的卜特蘭水泥，則C_3S、C_2S、C_3A與C_4AF的含量亦有所不同，故其相應水泥放熱的曲線及總熱量亦會不同，而這些資訊可推測水泥的水化熱量，尤其對估算「巨積混凝土」的總熱量則更顯重要。表

3-4 顯示水泥中熟料單礦物完全水化所產生之熱量，由表中可以看出純「水泥熟料礦物」與「水泥」中所量測者不同，若含雜質則水化熱較高。

表 3-3　典型水泥熟料完全水化所產生之水化熱

熟料化學反應式	$\Delta H(J/g)$完全水化狀況			
	純熟料成份		水泥熟料量測值	水泥中量測質
	計算值	量測值		
$C_3S \rightarrow C-S-H+CH$	～380	500	570	490
$C_2S \rightarrow C-S-H+CH$	～170	250	260	225
$C_3A \rightarrow C_4AH_{13}+C_2AH_8$	～1260	—	—	—
$\rightarrow C_3AH_6$	900	880	840	—
→單硫鋁酸鈣水化物	—	—	—	～1340
$C_4AF \rightarrow C_3(A，F)H_6$	520	420	335	—
→單硫鋁酸鈣水化物	—	—	—	460

二、水泥水化熱量計算

　　若已知各水泥熟料礦物的水化放熱量，又知水泥中所含熟料礦物的重量比例與可能的水化程度，則水泥的水化熱放熱量就可估算出來，這對巨積混凝土或有「溫度裂縫」之慮的混凝土是有幫助的。尤其對熱帶或亞熱帶區域的混凝土結構物而言，若在天氣炎熱時或刮大風的情況下，加上混凝土溫度過高，則仕新拌初期可能造成水分蒸發過快，而產生「塑性收縮」裂縫；中期則可能產生「溫度差異裂縫」。因此必須加入冰塊或冰水來降低混凝土溫度，以確保混凝土不受溫度過高之影響而產生龜裂。當然減少水泥用量，也是很有利控制混凝土溫度，故美國

1950年代以後水壩建設都是採用低熱水泥與低水泥量爲設計準則，1990年代高性能混凝土的設計理念，也是採用相同原則。估算水泥的放熱熱量時可以依(3-6)式來計算。

$$Q = \sum_i^n \left[\Delta H_i \cdot \alpha_i \cdot W_i \right] \qquad (3\text{-}6)$$

式中　　Q：水泥的放熱量(J)

　　　　ΔH_i：水泥單礦物i之水化熱(J/g)

　　　　α_i：水泥單礦物i之水化程度

　　　　W_i：水泥單礦物i之重量百分率

因爲單礦物之水化熱ΔH_i無法簡易量測，故可參考表3-4的資料，而水化程度α_i則可參考圖3-3，依齡期找出相應熟料礦物之水化程度，當然必須考慮「溫度」及「水灰比」均會影響水化程度的數值，這是因爲其與「成熟度」及「水化空間」大小有關的緣故，w_i爲各熟料礦物之重量百分率，可依水泥型別之成分含量，計算出各熟料礦物之重量百分比。茲以表3-4爲例，估計水灰比(W/C)爲0.35，水泥比熱爲1.14，則可估計絕熱狀況下之升溫約52℃左右。

表3-4　水泥水化熱計算範例(Ⅰ型水泥，7天齡期)

成份	(1) 重量百分率	(2) 水化程度	(3) 水化熱(J/g)	總熱量(J/g) (1)*(2)*(3)
C$_3$S	0.05	0.70	490	171.5
C$_3$A	0.10	0.80	1340	107.2
C$_4$AF	0.08	0.60	460	22.1
C$_2$S	0.25	0.40	225	22.5
合計				323.3

三、強度發展

　　圖 3-5 顯示 C_3S 對初期強度有較大的貢獻，但過了 7 天後強度成長變得緩慢，而 C_2S 的反應就不同，初期強度成長有限，但後續的強度成長卻是迅速的。又矽酸鈣水化物的成長具「隨遇而安」的性質，其 C-S-H 膠體乃是逐漸形成並逐漸填滿水化空間，不會激烈的膨脹擠壓鄰近的粒子，所以對混凝土的「體積穩定性」是有利的。當然 C_3S 之強度發展出快速成長，故在水化產物的排列組合上會較差，即水化過程產生空隙及空間緻密性會有較差結果，這對混凝土耐久性能是不好的。由 (3-1) 式也顯示出 C_3S 水化後會生產較高量的 CH，因為 CH 具易溶於水的性質，故對混凝土長期耐久性會有不好之威脅。至於 C_3A 與 C_4AF，其水化行為狀況是非常不穩定的，從 (3-3) 至 (3-5) 式可瞭解 C_3A 與 C_4AF 的水化反應是快速且多變性的，其水化產物在水化初期一接觸到水即產生放熱崩解成碎裂片狀之物質，隨後接觸到溶於水之石膏離子，在石膏及水量充足的情況下，會形成 32 莫耳水分子之鈣釩石，若在石膏不足情況下則轉換為 12 個莫耳水分子的單硫鋁酸鈣水化物，二者之間相差 20 個莫耳水分子，在固定水化空間下這種情況會形成孔隙或空隙，加上尚未轉換成碎片狀物質，就構成類似跨架般的危形結構，因此強度會嚴重受損，這是為何 C_3A 與 C_4AF 在初期水化成長後，就即刻衰減原因。但此如果 C_3A 有充足的石膏供應下，則 C_3A 即會如同「膨脹水泥」般，具有穩定的特性。

　　因為水泥是由不同含量水泥熟料礦物所組成，其水化行為之表現會因而不同的，由上述「先強後衰，先慢後快」的原則，就可理解圖 3-6 之水泥典型強度發展圖了。當然水泥水化物顯微結構也會隨之改變，導致巨觀物理性質如強度亦會隨之改變。

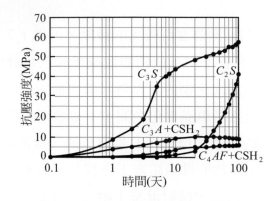

圖 3-5　水泥熟料礦物漿體抗壓強度的發展

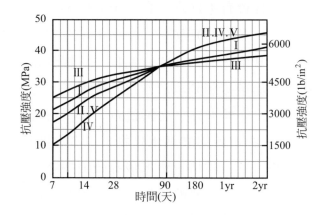

圖 3-6　水泥型別對混凝土強度發展的影響

四、溫度的影響

　　水泥的水化，當然會跟溫度有密切關係，溫度高則水化速率加快，反應當然激烈，圖 3-7 可看出溫度較高時則第二個放熱峰會提前。水化程度早期亦較快，但 1 天以後就不明顯，由此亦可推測溫度對早期強度的成長影響較大，見圖 3-8，而溫度對晚期強度成長則未必見得會有益，這也就是利用「成熟度」只有利於早期強度發展的原因之一了，見圖 3-9。

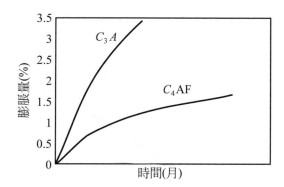

圖 3-7　不同溫度下之水化放熱速率

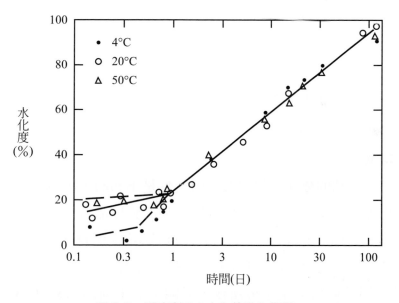

圖 3-8　溫度對C_3A水化特性的影響

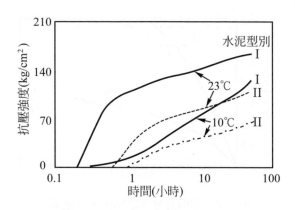

圖 3-9 溫度對水泥漿強度發展的影響

　　溫度對水泥性質之影響，提示一種常被忽略的訊息，即溫度雖然加速水化，但也使顯微組織零亂，所以早期性質較佳，晚期反而會較差，形成內部龜裂為重要因素。當然如果考慮骨材在內，則水泥漿在溫度下會變形。但骨材改變有限，兩者之間熱差變形的狀況下，混凝土內部裂縫的產生也不容忽視的。

五、體積的變化

　　水泥漿體積的變化；對混凝土耐久性是不利的，因為水泥漿與骨材體積變化經常是反向的，所以會影響長期的強度品質，在本章中暫且不討論「乾燥收縮」的問題，只討論在潮濕環境下的變化，圖 3-10 可以看出隨時間的增長，C_4A 及 C_4AF 有膨脹的趨勢，這點可由公式(3-3)至(3-5)看出因為吸收大量水分所致，而圖上並未列出 C_3S 及 C_2S 二種，主要原因如同前所述，矽酸鈣水化物是隨遇而安，並不會自己尋找空間，C_3A 及 C_4AF 就不同了，會吸收比重為1的水分子，而往外推擠，擠裂原有結構，這也就是何以 C_3A 及 C_4AF 滯後水化對長期強度不利的另一原因了。

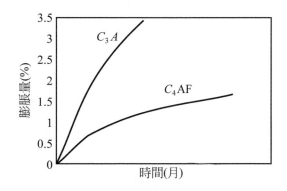

圖 3-10　C₃A及C₄AF隨泡水時間而膨脹之現象

為了更清晰詮釋C₃A水化膨脹的道理，可應用圖3-11來佐證之。圖上C₃A加上石膏及水，體積會先膨脹，當轉換成單硫型鋁酸鈣水化物時，體積會稍縮小，而形成孔隙，但當有外界硫離子(S)存在時，則原有之單硫型鋁酸鈣水化物，再接觸硫酸離子及水分，實體會再增大而形成「鈣釩石」，

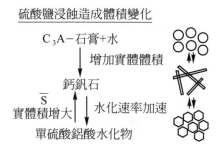

圖 3-11　C₃A水化膨脹機理簡圖

產生局部體積膨脹，如果鄰近空間較密時，則會推擠造成破裂，形成內部較弱的界面；尤其在表面處，產生單向推擠作用，此種反應將形成「楔狀作用」而造成推擠分裂現象，逐漸使品質由表面向內部劣化。

3-4　水泥漿體微觀結構與成份

一般而言物質的內部化學反應結果會以物理性質表現出來，故謂「有諸於內，形諸於外」，即微觀與巨觀是一體二面，且是不可分割的。而透過微觀結構的瞭解，可歸納出物質的巨觀性質的特性。

水泥水化後產生膠結性反應，藉由這些依時硬化的性質，水泥漿體可產生強度。而水泥水化的產物，其微結構對巨觀性質，扮演著直接及間接的影響性與關係性。水化產物顯微結構的組成形態、緻密性、含量、各微結構組成特性等，都是影響水泥漿體巨觀性質的因素。而探討微觀結構的方法，包括「定性」及「定量」二種。而定性及定量工作，係透過電子顯微鏡，膠體攝譜儀、燒失分析法、X光繞射法、核磁共振法、及其他顯微技術等觀測結果來加以分析。水泥漿體水化後的水化產物(Hydration Products)由其顯微結構外觀，可區分為 C-S-H 膠體(矽酸鈣水化物)，CH(氫氧化鈣)，硫鉛酸鋁水化物及毛細管孔隙等，其特徵見表 3-5 所示分述如下。

一、矽酸鈣水化物(C-S-H 膠體)

「C-S-H 膠體」係由矽酸三鈣(C_3S)或矽酸二鈣(C_2S)與水反應所產生之主要水化產物，由於C_3S及C_2S在水泥中約佔有 70 ％～80 ％之重量比，而在水泥漿體中則約佔有 55 ％體積比。在電子顯微鏡下，可觀察到 C-S-H 膠體，如圖 3-12 所示。C-S-H 之基本結構呈三片積層狀、摺皺紙狀或針刺狀等不定形(Amarphous)外觀，其尺寸約為 1×0.1 微米(μm)，厚度小於 0.01 微米(μm)，在水泥漿體中為扮演母體(Matrix)的角色。

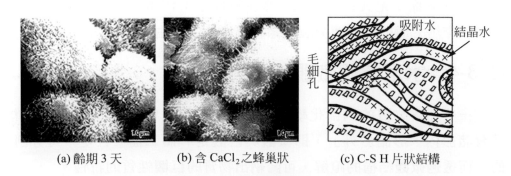

(a) 齡期 3 天　　(b) 含 $CaCl_2$ 之蜂巢狀　　(c) C-S H 片狀結構

圖 3-12　C-S-H 顯微結構照片[3]

表 3-5　水泥漿體微觀結構組成與特性[3]

水泥漿體顯微結構	C-S-H 膠體	氫氧化鈣(CH)	硫鋁酸鈣水化物		毛細管孔隙
			鈣釩石(AF_t)	單硫型鋁酸鈣(AF_m)	
特徵	連續的母體；不定形、多孔隙、毛細管、膠孔	結晶狀、顆粒大(0.01-1mm)	$10 \times 0.5\mu m$ 結晶顆粒小($1\sim10\mu m$)	$1 \times 1 \times 0.1\mu m$	依水灰比而定，形狀不定
成份	C-S-H	CH			—
比重	2.3～2.6	2.24	～1.75	1.95	0
結晶	＋甚差	很好	好	尚好	—
SEM 外襯	($1 \times 0.1\mu m$，t＜$0.01\mu m$)針刺或不定形狀	無孔條紋柱狀	細長六角針狀	六角薄板狀，不規則玫瑰狀	—
解析方法*	SEM	OM、SEM	OM、SEM	SEM	OM、SEM、MIP
體積比	～55％	20％	～10％		15％

*SEM 為掃瞄式電子顯微鏡；OM 為光學顯微鏡；MIP 為壓汞孔隙儀；＋依水灰比而定

二、氫氧化鈣(CH)

　　CH 為水泥漿體之另一重要水化產物，係為C_2S及C_3S與水之水化反應產生物，見 3-1 與 3-2 式，約佔水泥漿體積的 20％。其外觀則為層片狀結構、結晶良好，顆粒尺寸大約為 0.01～1mm，可以光學顯微鏡(OM)或 SEM 觀察到，見圖 3-13 所示。

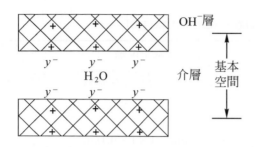

層：[Ca₂Al(OH)6]+Ca 和 Al 和八面體座標
介層：y⁻
xH₂O(依 y 之特性)

(a) CH 微結構

(b) CH 光學顯微圖

圖 3-13 　 CH 之顯微結構圖[3]

三、硫鋁酸鈣水化物(C-A-F-$\bar{\text{S}}$-Hx)

　　硫鋁酸鈣水化物係為C_3A(鋁酸三鈣)及C_4AF(鋁鐵酸四鈣)與水之水化生成物，C_4A與C_4AF在水泥中只佔約 20 ％重量比，而其水化產物量，則約佔水泥漿體的 10 ％左右。此類型水化產物的顆粒很小，約為 1～10 微米(μm)。其中鈣釩石常以AF_t表示，其結構為六角長針狀，尺寸約 0.5 $\mu m\phi \times 10\mu m$。單硫型鋁酸鈣水化物，則以AF_m表示，呈六角薄板狀或不規則玫瑰狀，尺寸約 1$\phi \times 0.1\mu m$，。其中 A，F 分別表氧化鋁(Al_2O_3)及氧化鐵(Fe_2O_3)，t 為英文字「tri」，表示有三個 $\bar{\text{S}}$；而 m 為英文字「mono」，表示只有單一個 之意義，圖 3-14 為硫鋁酸鈣水化物顯微圖片。

四、毛細管孔隙

　　水泥接觸水瞬間的水化作用為一種很激烈的化學放熱反應，這種「隨機接觸型」的行為，使得尚未參與水化的水，以及被包裹的空氣形成了毛細管孔隙。一般而言，毛細管孔隙結構具不定形外觀，其孔隙含

量隨水灰比(W/C)、水固比(W/S)、齡期及溫度而異。水泥漿體之孔隙含量佔水泥漿體積的 15 %左右，並且齡期愈長則孔隙愈少，因為水泥水化後離子外移，填充了原來被水佔據之空間，故孔隙會逐漸不連通而減少。

五、水化產物特性

水泥的各種熟料礦物具不同的物理化學性質，故水泥的水化產物會有相當差異的性質，典型之水泥水化產物特性，見表 3-5 所示。

1. C-S-H 膠體

　　C-S-H 膠體的比重為 2.3 至 2.6 間，較水泥比重 3.15 小。因為有比重為 1 的「水」在 C-S-H 中，而降低了 C-S-H 的比重。C-S-H 結構若以電子顯微鏡來解析，則為「不定形」的針刺狀；C-S-H 化學結晶由單矽至多矽，齡期愈長則矽聚合愈長，組成成分不定，為矽聚合物的一種，沒有固定的晶體形狀，故 C-S-H 被稱為「膠體」。

2. 氫氧化鈣(CH)

　　C_3S 及 C_2S 加水水化後，就會產生氫氧化鈣。這是因為化學平衡方程式的右邊如果有 C-S-H 膠體產生，而其另一產物必定為氫氧化鈣。而 C_3S 有 3 個 C 而 C_2S 只有 2 個 C，當然 C_3S 形成更多的 CH。CH 之結構為層狀結晶，可用光學顯微鏡在高倍數下及電子顯微鏡觀察而得。氫氧化鈣的比重約為 2.24。

3. 鈣釩石(AF_t)

　　C_3A 與足夠的石膏及水作用後，就會產生鈣釩石，一般以 AF_t 表鋁酸鈣及鋁鐵酸鈣與三個硫酸離子結合。AF_t 水化產物為良好的結晶，其形狀類似細小六角形鉛筆狀；可利光學顯微鏡及電子顯微鏡觀察得到。由於在水化中吸收 32 莫耳的水份，故 AF_t 比重甚小近於 1.75，由此可知鈣釩石較其他水化產物有較大的體積。

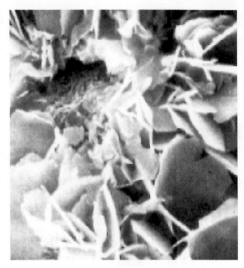

(a) 鈣釩石(針管狀)   (b) 單硫型鋁酸鈣水化物

圖 3-14   硫鋁酸鈣水化物顯微圖片[3]

4. 單硫型鋁酸鈣水化物(AF_m)

　　當C_3A與部份石膏及水作用後，就會產生單硫型鋁酸鈣水化物，以AF_m表鋁酸鈣及鋁鐵酸鈣與 1 個硫酸根離子結合。這是一種中間產物，其結構外觀為六角形薄板狀或不規則的玫瑰狀，結晶程度良好，因為水化中只吸收 12 個莫耳水，故比重為 1.95 較鈣釩石為大。

⇨ 3-5 　 水泥漿體中孔隙

　　孔隙是水泥漿體中重要的組成之一，當然孔隙對混凝土性質是不利的。孔隙與水泥漿體性質有相當程度的關係，在陶瓷材料方面的研究，則已將孔隙與強度的關係加以建立。見圖 3-15 為水泥材料巨微觀特性示意圖，鮑爾氏(Powers)將孔隙簡單區分為二類，即「毛細管孔隙」及「膠體孔隙」。

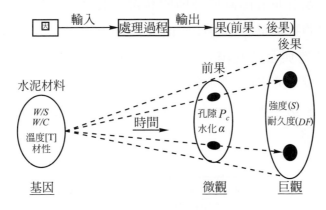

圖 3-15　巨微觀性質關聯性示意圖

一、毛細孔隙(Capillary Porosity)

　　毛細管孔隙指孔徑大於 100Å(埃)者，其大小相當於 10nm(即 10×10-9m)。毛細管孔隙為水泥漿中，水化水所遺留之空間。毛細孔含量比率(P_c)被水灰比(W/C)所支配控制，即毛細孔隙率與水灰比成正比，見3-7式。在混凝土施工時所輸入之氣泡，亦屬毛細孔隙的一種。

$$P_c = W/C - k\alpha \tag{3-7}$$

式中　　W/C：水灰比為水與水泥之比值

　　　　k：表水泥水化產物係數

　　　　α：水化程度。

二、膠體孔隙(Gel Pores)

　　膠體孔隙直徑小於100Å(埃)，係指在C-S-H膠體層間結合水之原始孔隙，膠體孔隙含量(P_g)是固定的，與水灰比(W/C)無關。孔隙的總含量(P_t)等於毛細孔隙(P_c)與膠體孔隙(P_g)之和。一般係以「壓汞儀」將汞貫入孔隙，或以「氣體吸附儀」將水吸入孔隙的方法，來量測水泥漿體

孔隙的含量，及計量孔隙直徑分佈的狀況。孔隙量測目的，在於希望找出孔隙與水漿體物理量之相關性。而圖3-16為孔隙與工程性質關係圖。基本上強度性質與全部孔隙含量有密切關係，「乾縮與潛變」主要與「膠體孔」關係較明顯；透水性及耐久性則與「巨毛細孔」(孔徑大於0.1μm)關係較密切。事實上，耐久性質與總體孔隙也有密切關係，而不是只限於大孔隙。

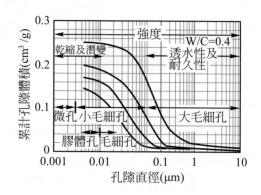

圖3-16　水泥漿體孔隙與混凝土工程性質關係圖

　　孔隙與強度之關係，可以水化程度(a)或膠體空間比(ξ)，來表示，即3-8式之經驗公式。

$$f_T = F_0 \cdot \xi^3 \tag{3-8}$$

式中　　f_T：水泥漿體之抗拉強度

　　　　f_0：水泥漿體本質強度，指無缺陷材料的理論強度

　　　　ξ：膠體空間比，$\xi = \dfrac{水化產物體積}{容許空間} = \dfrac{0.68\alpha}{0.32\alpha + W_0/C}$

　　　　α：水化程度

　　　　W_0/C：水灰比(重量)，或W/S(水固比)。

　　圖 3-17 顯示經由試驗結果所得的回歸曲線，理論上無缺陷水泥漿材料的「抗拉強度」，應該可以達到 $\frac{E}{10}\sim 21,000\text{kg/cm}^2$，但此目標必須克服材料上的缺陷才能達成。而國內常用之抗壓強度為 210kg/cm^2，由此可見尚有很大的發展空間。當然減少材料孔隙為達到此理想值的直接方法。由 3-7 式所示的關係，如果 P_c 為等於或小時「0」時，則

$$W/C \leqq k\alpha \tag{3-9}$$

　　然而水化程度(α)為時間(t)之函數值，所以任何時間下，W/C 都應控制小於 $k\alpha$ 值。

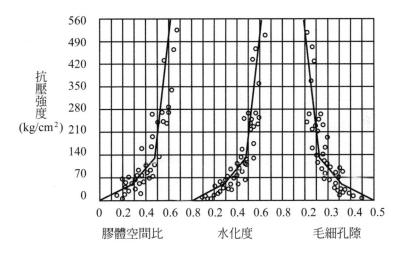

圖 3-17　膠體空間比、水化程度及毛細孔隙與抗壓強度之關係

⇨ 3-6　水泥漿體的體積變化

　　水泥(固態材料)加上水(液態材料)後，產生了水化反應作用，而水進入水泥水化產物結構間，會發生體積變化的現象，這種行為對混凝土

材料的耐久性影響甚大。而水泥漿體之體積變化可以由「化學平衡方程式」、「水灰比(W/C)」及「水固比(W/S)」及「空間大小」方面來說明。

一、化學平衡方程式所計算之體積變化

由水泥水化作用之化學平衡方程式，見3-1至3-5式，可估算在「平衡條件」下方程式二邊之反應，但必須假設水化反應產物C-S-H膠體為托伯莫來土「$C_3S_2H_3$」之晶體，依表3-6之數據，則可由平衡方程式計算如下：

表 3-6　決定水化過程中體積變化之物理數據

水泥成份			水化產物		
成份	比重[a]γ	分子體積[b] $(GMW/\gamma)10^{-6}m^3$	成份	比重[a]γ	分子體積[b] $(GMW/\gamma)10^{-6}m^3$
C_3S	～3.15	～72.4	C-S-H	b	b
C_2S	3.28	52.4	CH	2.24	33.2
C_3A	3.03	89.1	$C_4A\bar{S}_3H_{32}$	～17.5	715.0
C_4AF	～3.73	～128	$C_4A\bar{S}H_{12}$	1.95	313.0
M	3.58	11.0	MH	2.37	24.2
$C\bar{S}H_2$	2.32	74.2	$C_4A\bar{S}H_{13}$	～2.02	～260.0
$C\bar{S}H_{1/2}$	2.74	52.9	C_2AH_6	1.95	165.0
卜特蘭水泥	3.15	—	C_2AH_6	2.52	150.0
註：a.GMW，克分子體積；b.決定於C-S-H中含水量，包括膠孔水；γ，密度(g/cm³)					

1. 分子式： $2C_3S + 6H \rightarrow C_3S_2H_3+ \quad 3CH \quad (3\text{-}10)$

   分子量： $2 \times 228 \quad 6 \times 18 \quad 168+120+54 \quad 3 \times 74$

   $=456g \quad =108g \quad =342g \quad =222g$

   γ密度(g/c.c.)： $3.15 \quad 1.00 \quad 2.3 \quad 2.24$

   $145cm^3 \quad 108cm^3 \quad 147cm^3 \quad 99cm^3$

   克分子體積： $253cm^3 \quad\quad 246\ cm^3$

   $\Delta Vol_{tot} = 246-253 = -7cm^3$ ························$\sim -3\%$(收縮)

   $\Delta Vol_{solid} = 246-145 = +101$ ··············$\sim +70\%$(膨脹)

   $W/C = W/S = \dfrac{水}{C_3S} = \dfrac{108}{456} = 0.24$ ···············達完全水化

2. 分子式： $C_3A + 3C\overline{S}H_2 + 26H \rightarrow C_3A \cdot 3C\overline{S} \cdot H_{32}$ (3-11)

   $89.1 \quad 3 \times 74.2 \quad 26 \times 18 \quad\quad 715$

   $222.6 \quad\quad 468 \quad\quad\quad 715$

   克分子體積： $779.7\ cm^3 \quad 715\ cm^3$

   $\Delta Vol_{tot} = 715-779.7 = -64.7cm^3$ ··················$\sim -9\%$(收縮)

   $\Delta Vol_{solid} = 715-311.7 = 403.3cm$ ···········$\sim +129\%$(膨脹)

   $W/C = W/S = \dfrac{468 \times 1}{89.1 \times 3.03 + 222.6 \times 2.32} = 0.60$···達完全水化

上式中

   ΔVol_{tot}：整體空間體積差值。

   ΔVol_{solid}：固態空間體積差值。

   W/C：水灰比，水與水泥含量之比率

   W/S：水固比，水與固體材料之比率，在水泥漿體中

   $W/C = W/S$，但對混凝土而言，則$W/C \neq W/S$。

二、水灰比影響與空間限制

水比重為 1，對水泥漿體之體積的影響很大；水灰比(W/C)愈高，則水體積將愈大。在水化空間較大的條件下，相對水泥顆粒接觸面少及因水份的供應足夠，故水化速率加快，但水化速率太快會產生雜亂堆積的現象，即孔隙會增加且變大而影響水泥漿體與混凝土品質。以下針對水灰比與空間二種變數，對水泥漿體體積變化的影響加以探討。

1. 水灰比的影響

$$2C_3S + 4H \rightarrow C_3S_2H_3 + 3CH + yH \tag{3-12}$$
$$\quad\;\,145 \qquad\qquad 147 \quad\; 99$$

參考 3-10 式則不同水灰比條件下，相應的拌和水體積可計算如表 3-7 所示。

表 3-7 水灰比與空間體積差值[依 3-10 式計算]

水灰比(W/C)：水之體積	空間體積差值(Δ_{Vol})
0.24 $\xrightarrow{456*0.24/1}$ 108cm^3	$246-145-108 = -7\text{cm}^3$
0.40 $\xrightarrow{456*0.4/1}$ 182cm^3	$246-145-182 = -81\text{cm}^3$
0.50 $\xrightarrow{456*0.5/1}$ 228cm^3	$246-145-228 = -127\text{cm}^3$

由上可知水灰比愈大，則水泥漿體之空間體積差值愈大，即孔隙愈多。若欲使空間體積差值為 0，則

$$(246-145)-456*W/C = 0$$

得 $W/C = 0.22$。即水灰比當 0.22 時，則水泥漿體之體積不會產生變化，又由 3-10 式可知，水泥達到充分水化時 W/C 就短少 0.02，即此種狀況下水泥水化之水量將不夠。

2. 空間限制的影響

當用水量為 6 莫耳時，亦即 $W/C = 0.24$ 時，則用水量 W 為

$$W = Wn = 0.24\text{gH}_2\text{O/g} \quad \text{水泥} \tag{3-13}$$

式中 Wn 為不可揮發水。而膠孔水量為 $W_{膠體} = Wgel = Wn + Wg$。

即為不可揮發水與膠體水之和，其中膠體水為

$$Wg \cong 0.18\text{g/g} \tag{3-14}$$

故最小水灰比為

$$(W/C)_{min} = Wn + Wg = 0.42\text{g/g} \quad \text{水泥} \tag{3-15}$$

由上可知，混凝土會水泥漿之 W/C 或 W/S 最少須 $\geqq 0.42$，否則水化作用所須水份將不夠，即水化作用將不完全。此時未水化水泥核心，將吸附鄰近孔隙水或膠體孔內之水份，而導致自體乾縮的問題發生。由 3-15 式可知在 $W/C = 0.42$ 下，水泥水化後會有足夠的水份形成「膠體」及「結合水」，其相應於 3-10 式之總體積改變量為 90.52cm^3，約縮小 36％。故拌合水量過少，水化作用會不完全，體積會收縮；而水灰比高也會因多餘水份蒸發而產生體積收縮，或產生毛細孔隙。故當水灰比介於 0.42 至 0.35 時，會有「水泥漿內部結構自乾現象」的問題，嚴重者將產生水泥漿體之微裂縫。

⇨ 3-7 高性能混凝土水化作用機理

一、前言

近年來政府為促進整體經濟發展，乃推動各項公共工程建設，然而構造物因為材料品質不良或使用不當造成之損害案例不斷發生。所以找

尋解決對策是重要之工作，其中最簡便者為改善材料之性質，高性能混凝土的開發即在此種訴求下被有系統的研發。本研究即針對高性能混凝土水泥化學機理之基礎研究，目的在瞭解高性能混凝土的水化行為，俾能妥為應用其性質，使新的混凝土材料能被妥適的使用以發揮其功能，而達到提昇工程構造物的安全性、耐久性、經濟性、生態性、工作性的目標。

水泥水化係指水泥與水之化學反應行為，過程中會釋放出熱量，即水化作用為一放熱反應，並形成 CH、C-A-H 晶體及 C-S-H 膠體水化產物，以致凝固而漸漸增加強度。因水泥中各種單礦物如C_3S、C_3A及水泥之水化放熱時間與數量已有較明確的資料，故可由水化放熱量之變化得知水泥之水化情形。一般而言，水化放熱量高將導致水泥水化速率加快，而可提早獲得較高的強度。即水化放熱量之釋放速率與水泥之水化作用速率有一致之關係。但水泥漿體或混凝土為熱之不良導體，故不恰當水化作用產生之熱量，亦將導致硬固水泥漿體或混凝土中形成微裂縫而降低長期強度與耐久性。

高性能混凝土(High Performance Concrete；HPC)，仍因應基礎水泥化學研究而開發之材料，訴求有的是「高流動性」，有的是「高強度」或「高耐久性」[1]。其中的高強度性質是透過水泥漿體、骨材及界面來獲得。而達到這種要求的配比有很多種，如果依據 ACI 318-95 而言，混凝土的「耐久性」則是以水與膠結料的比值(W/B)作為指標，然而為了高流動性ACI318-95常會使混凝土成為高漿量配比。然而其最低需求水泥漿量為多少，高漿量配比 HPC 與低漿量配比 HPC 在水化行為上有何不同？這些都是很重要而必需加以研究，才能釐清出 HPC 與傳統水泥漿在水化行為之差異。傳統研究水泥水化行為的工具有很多種，針對水泥物化特性的常用方法包括水化能熱，超音波，貫入試驗，核磁共振[2]等，因為 HPC 含有25～40％之漿體，其水化行為是否也像水泥

漿一樣，並且骨材之影響有多少？這些探討將有助於對 HPC 水化行為的瞭解，以及提昇與推廣 HPC 的應用層面。

二、試驗計劃

本研究係針對高強度(f_c' 56天＞56MPa)及高流動性(Slump230～270mm)之 HPC，探討不同漿量下高性能混凝上之水化行為與物化特性，藉以歸納出 HPC 之水化機理。

1. 試驗材料

本研究之材料包括第一型卜特蘭水泥、水、高性能減水劑(SP)、飛灰、爐石及粗細骨材，試驗前先檢測使其符 ACI 363 或 CNS 規範之要求，其基本材料性質如表3-8所示。

表 3-8　高性能混凝土組成材料基本性質

	水泥	爐石粉	飛灰	粗骨材	細骨材
比重	3.15	2.86	2.24	2.64	2.62
細度模數 (FM)	—	—	—	6.23	3.2
最大粒徑 Dmax (in)	—	—	—	1/2	—

2. 配比設計

材料在最緊密堆積狀況下，材料間孔隙為最小，相對應下混凝土所需漿量就較少，因此可先計算骨材在最緊密堆積下之孔隙量(V_v)，再由孔隙量大小來決定所需漿量，而 HPC 漿量多寡與所設計之工作性需求有關，即界面潤滑所須之漿量V_p為最小孔隙V_v的n倍，即$V_p = nV_v$，其配比設計程序簡述如下[3]：

$$材料混合比率 \alpha_i = \frac{W_i}{\sum_{i=1}^{n} W_i}$$

$$孔隙量 V_v = 1 - \sum_{i=1}^{n} \frac{W_i}{\gamma_i}$$

設定 HPC 所需漿量 $V_p = V_v + S \times t = nV_v$

骨材用量體積 $V_a = l - V_p$

$$HPC 各材料用量 W_j = \frac{V_j}{\dfrac{1}{\gamma_j} + \dfrac{\alpha_i 1}{(1-\alpha_i)\gamma_i}}$$

由上可知，計算漿量時須先假設超額漿量 $(n-l)V_v$ 為 $S \times t$，然後回過來計算所有材料用量，而水膠比 $W/B = W/(C+P)$ 係依設計需求強度而定。強塑劑之用量則由用水量、水泥量及工作性來調配，經試拌後可獲得 HPC 所有材料之用量[3]。

3. 試驗變數

在固定水膠比 (W/B) 為 0.32 下，改變試驗變數為 HPC 漿量 $(V_p = 1.1N，1.3N，1.5N，1.7N 及 2.1N)$ 及齡期 (0 至 180 天)。漿量改變目的在瞭解漿量多寡對高能混凝土水化作用行為之影響，其中之 2.1N 為依據 ACI 配比設計之高強度混凝土用漿量。所有 HPC 材料用量依緻密配比法，其材料組成如表 3-9 所示。

4. 試驗方法

水化放熱量測採用改裝的斷熱鍋，以熱電耦及電腦加以量測記錄，如圖 3-18 所示。超音波量測參照 ASTM C597-87，但在短齡期(3 天內)內混凝土尚未硬固而無法依規範量測，故試體裝置於自製之模具內，並連接電腦自動連續量測，如圖 3-19 所示。抗貫入試驗參照 ASTM C403-90，求出 HPC 之初、終凝時間，見圖 3-20 所示。抗壓強度試驗參照 ASTM C109，但抗壓前試體兩端經拋光處理使其平整度在 ±0.02mm 以內。混凝土電阻係數則

表 3-9　高性能混凝土材料配比

Type	N	W/C	W/B	W/S	Mixture Proportion(kg/m^3)							
					Fly Ash	Sand	1/2" Coarse aggregate	Cement	Slag	water	SP	UW (kg/m^3)
HPC	1.1	0.56	0.32	0.068	188	987	783	272	14	123	29	2395
	1.3	0.50	0.32	0.078	177	929	738	342	18	158	14	2376
	1.5	0.47	0.32	0.089	166	872	692	413	22	180	12	2357
	1.7	0.44	0.32	0.099	155	814	646	484	25	203	10	2338
ACI	2.1	0.34	0.34	0.114	0	825	586	719	0	244	0	2374
Paste	A0	0.47	0.47	0.470	—	—	—	1268	—	596	—	1864
	AS10	0.52	0.47	0.470	—	—	—	1137	126	594	—	1857
	AF10	0.52	0.47	0.470	125	—	—	1122	—	586	—	1833

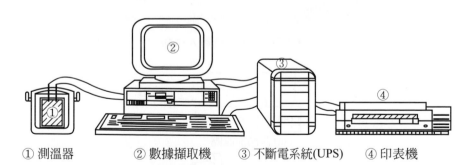

① 測溫器　　② 數據擷取機　　③ 不斷電系統(UPS)　　④ 印表機

圖 3-18　水化放熱儀示意圖

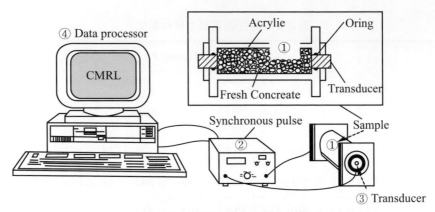

圖 3-19　HPC 超音波量測裝置

圖 3-20　HPC 抗貫入試驗

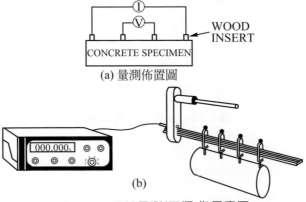

圖 3-21　電阻量測(四極式)示意圖

以四極式電阻量測儀量測之，如圖 3-21 所示，以作爲混凝土緻密性之判斷指標。界面微觀觀測則參照掃瞄式電子顯微鏡試驗之試體準備與試驗方法。整個研究流程如圖 3-22 所示。

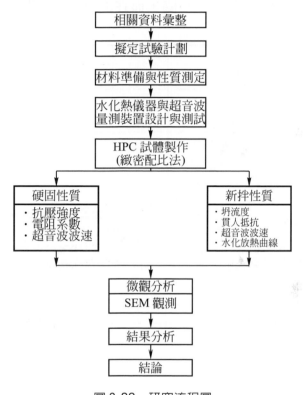

圖 3-22　研究流程圖

三、結果分析

1. HPC 水化放熱與貫入抵抗力

水化放熱爲水化作用之指標，基本上水泥的水化放熱作用係經過水解期、潛伏期、加速期、減速期與穩定期等五個階段[4]。有關混凝土之水化特徵並不太多，其影響可能因含有大量的骨材而不同。圖 3-23 爲不同漿量 HPC 之水化放熱曲線圖。顯示 HPC

水化放熱峰的位置隨著漿量的增加而往前移動並且波峰有較高的趨勢。即水泥用量愈高下水泥漿用的愈多，水化放熱峰就往前愈早出現並且溫度上升愈大。由此可知，HPC與傳統混凝土一樣，其水化反應主要與水泥有關，而在混凝土中之骨材是沒有參與水

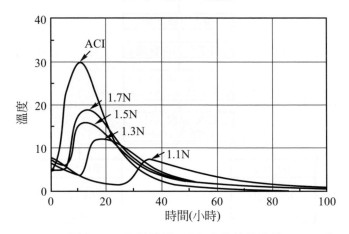

圖 3-23　不同漿量 HPC 水化放熱曲線

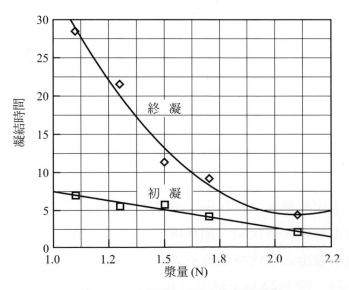

圖 3-24　不同漿量 HPC 初、終凝時間

化作用的。即 HPC 的水化作用只與水泥漿量、水泥量有關。因 HPC 之水化放熱量較低，故產生微裂縫之機率相對地就降低很多。並且超音波速率、抗貫入抵抗都隨著漿量與水泥量之多寡而有明顯不同，見表 3-10 所示。利用貫入抵抗，可求得混凝土之初、終凝時間。圖 3-24 為不同漿量 HPC 之初、終凝時間。顯示 HPC 之初凝時間與用漿量沒有明顯差距，但終凝時間則隨漿量增加而縮短，其中 1.1N 之 HPC 其終凝約 28hr 左右。

表 3-10　高性能混凝土水化作用性質

Type	N	抗貫入		超音波(m/sec)				過度轉換區	
		初凝 500psi (hrs)	終凝 4000psi (hrs)	初凝	終凝	28 天	180 天	成長斜率 (m/sec/hr)	經驗時間 (hrs)
HPC	1.1	6.5	28	1350	3800	4500	4700	660	28
	1.3	5.5	21	1350	3700	4550	4800	525	12
	1.5	5.5	11	1350	3300	4500	4750	430	7
	1.7	4.3	8.5	1350	2700	4400	4550	380	6
ACI	2.1	2.5	5	1350	2800	4300	4400	245	3

2. HPC 之超音波速率發展

　　不同漿量高性能混凝土超音波速率與齡期之關係圖如圖 3-25 所示。顯示隨著水化作用進行，超音波速率亦隨時間成長。當混凝土由塑性狀態轉變為固體狀態時，存在著過渡轉區(Transition Zonc)，即波速產生急劇上升，此與先前水泥漿體之研究結果相似[5]，即在此過渡轉換區內超音波波速與抗貫入曲線及初、終凝時間存在有密切關係。其原因是混凝土在初凝後，Ca^{2+} 離子濃度達到飽和點，此時 CH 晶體及 C-S-H 膠體大量迅速的成長[4,5]，

故超音波波速就劇烈地增加。到達終凝以後則波速成長將減速變爲緩慢。並且在 28 天到 180 天間，則呈現漿量愈多則其超音速率愈小之情形，此結果顯示出一個重要訊息即用漿量太大則愈可能在水化過程中於骨材與漿體之界面間產生漿體裂縫與界面幅射裂縫的問題。從圖 3-25 亦顯示出 HPC 之用漿量愈多，則過渡轉換區之起點愈早出現。HPC用漿量與超音波波速之過渡轉換區起點時間及斜率之關係如圖 3-26 所示。可知當用漿量愈少，則過渡轉換區之起點時間愈慢並且斜率有愈陡之趨勢。漿量愈多則過渡轉換區之經過時間有愈長之情形，如圖 3-27 所示。經由比對抗貫入曲線與超音波波速率曲線，獲得不同漿量之 HPC 在初凝時之超音波波速率V_{IS}約爲 1350m/sec，而終凝時之超音波波速率V_{FS}則隨漿量增加有減少之趨勢，如圖 3-28 所示。其關係如下：

$$V_{IS} \fallingdotseq 1350 \text{ m/sec}$$

$$V_{FS} = 4677 - 1472V_p + 345V_p^2 \quad R^2 = 0.959$$

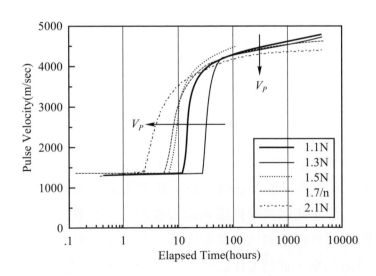

圖 3-25　不同漿量 HPC 超音波速率發展圖

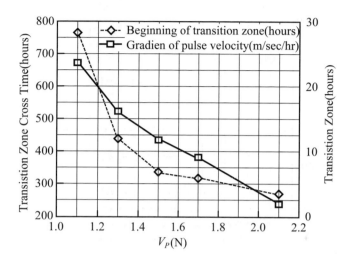

圖 3-26　HPC 用漿量與過渡轉換區超音波斜率及某起點時間關係

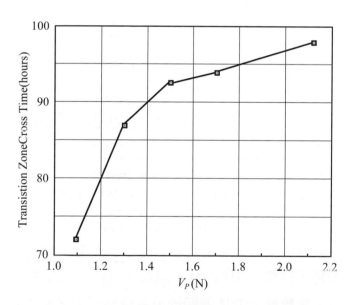

圖 3-27　HPC 用漿量與過渡轉換區歷時關係

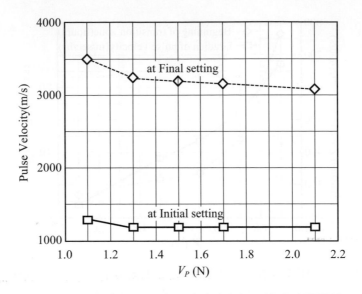

圖 3-28　不同漿量 HPC 超音波速率與初、終凝時間關係

3.　HPC 抗壓強度發展

　　本研究之 HPC 隨著漿量增加，相對其飛灰之用量就少，反之低漿量下因水泥用量少則飛灰量多，見表 3-8 所示，故初期之 3 天、7 天與 28 天強度發展較慢，但 56 天後所有漿量之 HPC 均超過 56MPa 之設計強度。到了 180 天後所有不同漿量 HPC 之抗壓強度都很接近，如圖 3-29 所示。顯示本研究之 HPC 其卜作嵐材料在 180 天時，可獲得良好的卜作嵐反應膠結效果。又因爲混凝上之彈性係數 E 與抗壓強度之平方成正比，並且彈性係數 E 亦正比於波速的平方，即超音波速的四次方正比於混凝上之抗壓強度。若將不同漿量 HPC 於不同齡期之抗壓強度與超音波速率資料，以冪級數統計方法迴歸後，可得到如下之關係式：

$$V^4 = 16.143 + 6.8041 f_c' \quad R^2 = 0.975$$

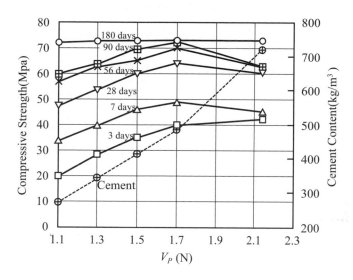

圖 3-29 不同漿量 HPC 水泥用量與抗壓強度發展關係

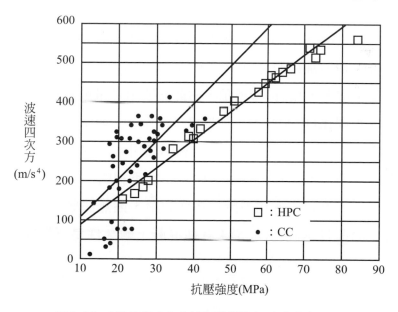

圖 3-30 HPC 與 CC 之抗壓強度與超音波速率關係

式中f'_c為HPC之抗壓強度(MPa)，V為超音波速率(m/sec)，R為相關係數。至於傳統混凝上之抗壓強度與超音波速率資料則分佈散亂[6]，如圖3-30所示，其相關係數只有0.436，在此亦說明傳統配比造成過多漿量衍生不均勻性。由此顯示經由緻密配比設計所產製之高性能混凝土，其均質性佳具有良好的超音波速與抗壓強度關係，即超音波檢測在 HPC 之早期與強度評估上具有可行性與合理性。

4. HPC耐久性質評估

雖然ASTM上有測量混凝土耐久性之試驗方法，但日前仍未有一可在短時間內評估混凝土耐久性之方法。本研究則透過電阻的量測，來詮釋混凝土耐久性之之優劣性。圖3-31顯示 HPC 之漿量從1.1N 增加至2.1N 時，即用水量愈高下其電阻愈小。又從圖3-32中可知，在初期電阻之發展都差不多很小約5kΩ-cm，但隨著齡期增加則漿量愈少者，其電阻增加愈大。2.1N配比因其用水量相當大，見表3-8所示，由此證明用水量愈多對電阻愈不利。若以水固比(W/S)來看，如圖3-32所示，顯示在漿量為 1.7N 至2.1N間，電阻有很大的改變，說明高用水量對混凝上而言，將會形成較快速的路徑，對耐久性是非常不利的。傳統用坍度來決定工作性，而以水灰比來衡量強度的話，則無法顯示出用水量之影響，因此以水固比(W/S)來評估混凝土耐久性是一很好的方法。

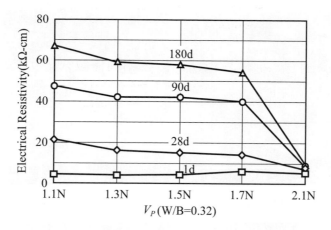

圖 3-31　不同漿量 HPC 於不同齡期之電阻值

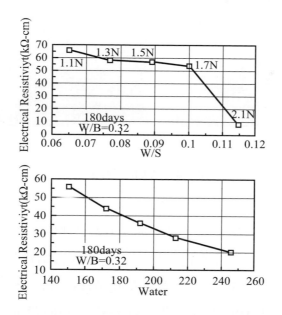

圖 3-32　不同漿量 HPC 之用水量及水固比與阻抗之關係

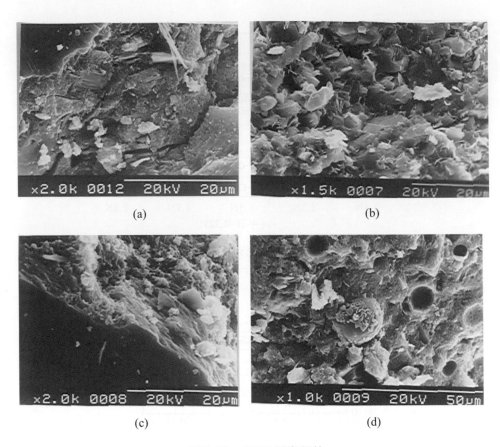

(a)

(b)

(c)

(d)

圖 3-33　SEM 顯微照片

5.　微觀結構分析

　　高性能混凝土除了骨材外，其餘之膠結料與水接觸後都會產生化學作用而形成水化產物，而主要的微結構包括C-S-H膠體、CH晶體、硫鋁酸鈣水化產物及孔隙(Pores)。本研究利用SEM探討不同漿量HPC微觀結構，圖3-33為不同漿量高性能土之SEM微觀照片。(a)為2.1N 180天齡期之HSC試體SEM影像，顯示出在骨材界面上及附近之Matrix中有微裂縫形成，而Matrix之微

觀結構如(b)所示，顯示因為水與水泥用量多，可看見較多的孔隙(Pores)與AF_t產物，這對耐久性是較不利的。而(c)為 1.3N HPC 於 180 天齡期之 SEM 影像，顯示在骨材界面上黏結的相當好並且 Matrix 組織很緻密，而 Matrix 之微觀結構如(d)所示，顯示出飛灰在漿體中填充地很均勻緻密地分佈，並已有部份飛灰球表面已產生卜作嵐反應而有類似C-S-H之水化產物形成，故有利於混凝土耐久性與長期強度之發展。

4. 高性能混凝土水化作用機理

　　圖 3-34 為不同漿量高性能混凝土之水化反應機理圖，係將水化放熱曲線、貫入抵抗值及超音波速率值繪製在一起。顯示水化放熱曲線上之放熱峰隨用漿量(水泥用量)增加而愈明顯，並且存在一個「過渡轉換區」，由以前的研究顯示在此區域內氫氧化鈣大量成長，導致超音波波速與貫入抵抗力劇增[5]。從圖 3-34 顯示，在 HPC 之水化作用行為上其物性與化性的表現是一致的。

　　緻密配比法設計之高性能混凝上，骨材用量多、單位重大，而相對地用水量與水泥用量少。因此 HPC 之初期水化作用是由用漿量即水泥用量與用水量來主導控制，而影響強度發展之抗貫入與超音波速率則初期與骨材堆積密度有關。所以 HPC 之水化作用行為與傳統卜特蘭水泥或混合水泥(Blend Cement)之水化行為是相似的，即隨著水化作用進行，從水化放熱曲線上，可知仍是經過水解、潛伏、加速、減速與穩定等階段，而隨著水化產物產生在過渡轉換期時有大量之 CH 與 C-S-H 形成，故貫入抗值與超音波速率值大增加。導致在水化放熱、超音波波速率與貫入抵抗上存在一個「同少轉換區」，如圖 3-31 所示。由此證明 HPC 之水化作用行為其物理、化學是一致的。本研究 HPC 之膠結材

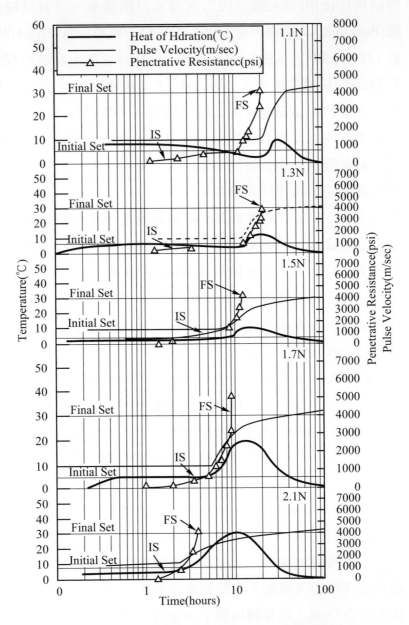

圖 3-34　不同漿量高性能混凝土水化反應機理圖

料除了水泥外，亦包括飛灰、爐石等卜作嵐材料，由抗壓強度與齡期關係圖可知不同用漿量之HPC在180天齡期之抗壓強度都很接近，即顯示低漿量 HPC 在早齡期時在因使用較多的卜作嵐材料並且水泥用量少，故其強度發展較慢而較小。又水泥水化過程中所釋放之水會聚集在骨材下方，而在用水量愈少的情況下其泌水量就少。同一齡期下由飛灰與爐石所釋放之離子會移動到界面上與 CH 結合而使膠結強度提高，這是在 180 天齡期時因卜作嵐反應使得界面(抗壓)強度大幅提昇的原因。由此種因卜作嵐材料改善界面強度之情形，可知高性能混凝土水化機理其早期強度係以水灰比(W/C)為控制指標，中期強度則受水膠比(W/B)所影響，晚期之耐久性質則應以水固比(W/S)為控制參數。

五、結論

本研究之高性能混凝土水化作用機理，在不同漿量下經由試驗結果與分析，可歸納出下列之結論：

1. 高性能混凝土之水化作用行為與傳統卜特蘭水泥或混合水泥之水化行為相似。其水化放熱峰高度與用漿量成正比，用漿量愈高則放熱峰往前提早出現。

2. 在 HPC 之水化放熱、抗貫入曲線與超音波曲線上，存在一個過渡轉換區。並且在過渡轉換區內抗貫入之初、終凝及水化放熱曲線有同步變換之一致性。此亦證明 HPC 之水化行為在物理與化學上有一致性。過渡轉換區出現時間隨HPC用漿量增加而提早，其區間長短則與 HPC 用漿量成反比關係。

3. 超音波速自動量測系統，可連續量測到 HPC 早齡期之波速率成長與其性質變化性。HPC初凝時超音波速率為1350m/sec，終凝時波速則隨漿量增加而減少，28天齡期後則超音波速與用漿量成

反比。採用緻密配比之高性能混凝土，其超音波速率與抗壓強度間存在著良好關係，即 $V^4 = 16.143 + 6.8041f'_c$，$R^2 = 0.975$，故可應用超音波檢測技術評估 HPC 之強度。

4. 高性能混凝上之微觀結構緻密，漿體與骨材之界面黏結良好，沒有微裂縫或較大的孔隙產生，並且透過緩慢卜作嵐反應使後期強度發展良好而有利於混凝土耐久性。

5. 本研究之 HPC 其早期性質與用漿量、用水量、水泥用量有密切關係。即 HPC 之早期強度受 W/C 所支配，而中期性質受 W/B 影響，長期之耐久性則受 W/S 所控制。換言之，水泥用量與用水量愈多對混凝上之早期強度發展有利，但對長期耐久性是不利的。

學 後 評 量

一、選擇題

( )1. 下列何者對水泥水化強度貢獻最大？ (A)C_3S (B)C_2S (C)C_3A (D)C_4AF。

( )2. 下列何種水泥熟料礦物的水化放熱量最大？ (A)C_3S (B)C_2S (C)C_3A (D)C_4AF。

( )3. 下列何種水泥為初期水解之水化作用性質？ (A)決定初凝時間 (B)決定終凝時間 (C)決定早期強度 (D)溫度急速上升。

( )4. 低熱水泥是因那兩種熟料礦物含量最少故溫度最低？ (A)C_3S 及 C_2S (B)C_2S 及 C_3A (C)C_3S 及 C_3A (D)C_2S 及 C_4AF。

( )5. 那一種熟料礦物的水化速率慢且水化熱低，但對長期強度的發展有卓越貢獻？ (A)C_3S (B)C_2S (C)C_3A (D)C_4AF。

( )6. 矽酸鈣鹽類的水化反應中，決定早期強度成長速率的是那一個反應階段？ (A)潛伏期 (B)加速期 (C)減速期 (D)穩定期。

( )7. 那一種熟料礦物的水化速率最快，與水接觸數分鐘後即開始水化，凝結時間短，故混凝土施工困難？ (A)C_3S (B)C_3A (C)C_2S (D)C_4AF。

( )8. 承上題，為防止該現象，要加入少量的何種材料來調節凝結時間？ (A)飛灰 (B)爐石 (C)矽灰 (D)石膏。

二、問答題

1. 試述C_2S與C_3S之水化作用行為？

2. 試述C_3A與C_4AF之水化作用行為？

3. 請由C_2S、C_3S、C_3A、C_4AF，來比較說明五種類型水泥之水化特性？

4. 請說明石膏在水泥水化過程中之角色作用？及說明石膏含量多寡的影響。

5. 矽酸鹽類之水化反應，可區分那五個階段？

6. 水泥水化作用之放熱反應與超音波率測量間，有一過渡轉換區，其物理意義為何？

7. 孔隙對水泥漿體性質有何影響？又應如何減少水泥漿體中之孔隙量？

8. 混凝土之微觀結構與巨觀之工程性質有何關係？

本章參考文獻

1. Mindess, S., and J. F. Yuong, concrete, Prentice-Hall Inc. Englewood Cliff, N. J.1998.

2. Mehta, P. K. and J. M. Montliro, Concrete-Structure, Properties and Materials, Prentice-Hall Inc. Englewood Cliff, N. J. 1993.

3. 黃兆龍，混凝土性質與行為，詹氏書局，1997。

4. 沈永年，高性能混凝土水化作用機理，國立台灣工業技術學院博士論文，1997。

5. Aitcin P.C. and A. Neville, (1993), "High-Performance Concrete Demystified" ACI Concrete International, Vol. 15, No. 1, pp. 21-26.

6. Sheen, Y.N. and C.L. Hwang., (1995), "The Study of Hydration Model and Strength Characteristics of Cement Paste by NMR", Joumal of Technology, Vol. 10, No. 2, pp. 151-156.

7. Hwang, C.L., J.J. Liu, L.S. Lee and F.Y. Lin., (1996), "Densified Mixture Design Algorithm of High Perfomrance Concrete and its Early Properties", Journal of the Chinese Institute Civil and Hydraulic Engineering, Vo1.8, No.2,pp.207~219.

8. Mindess, S. and J. F. Young., (1981), Concrete, Prentice-Hall, Englewood Cliff, N.J.

9. Hwang, C.L. and D.H. Shen., (1991), "The Efefct of Blast-Furnace Slag and Fly Ash on the Hydration of Portland Cement", C.C.R. Vol.21, pp. 410-125.

10. Yen Tsong, (1982), The Study on Damage Degree of Concrete under High Temperature by Vmeter, CICHE, Vol. 9, No. 3, pp. 19-20.

4

混凝土配比設計

學習目標

★ 混凝土配比設計方法之演變與種類。

★ 混凝土配比設計所需資料與應考量事項。

★ ACI 混凝土配比設計方法與計算範例。

★ 高性能混凝土配比設計方法與計算範例。

　　混凝土(Concrete)係由黏結材(Binder)與填充材(Filler)所組合而成，見圖 1-1 所示。混凝土之黏結材(Binder)爲由水泥及黏結材加水所生成之水泥漿體(paste)。黏結材之功用爲：⑴包裹骨材表面使之黏結在一起。⑵填充骨材間之孔隙。⑶在混凝土未凝固前，使混凝土具流動性易施工凝固後，使混凝土產生強度。混凝土之填充材(Filler)則包括粗與細骨材(約佔 2/3 混凝土體積)。而填充材之功用則爲：⑴骨材強度較水泥漿高，可提升混凝土強度。⑵水泥漿體(paste)收縮量較大，以骨材取代水泥漿體，可減少混凝土之體積變化量。⑶骨材具抵抗磨損、載重、水份滲透及風化作用的能力。⑷價格較水泥低廉，可降低混凝土成本。

⇨ 4-1　混凝土配比設計方法之演變

一、混凝土配比設計之演變

1. Fuller & Thompson(1901～1904)

   富韌曲線；理想骨材級配曲線(Fuller)

2. Abrams(1915～1918)

   水灰比理論$\left(\sigma_C = \dfrac{A}{B^{1.5\,(W/C)}} \right)$

3. Edwards & Young(1918)

   包裹漿體觀念

4. Talbot & Richaet(1922)

   考慮陷入空氣

5. ACI-613(1954)

   機率與工程需求

二、傳統混凝土配比設計

1. 重量比或體積比

   1 : 2 : 4　或　1 : 3 : 6

2. 特性

   (1) 無理論基礎。

   (2) 誤差與變異性大，並且無法預知工作度(坍度)與強度($F'c$)為多少。

   (3) 僅適合於小工程之現場拌合。

3. 拌合

   (1) 機械拌合

   　　採用混凝土拌合機 (傾斜式混凝土拌合機 CNS 7101；鼓型混凝土拌合機 CNS 7102；快速混凝土拌合機 CNS 7103)。

   (2) 人工拌合方法 (依混凝土施工規範，土木 402-80)

   　① 將計量之細骨材(SSD狀態)，平舖舖於拌合盤(90×90 或 180×180cm)上並拌合均勻。

   　② 將水泥平舖於上，以圓鍬翻拌(至少四次以上)至顏色均勻。

   　③ 再舖成矮堰狀，加入 1/4～1/3 之拌合水並翻拌(至少四次以上)均勻。

   　④ 然後將粗骨材及剩餘水先後加入，再翻拌(至少四次以上)至顏色均勻，再製作試體及施作坍流度、單位重等試驗。

⇨ 4-2　混凝土配比設計應考慮事項

　　混凝土配比設計方法雖然很多，但任一種混凝土配比設計方法都應有明確的目標，才能使經由配比設計產製出來的混凝土，具有均質良好

的品質。即「混凝土的品質是配比設計製造出來的」，而從事混凝土配比設計工作時，至少應考慮下列幾個因素：

一、安全性(Safety)

基本上，混凝土至少應符合合約規範、設計圖及施工說明書上所要求的強度品質。但混凝土強度設計值(f'_c)爲理想值，故混凝土配比設計者，應考量混凝土拌合廠的實際品管技術能力，以決定混凝土配比設計需求強度(f_{cr})值。若拌和廠無此種混凝土之產製經驗，或其資料不足的話，則其所產製混凝土品質不佳的風險性就會提高，即該拌合廠所拌製的混凝土，必須加上安全保障質。故規範上規定「混凝土配比設計需求強度(f_{cr})」爲「混凝土設計強度(f'_c)」加上一安全保障值($\Delta f'_c$)，即：

$$f_{cr} = f'_c + \Delta f'_c = f'_c + t \cdot s \tag{4-1}$$

(4-1)式中t爲變異係數，s爲標準差。依美國混凝土學會(ACI)規定，在試體不足以建立標準差時(即試體數目小於15)，其$\Delta f'_c$爲70kg/cm^2、84kg/cm^{2}或 98kg/cm^2，如圖 4-1 所示。若混凝土使用飛灰或爐石粉材料，當混凝土設計強度大於420kg/cm^{2}時，則混凝土配比設計需求強度f_{cr}，如(4-2)式所示，其目的在防止飛灰或爐石粉品質不佳的影響。

$$f_{cr} = \frac{f'_c + 98}{0.9} (\text{kg/cm}^2) \tag{4-2}$$

美國混凝土學會建議，當混凝土拌合廠有資料可建立標準差時，則混凝土需求強度(f_{cr})，可依(4-3) 式來計算。

$$f_{cr} = f'_c + 1.34S \text{ 或 } f_{cr} = f'_c + 2.33S - 35 \text{ (kg/cm}^2) \tag{4-3}$$

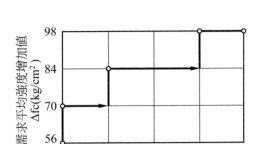

圖 4-1　ACI 規定混凝土設計強度與(f'_c)設計需求強度增加值($\Delta f'_c$)關係

　　至於數據資料組數不足 30 組，但大於 15 組試驗值的預拌混凝土廠，則容許將現有試驗記錄累積組數所得標準差加以修正放大，標準差修正因數如表 4-1 所示。當組數為 15 組時，得增加 16 ％之偏差值，以保障設計之混凝土強度能滿足 f'_c 之需求。當組數大於 30 組試驗值記錄時，則以(4-4)及(4-5)式來計算標準差。

表 4-1　標準差修正因數(試驗記錄底為 15 組以上)

試驗組數 ※	標準差修正因數
15	1.16
20	1.08
25	1.03
30 或以上	1.00

※中間值依組數以直線內差法求得。

第一種狀況：試驗記錄值大於 30 組試驗值(每組至少二個試體試驗值)

$$S = \left[\frac{\Sigma(X_i - \overline{X})}{n-1} \right]^{1/2} \tag{4-4}$$

第二種狀況：兩群試驗記錄累計共有 30 組試驗值。

$$\overline{S} = \left[\frac{(n_1-1)S_1^2 + (n_2-1)S_2^2}{n_1 - n_2 - 2}\right]^{1/2} \tag{4-5}$$

式中　　S＝標準差

　　　　X_i＝個別(第 i 組)強度試驗值

　　　　X＝n組試驗值之平均值

　　　　n＝連續強度試驗的組數

　　　　S＝兩群試驗記錄所計算出之統計平均值標準差

　　　　S_1，S_2＝第 1 及 2 群試驗記錄分別所算出之標準差。

　　　　n_1，n_2＝第 1 及 2 群試驗記錄之各別試驗組數，而每組為 2 個 28 天試驗平均值。

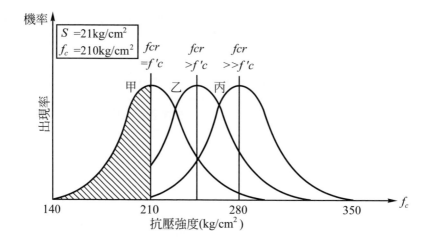

甲：若 $f_{cr} = f'_c$ 時，將有 50 %的試體強度低於 f'_c

乙：若 $f_{cr} = f'_c + 34$，則有 10 %強度低於 f'_c

丙：若 $f_{cr} = r'_c + 63$，則全部試體均大於 f'_c

圖 4-2　不同 f'_{cr} 之常態分佈曲線[2]

　　標準差求出後，就可依(4-3)式來計算混凝土配比設計所之需求強度 f_{cr}。上所述作法其目的在避免混凝土強度低於 f'_c 的機率大於預期值，見圖 4-2 所示。若沒有上述標準差與機率的限制(即 $f_{cr} = f'_c$)時，將有 50% 的混凝土試體抗壓強度低於 f'_c；若 $f_{cr} = f'_c + 34 = f'_c + 1.62S$ 時，則將有 10% 的混凝土試體強度低於 f'_c；若 $f_{cr} = f'_c + 63 = f'_c + 3S$，則所有混凝土試體強度均大於 f'_c。又混凝土規範，均容許混凝土配比設計有 1% 誤差存在。

表 4-2　混凝土水膠(灰)比與抗壓強度關係

Compress strength at 28days, MPa (kg/cm²)	Water-cement ratio, by mass	
	Non-air-entrained concrete	Air-entrained concrete
40 (408)	0.42	—
35 (357)	0.47	0.39
30 (306)	0.54	0.45
25 (255)	0.61	0.52
20 (204)	0.69	0.60
15 (153)	0.79	0.70
Type of structure	Structure wet continuously or frequently and exposed to freezing and thawing+	Structure exposed to sea water of sulfates
Thin sections (railings, curbs, sills, ledges, ornamental work) and sections with less then 25 mm cover over steel	0.45	0.40*
All other structures	0.50	0.45*

*若使用 Type II 或 Type V 水泥，水膠(灰)比容許增加 0.05。

+Concrete should also be aiv-entrained。

【註】psi × 0.07 = kg/cm²，kg/cm² × 0.098 = MPa

　　混凝土配比需求強度 f'_{cr} 設計求得後，再依水灰比(W/C)或水膠比(W/B)與強度的關係圖，反求出所需水膠比。一般混凝土配比設計，須設計三種水膠比，求出混凝土試體強度後，再繪製 W/B 與混凝土抗壓強度關係圖，反求得混凝土配比設計所需水膠比。採用水膠比(W/B)以取代水灰比(W/C)，為結構混凝土ACI 318-99之規定，這也是高性能混凝土安全性設計的準則。圖4-3為ACI混凝土配比設計流程圖。

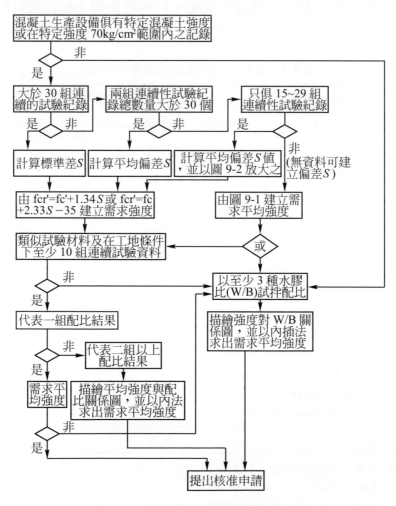

圖4-3　ACI混凝土配比設計流程圖

二、耐久性(Durability)

　　混凝土的耐久性係指混凝土需禁得起時間的考驗,即混凝土需具有長期的安全性。美國混凝土學會與國內的混凝土施工規範,已將「耐久性」加以特別考量,以免設計者只考慮到短期的強度安全性,而忽略了「長期安全性」的重要性,以致混凝土發生過度乾縮裂縫、蜂窩、泌水、析離、冷縫、鋼筋腐蝕等劣化問題,而導致混凝土的耐久性欠佳。ACI 318-99將多年來沿用之水灰比(W/C)與混凝土強度關係,改為水膠比(W/B)與混凝土強度關係,其原因乃經多年使用卜作嵐材料的經驗,顯示適量使用卜作嵐材料有利於混凝土的耐久性。而卜作嵐材料為飛灰、稻殼灰、爐石粉、矽灰及天然卜作嵐材料。對於水泥漿加上卜作嵐材料的黏結材,若不限制其體積量將反而不利於混凝土的耐久性,故必須限制拌和水量、水泥用量與卜作嵐材料數量,這是很重要的混凝土配比設計觀念。在混凝土配比設計中,規定$W/C \neq W/B$(即卜作嵐用量$P \neq$ O),及限制水固比(W/S)小於 0.08,其目的在於減少混凝土用水量以及必須使用卜作嵐材料,這是混凝土配比設計的重要觀念與趨勢。目前混凝土配比設計規範中,對於耐久性的考量,主要著重在含氣量、W/B(水膠比)及氯化物含量,沒有考慮到物理與化學交互劣化作用對混凝土的影響。故除了瞭解規範要求外,應考量其他影響混凝土耐久性之因素,如此配比設計出來之混凝土才具有耐久性。

1.　抵抗凍融作用

　　　在寒帶地區的混凝土,在「水凍結成冰」與「冰融解成水」的交互作用下,會產生凍融破壞。因為水結成冰,其體積會膨脹 1/10 倍,使混凝土表面有脹裂的問題;而冰的溶解作用,則會使體積收縮,即混凝土表面會發生收縮,但混凝土內部仍為膨脹,故導致混凝土表面產生龜裂。在反覆結冰融解作用下,將使混凝

土產生分解劣化問題，故在寒帶地區，應視其寒冷的程度，增加混凝土輸氣量，如圖4-4所示。由圖中可知骨材級配粒徑愈大，則相同工作度下所需的水泥漿量會較少；混凝土產生冰凍膨脹之主要因子「水」因而相對減少，故混凝土之含氣量可以相對減少。又降低混凝土的水膠比，也是抵抗凍融作法的另一種策略，見表4-3所示。

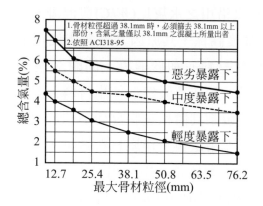

圖4-4　混凝土抵抗凍融作用所需含氣量[2]

在混凝土配比設計上有下列幾項策略，可增加混凝土抵抗凍融侵蝕能力：

(1)　適當含氣量

含氣量有助於混凝土之抵抗凍融，如圖4-4所示。但亦需考量每增加1％的含氣量，會減少混凝土5％強度之副作用。

(2)　降低用水量

混凝土骨材粒徑愈大，則漿量愈少相對的用水量愈低。若減低混凝土用水量，則相對的可減少凍融的攻擊。可藉由使用減水劑及強塑劑，大幅減少拌和水量，而降低混凝土遭受凍融侵蝕機會。

表 4-3 混凝土劣化型式、機理與控制變數

劣化型式		劣化機理	說明	材料基因+			對策控制變數*								
				Ps	A	R	$\frac{W}{C}$	$\frac{W}{B}$	$\frac{W}{S}$	W	C	P	SP	air	V_p
物理性劣化	磨損、沖蝕、穴蝕	剪應力＞剪力強度，反覆車載，磨損沖蝕、水的磨損、激流作用(穴蝕)	表面抗剪力強度不足，造成表面受剪力破壞。	○	○		○	○	○	○		○			○
	溫濕度坡降	水份喪失、毛細管張力、表面能量改變	乾燥時表面收縮，造成表面龜裂；潮濕時表面膨脹，造成內部裂縫。		√		√	√	√	√		√			
	鹽結晶壓力		混凝土孔隙中鹽類結晶產生晶壓。	√			√	√	√	√		√			
	超載重荷衝擊		設計或施工不當，損及強度，或路面不平整及接頭高程差過大。				√	√	√			√			
	反覆載重		在特定載重下反覆之次數過大，使材料因而疲勞破裂。	√			√	√	√			√			
	凍融作用		水結成冰體積膨脹 9 ％，造成冰鏡壓力，使混凝土分離。	√			√	√	√			√			
	火害	骨材與水泥漿體異膨脹系數及水泥漿溫熱乾縮作用；水泥漿體水化物的高溫分解用。	劇烈濕度上升下產生內外溫差，混凝土中水分無法順利排出造成崩解作用。	√			√	√	√			√			
化學性劣化	溶解析晶	氫氧化鈣被溶解而造成孔隙；氫氧化鈣被溶解而與其它有害物質結合。	水份滲入混凝土，溶解氫氧化鈣後於滲透面露出；乾濕作用下將溶解物析出結構體外。	√			√	√	√			√			
	硫酸鹽侵蝕	1. $SO_4^{2-}(l)$→滲透SO_4^{2-}(水泥) 2. $Ca(OH)_2$→溶解$Ca^{2+}+2OH^-$ 3. $SO_4^{2-}+Ca^{2+}+2H_2O$析晶→CSH_2 4. $C_3A \cdot C\bar{S} \cdot H_{12}+2CSH_2+16H$→$C_3A \cdot 3C\bar{S} \cdot 32H$	單硫型鋁酸鈣水化物與硫酸鈣鹽類作用，而生成鈣釩石造成體積膨脹作用而分解混凝土。	√			√	√	√			√			

表 4-3　混凝土劣化型式、機理與控制變數(續)

劣化型式	劣化機理	說明	材料基因+			對策控制變數*								
			Ps	A	R	W/C	W/B	W/S	W	C	P	SP	air	V_p
鹼骨材反應	1. 鹼分解並溶解活性的或碳酸鹽之骨材。 2. 形成的酸鹼玻璃 S + N/KH→N/K-S-H，碳酸與氫氧化鈣結晶。 3. 玻璃質吸水形成溶膠滯留周圍。	骨材之活性矽酸鹽與水泥中之鹼(鉀或鈉)作用，產生圓狀鈣膠體，或呈現爆開或剝落現象。		√		√	√	√			√			
化學性劣化 — 酸鹼作用	1. $Ca(OH)_2$ + 2H$^+$→Ca^{2+} + 2H$_2$O 2. C$_3$S$_2$H$_3$+6H$_3$H$_2$O→3Ca^{2+} + 2SHn + 6H$^+$	鹼對混凝土的影響甚小，但酸性 H + 離子則會加速氫氧化鈉鈣之溶解，使 C-S-H 受侵蝕而產生溶解的膠。	√			√	√	√			√			
鋼筋腐蝕	1. 陽極反應：Fe→Fe^{2+}(aq) + 2e$^-$ 2. 陰極反應：2H$_2$O + O$_2$ + 4e$^-$→4(OH)$^-$ 3. 沉澱作用：Fe^{2+}(aq) + 2(OH)$^-$→Fe(OH)$_2$ 4. 氧化生鏽：4Fe(OH)$_2$ + 2H$_2$O + O$_2$→4Fe(OH)	電化學反應造成破鐵受氧化形成氧化鐵，導致鋼筋體積膨脹膜而與混凝土產生鍵結剝離、破裂或剝落現象。			○	○	○	○	○	○	○			

+ Ps：水泥漿體　A：骨材　R：鋼筋

*W/C：水灰比　W/B：水膠比　W/S：水固比　W：用水量　C：水泥用量　P：卜作嵐材料　V_p：黏結漿量
SP：強塑劑　air：空氣量

**化學簡寫符號：C-CaO、S̄-SO$_3$、H-H$_2$O、A-Al$_2$O$_3$、S-SiO$_2$。

(3) 降低水膠比

降低W/B可增加混凝土的強度，故可增加混凝土抵抗冰凍膨脹所產生的表面張應力。

(4) 使用較大骨材粒徑

使用較大的骨材粒徑與粗砂可減少表面積，混凝土所需的漿量因而減少。因為混凝土用水量減少後，則相對的可減少混凝土遭受凍融的攻擊。

2. 抵抗硫酸鹽侵蝕

在地下水與土壤中，常會含有不同程度的硫酸鹽物質。這些硫酸鹽物質，會與水化產物氫氧化鈣反應結合而產生石膏；或再進一步與未水化之C_3A或單硫型鋁酸鈣水化物，反應結合形成體積會嚴重膨脹之鈣釩石，導致混凝土結構物之分解破壞。ACI 318-99結構混凝土規範中，明定防止硫酸鹽侵蝕策略，視土壤中水溶性硫酸鹽或水中硫酸鹽濃度，來選擇抗硫水泥、限制最大水膠比或限制輕質混凝土最低強度，見表4-3所示。但是如果硫酸鹽濃度過大，或水泥中所含C_3A過多，或混凝土中氫氧化鈣太多，這對混凝土抗硫酸鹽侵蝕都有不利的影響。故抵抗硫酸鹽侵蝕策略，亦可由下列方案著手：

(1) 使用卜作嵐材料

使用卜作嵐材料以填塞混凝土空隙，可降低混滲透性係數而減少硫酸離子滲入混凝土之機會。並且可利用卜作嵐材料來消耗氫氧化鈣，而降低石膏之產生機率，而卜作嵐作用亦能有效降低混凝上孔隙量及使混凝土孔隙更趨緻密。

(2) 降低水膠比

降低水膠比(W/B)，可降低混凝土之孔隙量，以防止硫酸鹽等不良物質進入混凝土結構體而產生劣化。

(3) 減少水泥用量

減少混凝土之水泥用量，可減少混凝土中C_3A量及氫氧化鈣水化物產量；減少氫氧化鈣之供應量後，就可降低產生石膏與鈣釩石之機率，如表4-3所示。

3. 抵抗特殊環境侵蝕

若混凝土使用於譬如儲水結構物、沿海或臨近游泳池等濕氣環境下，則混凝土應具有較低的透水性。可藉由降低水膠比(W/B)的策略，來達成水密性的效果，見表4-3所示。對輕質混凝土而言，則要求需有較高的設計強度。混凝土若使用較高之水泥漿量，將會有較嚴重的收縮裂縫產生，如此將不利於混凝土的長期水密性。故如何在不影響混凝土強度下，有效地減少水泥漿量用量及採用較低之水膠比(W/B)，就值得特別加以重視與研究。

其他混凝土結構物，譬如緣石、排水溝、欄杆或薄斷面等，若暴露凍融環境下，則W/B或混凝土強度也須加以限制，以降低有害物(Cl離子)進入混凝土中，造成鋼筋生鏽之機率。亦可使用卜作嵐材料，以填塞骨材與水泥漿間之孔隙及微孔隙，而減少滲透路徑及阻止有害物質滲入混凝土中。

沿海地區之鋼筋混凝土結構物，譬如預力橋樑、建築物等，常年暴露於高鹽分(NaCl)的潮濕海風下，亦常有鋼筋鏽蝕問題產生。故混凝土之水膠比(W/B)，必須降低至0.4以下，以避免有害物質之侵入。採用較低W/B、減少拌和水量及使用卜作嵐材料，可有效地增加混凝土的電阻係數。提昇混凝土電阻係數後，就能

防止鋼筋鏽蝕之發生；但對於抗拉或撓曲構材，則仍需考慮增加其他防蝕措施，否則張力裂縫會使鋼筋直接暴露在侵蝕環境下，而發生鋼筋鏽蝕。氯離子侵蝕的問題，在離島及海域地區特別的重要，尤其是直接採用海岸邊細砂，而未加以清洗；或抽取使用含有鹽分之地下水，一旦被當作拌和水使用，則混凝土中含有過量氯離子，而嚴重地損害鋼筋造成生銹。

圖 4-5　鋼筋銹蝕外露情形

　　氯離子的來源包括水泥、水、摻料等材料，必須分別測定並加以計算，其計算結果須與規範比較並符合之。在乾燥環境下，氯離子在沒有水分供應的狀況下，離子擴散運動困難，故其容許氯離子含量可以較高。在有水份供應的環境下，譬如海岸工程之混凝土，離島地區或卻冰鹽(下雪地區)的區域等，則要求較嚴格。基本上氯離子含量不得超過水泥重量的 1％或每 m³ 混凝土體積的 0.3kg。在採用預力混凝土的區域，如預力橋樑等，若鋼筋或鋼腱會受到應力後，則鋼筋之腐蝕劣化會提早產生，而加速腐蝕的發生機率，故規範要求較嚴格，氯離子含量最高只能為水泥重量的 0.06％，或每 m³ 混凝土只能容許 0.15kg。防止氯離子侵入腐蝕的方法與策略主要如下：

(1) 使用不含過量氯離子之各項混凝土材料。

(2) 降低混凝土之水膠比(W/B)或水灰比(W/C)。

(3) 提高混凝土水密性與品質。

三、工作性(Workability)

工作性係指混凝土的施工難易程度。混凝土工作性視結構物型式、施工技術而有不同之需求。規範通常會採用較低坍度值,易導致施工困難或搗實不完全,使混凝土產生蜂窩、孔洞等缺失,這對混凝土品質有相當不利的影響。尤其在台灣之耐震地區,結構物設計上採用緊密的鋼筋,若混凝土配比設計上沒有考慮工作性;採用骨材粒徑過大或工作坍度過低,則蜂窩或加水問題產生後,混凝土的安全品質是堪慮。在工地為了方便泵送混凝土,工人常會加水,會造成嚴重泌水及析離的現象;W/B增大並嚴重損害到混凝土品質。

混凝土施工品質不良的間題,其主要原因為坍度過低、工作性欠佳,故 1990 年代各國工程界紛紛採用高流動化混凝土來加以解決。譬如台北遠企大樓使用 230mm 混凝土坍度,高雄東帝士 85 國際廣場(T&C Tower)採用初始坍度 230～270mm,坍流度 500～700mm,45 分鐘後坍度為 230mm,坍流度為 500mm 之混凝土工作性設計考量,其目的在使混凝土能充分填充模板中,以避免產生蜂窩及孔隙。傳統工人觀念,增加工作度的方法為加水,但「拌和水量」為混凝土耐久性之主要劣化基因,故必須採用減水劑或強塑劑,來增加混凝土工作性及降低拌和水量·否則在要求混凝土高強度下,因為 W/B 較低、水泥的用量增加;會增加水泥水化反應速率,而直接影響 45 分鐘後混凝土之坍度及坍流度。即「水泥用量」是混凝土 45 分鐘工作性及長期耐久性主要影響因素,故必須設法降低混凝土之水泥用量。這樣的混凝土設計原則,須採用飛灰或爐石等卜作嵐材料,及強塑劑等減水摻料來達成良好工作

度。而絕對不可以直接增加拌和水量或增加水泥漿量。故增加混凝土工
作度的策略如下：

1. 良好級配的骨材

骨材級配佳及粒徑愈大，則表面積愈小，混凝土所需用水量
減少，相應水泥漿量亦減少。同時混凝土孔隙因級配較佳而減
少，所需水泥漿量可相應對降低。在相同漿量條件下，混凝土之
骨材級配佳，則工作性可相對提高。

圖4-6　混凝土工作性欠佳與搗實不足所造成蜂窩現象

2. 高性能減水劑

若混凝土工作度要求高，則傳統混凝土所需拌和水量必須高
才能突破界面剪力，產生相互滑動。但過高之用水量對混凝土是
不利的，目前建議拌和水量應在150kg/m³以下為宜。減水量且增
加潤滑效果是唯一的途徑。使用減水劑及強塑劑，透過界面潤滑
的功能，可使潤滑漿厚度減少，但混凝土仍具良好滑動性，這是
非常重要且有效的方式。通常加入水泥重量1％的減水劑或強塑
劑，則拌和水量相對可減少12％～30％之用量，這是近代混凝
土摻料科技很重要的成就。

3. 適量卜作嵐材料

在混凝土使用卜作嵐摻料，包括飛灰、稻殼灰、爐石份、矽灰或岩石礦粉等，在物理上可填充骨材間之空隙，如果填充材料為圓顆粒(譬如飛灰及矽灰)，則由於球軸承的效益，更可助長材料的滑動，對混凝土工作性有益。但必須注意其添加量，應考慮相互間物理及化學效應，否則卜作嵐摻料使用量過多，反而會因細粒料吸水過大，而造成混凝土過度黏稠的困擾[21]。

4. 輸入適量空氣

混凝土之輸氣方法，如同製作蛋糕。混凝土之空氣量增加，相對增加了漿量體積，故有助於混凝土工作性。相同樣坍度下，所需的混凝土用水量相對減少，一般可以減少 10～15 ％的拌和水量。但亦須考慮到空氣量增加，會損及混凝土強度，故需修正提高混凝土設計強度。1 ％輸氣量，約減少混凝土 5 ％抗壓強度。

四、經濟性(Economy)

經濟性是混凝土配比設計中的重要考量因素，最佳的混凝土配比設計，應該也是最經濟的配比。如何提高水泥的強度效益，是混凝土經濟性考量的重要工作。但滿足經濟性並非只是降低水泥用量而已；而應建立在滿足安全性、耐久性及工作性要求之下來達成。因此如何減少骨材間空隙量，減小骨材界面的潤滑漿厚度，使混凝土整體用漿量減少，是重要的研究策略。其方向如下：

1. 較大骨材粒徑與使用較粗細骨材。
2. 較佳骨材級配。
3. 使用卜作嵐材料。
4. 使用減水劑或強塑劑。

五、生態性(Ecology)

在混凝土生態性方面之考量，可藉由增加卜作嵐材料使用量、降低水泥用量，及使用再生或廢棄物骨材資源等來達成。

⇨ 4-3　ACI 混凝土配比設計

一、基本觀念

ACI(American Concrete Institute，美國混凝土學會)之混凝土配比設計是依照所需工程性質而設計，考慮項目包含(1)經濟性(2)工作性(3)強度及耐久性。雖然ACI配比法是目前全世界最常使用之混凝土配比設計方法，但基本上它仍屬經驗方法。因為混凝土性質的影響是多方面的，而ACI混凝土設計方法只考慮特定之工作度和抗壓強度為基準，係假設如果混凝土達到規定之抗壓強度後，則其它性質也會得到滿足。但在國內外許多工程中就常因上述假設，導致工程品質不良，例如澎湖大橋、台東三仙台、台北捷運帽樑裂縫等劣化問題產生等等。

ACI混凝土配比設計在工作性控制上，係以「用水量」為基準，即水灰比的高低會影響到水泥用量的多寡。水灰比低則黏結材料較多會變成為多漿混凝土，水灰比高則黏結材較少會變為低漿混凝土。但一般則認為多漿混凝土代表高強度，低漿混凝土則代表低強度，這是不正確的。ACI 混凝土配比設計在控制混凝土安全性與耐久性上，係以水膠(灰)比為指標。ACI 係假設抗壓強度達到設計強度需求時，混凝土就沒有耐久性之問題。在經濟考慮方面，ACI配比設計中，除了使用良好級配骨材外，無其他特別考量的策略。目前國內混凝土業界依ACI配比方法來設計混凝土，所得到之水泥強度平均經濟效益約為10psi/kg水泥。

二、ACI 混凝土配比設計步驟

1. 測定混凝土材料基本性質(The following information for available materials will be useful)

   包含粗細骨材篩分析,粗骨材單位重、容積比重(Ga , Gs)、骨材吸水率及含水率等等資料。

2. 選擇坍度(Choice of slump)

   依工程結構物之需求,見表4-4所示。

表 4-4　不同結構物之建議坍度值[ACI 211.1-91]**

Types of construction	Slump (mm)	
	Maximum*	Minimum
Reinforced foundation walls and footings	75	25
Plain footings, caissons, and substructure walls	75	25
Beams and reinforced walls	100	25
Building columns	100	25
Pavements and slabs	75	25
Mass concrete	50	25

*May be increased 25mm for methods of consolidation other than vibration.

**Slump may be increased when chemical admixtures are used, provided that the admixture-treated concrete has the same or lower water-cement or water-cementitious material ratio and does not exhibit segeregation potential or excessive bleeding.

3. 決定粗骨材最大粒徑(Choice of maximum size of aggregate)

   依混凝土施工規範規範規定,粗骨材最大粒徑越大則需用漿量越少。骨材之D_{max}取下列值之最小值(1)模板最小寬度之 1/5、(2)混凝土版厚之 1/3、(3)鋼筋、套管等最小淨間距之 3/4、(4)混凝土泵送管內徑之 1/4。而骨材之級配亦應符合CNS 1240規範要求。

4. 估計拌合用水量(*W*)及含氣量(*A*)(Estimation of mixing water and air content)

依所需工作度及環境條件而定，查表4-5求得。

表4-5 不同坍度與D_{max}下拌合水量與空氣含量之近似需求值

Slump(mm)	Water,kg/m³ of concrete for indicated nominal maximum sizes of aggregate							
	9.5	12.5	19	25	37.5	50	75	150
Non-air-entrained concrete								
25 to 50	207	199	190	179	166	154	130	113
75 to 100	228	216	205	193	181	169	145	124
150 to 175	243	228	216	202	190	178	160	—
Approximate amount of entrapped air in non-air-entrained concrete, (%)	3	2.5	2	1.5	1	0.5	0.3	0.2
Air-entrained concrete								
25 to 50	181	175	168	160	150	142	122	107
75 to 100	202	193	184	175	165	175	133	119
150 to 175	216	205	197	184	174	166	154	—
Recommended average total air content, percent for level of exposure:								
Mild exposure	4.5	4.0	3.5	3.0	2.5	2.0	1.5	1.0
Moderate exposure	6.0	5.5	5.0	4.5	4.5	4.0	3.5	3.0
Extreme exposure	7.5	7.0	6.0	6.0	5.5	5.0	4.5	4.0

5. 決定水膠(灰)比(W/B或W/C)(Selection of water-cement or water-cementious materials ration)

依設計需求強度而定，參考表4-6所示。

表4-6 混凝土水膠(灰)比與抗壓強度關係

Compress strength at 28days, MPa (kg/cm²)	Water-cement ratio, by mass	
	Non-air-entrained concrete	Air-entrained concrete
40 (408)	0.42	—
35 (357)	0.47	0.39
30 (306)	0.54	0.45
25 (255)	0.61	0.52
20 (204)	0.69	0.60
15 (153)	0.79	0.70
Type of structure	Structure wet continuously or frequently and expossd to freezing and thawing+	Structure exposed to sea water of sulfates
Thin sections (railings, curbs, sills,ledges, ornamental work) and sections with less then 25 mm cover over steel	0.45	0.40*
All other structures	0.50	0.45*

*若使用 Type II 或 Type V 水泥，水膠(灰)比容許增加 0.05。

【註】psi × 0.07 = kg/cm²，kg/cm² × 0.098 = MPa

6. 計算水泥用量(C)(Calculation of cement content)

由第4、5項計算求得。

7. 估算粗骨材用量(Estimation of coarse aggregate content)

依粗骨材最大粒徑及細骨材細度模數，查表4-7求得。

表 4-7　混凝土粗骨材單位體積用量(m³/m³)

Nominal maximum size of aggregate, mm	Volume of dry-rodded coarse aggregate per unit volume of concrete for different fineness moduli of fine aggregate			
	2.40	2.60	2.80	3.00
9.5	0.50	0.48	0.46	0.44
12.5	0.59	0.57	0.55	0.53
19	0.66	0.64	0.62	0.60
25	0.71	0.69	0.67	0.65
37.5	0.75	0.73	0.71	0.69
50	0.78	0.76	0.74	0.72
75	0.82	0.80	0.78	0.76
150	0.87	0.85	0.83	0.81

8. 計算細骨材用量(Estimation of fine aggregate content)

由上述數據，依照重量法或體積法求得。

(1) 重量法

$$U = 10G_a(100 - A) + C(1 - G_a/G_c) + W(1 - G_a)$$

式中U為新拌混凝土單位重(kg/m³)，G_a為粗細骨材於 SSD 狀態下平均比重，G_c為水泥比重，A為空氣含量(%)，W為拌合水量。

(2) 體積法

係依絕對體積計算之。

拌合水體積 $V_w = W/G_w$

水泥體積 $V_c = C/G_c$

粗骨材體積 $V_{ca} = W_{ca}/G_{ca}$

空氣體積 $V_a = A(\%)$

故細骨材體積 $V_{fa} = V - (V_w + V_c + V_{ca} + A)$

而細骨材用量 $W_{fa} = V_{fa} \times G_{fa}$

9. 調整拌合用水量(Adjustments for aggregate moisture)

因為骨材之含水量，會影響 W/C 與工作性。

10 試拌(Trial batch Adjustments)

量測項目包含坍度、含氣量、單位重、析離及強度發展，並作調整。

三、ACI 混凝土配比設計範例

1. 中低強度混凝土(未使用減水劑)

(1) 設計條件

結構型式	鋼筋混凝土基腳
暴露條件	溫和(地面下未暴露在冰凍或硫酸鹽溶液)
最大骨材粒徑	19mm
要求 28 天強度	210kg/cm²

(2) 混凝土材料性質

項目	卜特蘭水泥 第一型	飛灰	細骨材	碎石粗骨材
容積比重(BSG)	3.15	—	2.60	2.70
容積密度(kg/m³)	3150	2200	2600	2700
乾搗單位重(kg/m³)	—	—	—	1603
細度模數(FM)	—	—	2.80	—
骨材含水量 (以 SSD 為基準)%	—	—	+ 2.5	+ 0.5

(3) 以 SSD 為基準

步驟一 查表 4-4，得混凝土之坍度為 75mm。

步驟二 混凝土之最大骨材粒徑為 19mm。

步驟三 由最大骨材粒徑為 19mm 及坍度為 75mm，查表 4-5 得無輸氣混凝土之拌合水量需求值約為 205kg/m³，估計空氣含量 2%。

步驟四 混凝土配比設計強度 $f'_{cr} = 210 + 1.34 \times 21 = 238$kg/m² 及 $210 + 2.33 \times 21 - 35 = 224$kg/cm²(假設過去的記錄顯示標準強度偏差值為 21kg/cm²)，採用 $f'_{cr} = 238$kg/cm²。

步驟五 決定水膠(灰)比(W/B 或 W/C)

求得水膠比 $W/B = 0.64$(查表 4-6 以內插法求出)。

步驟六 計算水泥用量

水泥膠結料用量 $= 205 \div 0.64 = 320$kg/m³。

步驟七　估算粗骨材用量

乾搗粗骨材體積(查表 4-7)$= 0.62$

粗骨材用量 $= 0.62 \times 1603 = 994\text{kg/m}^3$。

步驟八　計算細骨材用量(絕對體積法)

$V_W = 0.205$

$V_C = 320 \div 3150 = 0.1016$

$V_a = 994 \div 2700 = 0.3681$

$V_{\text{air}} = 0.02$

合計 $0.6947\text{m}^3/\text{m}^3$ 混凝土

砂體積 $V_s = 1 - 0.6947 = 0.3053\text{m}^3/\text{m}^3$

砂用量 $= 2600 \times 0.3053 = 794\text{kg/m}^3$。

步驟九　調整拌合水量及試拌

材料	混凝土配比(kg/m³)	含水量調整	混凝土試拌量 (0.008m³)
水泥	320	—	2.56
細骨材(SSD)	794	$6.352 \times 0.025 = 0.160$	6.510
粗骨材(SSD)	994	$7.952 \times 0.005 = 0.040$	7.992
水	205	$1.64 - (0.16 + 0.04) = 1.44$	1.44
合計	2313	—	18.502

1. 若新拌混凝土性質量測得

坍度 $= 10\text{mm}$(稍有泌水及析離現象)

單位重 $= 2322\text{kg/m}^3$

含氣量 $= 2\%$

2.　第二次試拌：減少粗骨材 0.113kg，砂則增加用量

　　　　第二次試拌之新拌混凝土性質為：

　　坍度＝75mm

　　單位重＝2321kg/m³

　　含氣量＝2％

3.　又 15cmϕ × 30cm 試體 28 天平均抗壓強度＝247.5kg/cm²，標準偏差率 5％以內，將試驗配比調整為工程用混凝土配比如下

材料	預拌廠 (kg/m³)	含水量修正 (改為 SSD)kg	SSD 基準 (kg/m³)
水泥	320	－	320
細骨材(SSD)	794	$794 \times 0.025 = 19.85$	813.85
粗骨材(SSD)	994	$994 \times 0.005 = 4.97$	998.97
水	205	$205 - (19.85 + 4.97)$	180.18
合計	2313	相等 ⟷	2313

　　　　由此配比得混凝土產量 $Y = 1/320 = 0.003125$ m³混凝土/kg水泥，故「水泥因子」為

　　CF＝320/50＝6.4 包/m³混凝土

4.　使用減水劑(減水 35％)

　　　　條件及規範如同上例。而步驟一、二、三、四及五與上例相同。

步驟六　計算水泥用量

估計拌合水量為 205kg/m³，又混凝土減水 35％，故則實際用水量為 205kg/m³ × (1 − 35％) = 133.25kg/m³。假設採用 F 型化學摻料，每 1％ 水泥量之劑量可以減水量 20％，則預估 F 型化學摻料用量為 1.75％ 水泥重。又同上例水灰比 $W/C = 0.64$，則混凝土之水泥用量為 205/0.64 = 320kg/m³，而強塑劑用量(比重為 1.02)為 320 × 1.75％ = 5.6kg/m³。拌和水量修正為 133.25 − 5.6 = 127.65kg/m³。

步驟七　同上例粗骨材用量 = 994kg/m³ 混凝土

步驟八　絕對體積法

$V_W = 0.128$

$V_C = 320 ÷ 3150 = 0.055$

比較此二例之混凝土配比(kg/m³)

材料	未加強塑劑	加強塑劑
水泥	320	320
砂	794	980
粗骨材	994	994
水	205	133.25
強塑劑	−	5.6
合計	2313	2432
產量(m³/kg 水泥)	0.003125	0.003125
水泥因子(包/m³ 混凝土)	6.4	6.4
W/C	0.64	0.43

$$V_{SP} = 5.6 \div 1020 = 0.0055$$

$$V_a = 994 \div 2700 = 0.3681$$

$$V_{air} = 0.02$$

合計 $0.6232\text{m}^3/\text{m}^3$ 混凝土

砂體積 $V_s = 1 - 0.6232 = 0.3768\text{m}^3/\text{m}^3$ 混凝土

砂用量 $= 2600 \times 0.3768 = 980\text{kg}/\text{m}^3$ 混凝土

結果 $\sigma_C = 375\text{kg}/\text{m}^2$，抗壓強度增加

【小結】

一、ACI 混凝土配比設計理論基礎

1. 水灰比理論(Abrams，$\sigma_C = \dfrac{A}{B^{1.5(W/C)}}$)

2. 理想骨材級配曲線(Fuller)

二、ACI 混凝土配比設計考量

1. 經濟性
   節省水泥(適當摻料、Slump($\downarrow$)、D_{max}($\uparrow$)、W_{CA}/W_{FA}($\downarrow$))

2. 工作度
   增加漿量(W/C不變)

3. 強度與耐久性
   限制W/C

三、結果

1. 相同D_{max}下，用水量與坍度成正比。

2. 相同坍度下，用水量與D_{max}成反比。

3. 相同 FM 下，粗骨材用量與D_{max}成正比。

4. 相同D_{max}下，粗骨材用量與 FM 成反比。

⇨ 4-4　高性能混凝土配比設計

一、配比觀念比較

項目　　　混凝土	傳統與 ACI	HPC
安全性	W/C或W/B	W/B或W/S
耐久性	限制W/C或W/B	・$W/B(\downarrow)$ ・使用卜作嵐材料 ・增加水密性
工作性	增加漿量(W/C不變下)	・使用飛灰、爐石及 SP ・緻密配比
經濟性	・最低坍度 ・$D_{max}(\uparrow)$ ⎫ ・$W_{CA}/W_{FA}(\downarrow)$ ⎭ 節省水泥	・緻密配比 ・發揮水泥強度效益
生態性	—	・減少水泥用量 ・使用工業廢料

二、HPC 配比設計基本原理

1. 由最小空隙比V_v求得α與β。

2. 強塑劑 SP 與卜作嵐礦物摻料二大法寶材料。

$$\underset{(最小孔隙體積)}{緻密配比} + \underset{(飛灰、爐石等)}{卜作嵐材料} + \underset{(SP 等)}{化學摻料} \rightarrow HPC$$

三、HPC 配比設計流程與方法

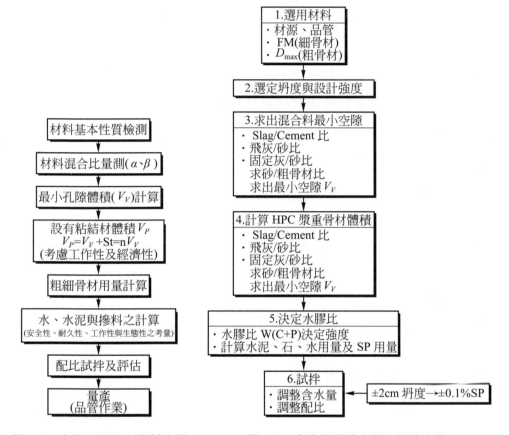

圖 4-7 高性能混凝土產製流程   圖 4-8 高性能混凝土配比設計流程

1. 選擇骨材與性質測定

   水泥、骨材、摻料等資料，以供配比設計之用。

2. 決定強度與坍度

   依設計需求與施工條件，泵送混凝土之坍度須大於 15cm，以利輸送澆置作業。

$$f_{cr} = \frac{f'_c + 98}{0.9} \; (\text{kg/cm}^2)$$

$$f_{cr} = \frac{f'_c + 9.6}{0.9} (\text{MPa}) \tag{4-6}$$

3. 由骨材最大單位重，求出最小空隙(V_v)

   (1) 最大單位重下飛灰取代砂之比例α

   $$\alpha = \frac{W_{\text{fly}}}{W_{\text{fly}} + W_{cs}} \tag{4-7}$$

   (2) (砂＋飛灰)在混合骨材中之最大單位重比例β

   $$\beta = \frac{W_{cs} + W_{\text{fly}}}{(W_{cs} + W_{\text{fly}}) + W_{CA}} \tag{4-8}$$

   (3) 最小空隙

   $$V_v = 1 - \left(\frac{W_{\text{fly}}}{\gamma_{\text{fly}}} + \frac{W_{CS}}{\gamma_{CS}} + \frac{W_{CA}}{\gamma_{CS}} \right) \tag{4-9}$$

4. 計算漿量及骨材體積

   漿量$V_P = n V_V$ $\tag{4-10}$

   骨材體積$V_{\text{agg}} = 1 - V_P = \left(\frac{W_{\text{fly}}}{\gamma_{\text{fly}}} + \frac{W_{CS}}{\gamma_{CS}} + \frac{W_{CA}}{\gamma_{CA}} \right) \tag{4-11}$

5. 個別材料用量

   將(4-7)～(4-10)代入(4-11)式中，求得：

   $$W_{CS} = \frac{V_{\text{agg}}}{\left(\dfrac{\alpha}{1-\alpha} \right) \dfrac{1}{\gamma_{\text{fly}}} + \dfrac{\alpha}{\gamma_{CS}} + \left(\dfrac{1-\beta}{\beta - \alpha\beta} \right) \dfrac{1}{\gamma_{CA}}} \tag{4-12}$$

$$W_{CA} = W_{CS} \times \frac{(1-\beta)}{(\beta-\alpha\beta)} \qquad (4\text{-}13)$$

$$W_{\text{fly}} = W_{CS} \times \left(\frac{\alpha}{1-\alpha}\right) \qquad (4\text{-}14)$$

又水、爐石及水泥之用量為V_P

$$V_P = \frac{W}{\gamma_W} + \frac{C}{\gamma_C} + \frac{W_{SL}}{\gamma_{SL}} \qquad (4\text{-}15)$$

若爐石粉取代水泥用量比為ξ，則(4-15)可改為

$$V_P = \frac{(W/C)C}{\gamma_W} + \frac{C}{\gamma_C} + \frac{\left[\dfrac{\xi}{1-\xi}\right] \times C}{\gamma_{SL}} \qquad (4\text{-}16)$$

若$\dfrac{W}{(C+P)} = \lambda$則

$$W = \lambda C + \lambda W_{SL} + \lambda W_{\text{fly}} \qquad (4\text{-}17)$$

將(4-16)代入(4-17)，得

$$C = \frac{V_P - \dfrac{\lambda W_{\text{fly}}}{\gamma_W}}{\left[\dfrac{\lambda}{\gamma_W} + \dfrac{1}{\gamma_C} + \dfrac{\zeta}{(1-\zeta)}\left(\dfrac{\lambda}{\gamma_W} + \dfrac{1}{\gamma_{SL}}\right)\right]} \qquad (4\text{-}18)$$

$$\therefore W = (C+P)\lambda$$

$$W_{SL} = \xi/(1-\xi) \times C$$

6. SP用量及最後用水量

7. 試拌

　　調整拌合水量、SP用量與配比。

四、範例

1. 某高層建築採用 f'_c 56 天＝560kg/cm²，坍度 slump＝25cm 的高性能混凝土，材料基本性質如下表所示。請依圖 4-8 之 HPC 配比流程及最小空隙法 (The least void idea)，計算混凝土材料配比 (採用 n＝1.2 及假設 28 天強度為 56 天的 0.88 倍)。

材料	性質
水泥	比重＝3.15，細度 3000 cm²/g　(Blaine)
水	$\gamma_w = 1$
飛灰(F 級)	$\gamma_{fly} = 2.12$
爐石粉	細度 4000 cm²/g　(Blaine)，＝2.91
強塑劑	G 型化學摻料
粗砂(SSD)	FM＝3.0 ＋，$\gamma_{cs} = 2.58$
粗骨材(SSD)	Dmax＝3/8″ in，$\gamma_{ca} = 2.65$
混合料	飛灰、砂與粗骨材混合料 UW＝2000kg/m³，β＝50％；砂與飛灰混合料，α＝20％，水泥-爐石混合料 ζ＝5％

2. 配比計算

    (1) 決定目標強度 f'_{cr} 與

$$f'_c = 560 \text{kg/cm}^2$$

$$f'_{cr, 56\text{天}} = 560 + 98 = 658 \text{kg/cm}^2$$

$$f'_{cr, 28\text{天}} = f'_{cr, 56\text{天}} \times 0.88 = 579 \text{kg/cm}^2$$

(2) 求水膠比$(W/C+P)$

水膠比$(W/C+P)$查圖 4-9 得 $W/C+P=0.42$

(3) 計算最大單位重下填充材體積V_a與最小空隙體積V_v

$$V_a = \frac{2000 \times 0.5}{2650} + \frac{2000 \times 0.5 \times 0.8}{2580} + \frac{0.5 \times 2000 \times 0.2}{2120}$$

$$= 0.377 + 0.3101 + 0.094$$

$$= 0.782 \, (\text{m}^3/\text{m}^3)$$

$$\therefore V_v = 1 - V_a = 1 - 0.782 = 0.218(\text{m}^3/\text{m}^3)$$

(4) 計算 HPC 所需漿量V_p

$$V_p = n \times V_v = 1.2 \times V_v = 0.262 \, (\text{m}^3/\text{m}^3)$$

(5) 計算 HPC 各材料用量

$$V_p = \frac{(W/C) \times C}{1000} + \frac{C}{3150} + \frac{0.05/0.95 \times C}{2910}$$

$$= (0.00042 + 0.000317 + 0.000018) \times C$$

$$= 0.000755C = 0.262(\text{m}^3/\text{m}^3)$$

$$\therefore C = 345.8(\text{kg/m}^3)$$

$$\therefore W = 145.7(\text{kg/m}^3)$$

Slag $= 18.2(\text{kg/m}^3), V_a = 1 - 0.262 = 0.738$

Coarce Agg. $= 944(\text{kg/m}^3) = W_{ca} = U(1 - B) = 2000(1 - 0.5)$

$$= 1000\left(\frac{0.738}{0.782}\right)$$

Fly Ash $= 189(\text{kg/m}^3) = W_{\text{fly}} = U\alpha\beta = 2000(0.2)(0.5) = 200\left(\frac{0.738}{0.782}\right)$

$$Fine\ Agg = 189(\text{kg/m}^3) = W_{CS} = U\beta(1-\alpha)$$

$$= 2000(0.5)(0.8) = 800\left(\frac{0.738}{0.782}\right)$$

SP = 4.6%(查表4-10)水泥重量

∴SP = 15.9(kg/m³)

(6) 檢核

$$W/(C+P) = 145.7/(345.8 + 18.2 + 189) = 0.269 \rightarrow 0.3$$

$$\therefore f'_{cr,\,56天} = 960\text{kg/cm}^2 \rightarrow 13714\text{psi}$$

$$\therefore f'_{cr,\,28天} = 840\text{kg/cm}^2 \rightarrow 12000\text{psi} \quad (\text{OK})$$

(7) 試拌

調整拌合水量、SP用量與配比。

檢核工作性、強度與其他性質。

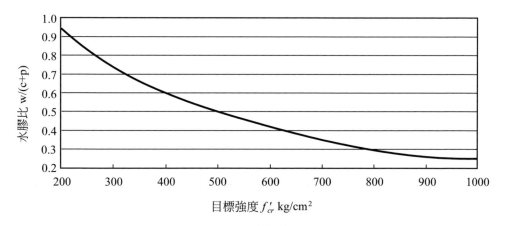

圖4-9　高性能混凝土28天目標強度與水膠比關係圖 [參考 ACI 211.4R-93]

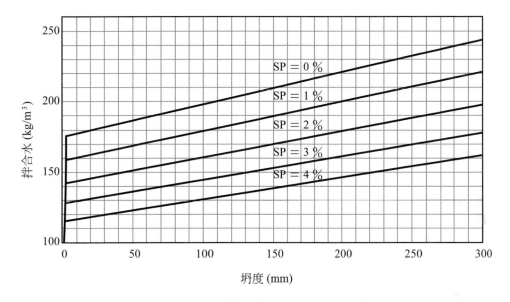

圖4-10　HPC之坍度與用水量及強塑劑量參考圖

⇨ 4-5　混凝土施工規範配比設計規定

一、混凝土須具規定之品質，澆置時不得有分離現象，硬化後其各項性能須符合本規範及合約之要求。

　　混凝土之各項材料用量應有適當比例，才能確保混凝土具各項規定之品質要求。混凝土硬化前後應分別具有其適當之性質；新拌混凝土應具適當**工作性**，使能易於運送、澆置和搗實等，而不發生材料分離現象；硬化後混凝土應具預期之耐久性、強度、體積穩定性、水密性與外觀等。

　　混凝土配比設計需考慮經濟性、工作性、耐久性和強度，設計時先確定下列全部或部份要求條件：

　　1.　容許最大水灰比。

2. 容許最少水泥用量。

3. 坍度。

4. 規定強度(f'_c)。

5. 粒料之標稱最大粒徑。

6. 含氣量。

7. 其他：如要求平均強度(f'_{cr})超過規定強度(f'_c)之值及摻料、特種水泥或粒料等之使用限制。

二、強度

混凝土之**設計抗壓強度** f'_c (以下簡稱規定強度)，除合約另有規定外，係指按 CNS 1230(混凝土試體在實驗室模製及養護法)或 CNS 1231 (工地混凝土試體之製作及養護法)製作試體，並按 CNS 1232(混凝土圓柱試體抗壓強度之檢驗法)進行抗壓強度試驗，所得混凝土圓柱試體**齡期 28 天**之抗壓強度。

混凝土硬化後之各項品質性質通常與其抗壓強度有密切相關。相對於其它性質，抗壓強度較易量測，故以抗壓強度作為設計和管制之依據。混凝土抗壓強度與齡期有關，通常以 28 天為試驗齡期，惟特殊情況時，設計者得依其需要指定其它試驗齡期，例如添加卜作嵐材料之混凝土常指定 90 天為試驗齡期。按 CNS 1230 或 1231 製作之圓柱試體脫模後至試驗前，須於 23±1.7℃ 之潮濕狀況下養護，試體自濕養室取出後，應立即進行抗壓試驗。

三、耐久性

混凝土配比除須符合強度要求外，尚須符合**耐久性**之規定。

混凝土耐久性爲混凝土抵抗氣候作用、化學侵蝕及磨損之能力。混凝土耐久性近年來已顯現不少問題倍受重視，台灣除高山地區有冰凍之問題外，一般結構物可不必考慮混凝土抗凍融之耐久性。有很多工程位於嚴重污染環境或濱海地區，或採用河川下游不良河砂甚至海砂所建造之結構物，常導致混凝土異常劣化及鋼筋腐蝕等不良影響，對此種情況之混凝土，其耐久性應嚴加考慮。

1. 暴露於凍融、激烈風化與解冰化學藥品等嚴重侵蝕之常重混凝土，其水灰比不得大於 0.53(重量比)並須予輸氣，其含氣量應符合表 4-8 之規定。含氣量之測定應按照 CNS 9661[新拌混凝土空氣含量試驗法(壓力法)]或 CNS 9662[新拌混凝土空氣含量試驗法(容積法)]或 CNS 11151 [混凝土單位重、拌合體積及含氣量(比重)試驗法]之規定。

   混凝土可採下列策略以減少凍融、激烈風化與解冰化學藥品等之侵蝕：

   (1) 適當設計使結構物減少接觸水分。

   (2) 降低水灰比。

   (3) 適當輸氣。

   (4) 採用適當材料。

   (5) 妥善養護。

   (6) 小心施工。

   混凝土溫度降至冰點以下時，由於水分結冰膨脹會導致混凝土局部受張應力而龜裂，混凝土經適當輸氣可產生細微氣泡減少冰凍時之膨脹龜裂，若輸氣過少效果不佳，輸氣過多則會降低混凝土強度，故輸氣量須予適當控制。適當輸氣量與混凝土中之水泥漿體體積有關，粗骨材標稱最大粒徑較小之混凝土，其水泥漿

體所佔體積大，輸氣量亦須大。混凝土冰凍前連續受潮者或使用解冰鹽者，受風化之程度較重，應採用較高之輸氣量，如鋪面、橋面版和水槽。混凝土冰凍前僅偶而受潮者或不使用解冰鹽者，受風化之程度較輕，應採用較低之輸氣量，譬如不接觸土壤之外牆、梁和版。

表 4-8　常重混凝土暴露於嚴重侵蝕之容許含氣量

粗粒料之標稱最大粒徑(mm)	含氣量(體積百分比%)
9.5	6～10
12.5	5～9
19.0	4～8
25.0	3.5～6.5
37.5	3～6
50.0	2.5～5.5
75.0	1.5～4.5

　　混凝土降低水灰比可增加強度以抵抗凍結之部分張應力，結構斷面薄者尤須降低水灰比，混凝土有凍融之應時，應同時控制水灰比和輸氣量。

2. 暴露於嚴重侵蝕之輕質混凝土。其粒料之標稱最大粒徑大於 9.5mm 者，其總含氣量應為 6 ±2 ％；粒料標稱最大粒徑等於或小於 9.5mm 者，其總含氣量應為 7±2 ％。含氣量之測定應依照 CNS 9662 之規定。其混凝土之抗壓強度不得小於 210kg/cm^2。

3. 常重及輕質混凝土之部份結構需具水密性，其水灰比及規定強度應分別符合表 4-9 之要求。

　　混凝土具低透水性者可減少水分及其它有害物質之滲入，兩提高混凝土之耐久性。透水性與水灰比有密切關連，水灰比小者水泥漿體中之孔隙亦小，故透水性低。輕質混凝土由於輕質粒料

吸水率變化極大，其難估計有多少拌合水爲粒料吸收，即其水灰比與輕質混凝土強度之關係不明顯，故輕質混凝土不以水灰此設定要求，以下相關各條亦同。

表 4-9　水密性常重及輕質混凝土之水灰比與強度規定

暴露情況	常重混凝土最大水膠比	輕質混凝土最小規定強度(kg/cm^2)
暴露於清水中	0.5	280
暴露於海水中	0.40	350

4.　須暴露於含硫或其他侵蝕性溶液之混凝土，應使用**第二種或第五種卜特蘭水泥**，或使用第一種卜特蘭水泥摻用經工程師認可之摻料。此項常重混凝土之水灰比不得大於 0.44；輕質混凝土之抗壓強度不得小於 **280kg/cm²**。

　　部份土壤、爐碴、地下水、蓄水或污水中常含有硫成分，其會附著於混凝土表面，因爲水分之逐漸蒸發導致濃度漸昇，而侵蝕混凝土。硫滲入混凝土後會與混凝土之游離氫氧化鈣(熟石灰)起化學作用，形成硫酸鈣(石膏)，而增加固體體積以致混凝土龜裂；混凝土龜裂之後，會使混凝土中之埋設物(如鋼筋)逐漸銹蝕，其體積亦會增大，以致龜裂更趨擴大惡化。

　　採用密緻與低水灰比之混凝土或抗硫水泥，可增加混凝土之抗硫能力，輸氣亦有用，因爲可以降低水灰比。水泥之鋁酸三鈣(C_3A)含量與混凝土之抗硫性有高度相關，第二種卜特蘭水泥(C_3A含量低於 8 ％)用於需要抵抗中度硫酸鹽侵害，第五種卜特蘭水泥(C_3A含量低於 5 ％)用於需要抵抗高度硫酸鹽侵害。研究報告指出，混凝土中添加卜作嵐(水泥量之 15-25 ％)，卜作嵐會與游離石灰先起作用，以減少石膏之形成。

ACI 201.2R 建議，不同曝露程度混凝土應符合表 4-10 之要求。混凝土抗酸性極爲薄弱，縱使很弱之酸性也會對混凝土造成傷害。

一些燃料油燃燒後會產生含硫氣體，溶於水後而形成硫酸；有些礦區和工業排水常帶酸性；農場之稻草堆及農產品加工廠排水則常具有機酸，以上酸性成分均不利於混凝土。採用密緻與低水灰比之混凝土可望防制中等之酸性，目前尚無可長期抗高濃度酸之卜特蘭混凝土。若無可避免時，可參照 ACI 515 委員會之建議在表面作塗敷。

表 4-10　混凝土在不同曝露程度之要求

曝露程度	土壤中之硫酸根 (SO4-2；%)	水中之硫酸根 (SO4-2；ppm)	水泥種類	常重混凝土水灰比*	輕質混凝土規定強度
輕度	0.00～0.10	0～150	—	—	—
中等	0.10～0.20	150～1500	II IP(MS) IS(MS)	0.5	280
嚴重	0.20～0.20	1500～10000	V+	0.45	375
極嚴重	＞0.20	＞10000	V 加卜作嵐	0.45	375

*爲防混凝土埋設物腐蝕，可能需要更低之水灰比。
#海水亦歸爲此類。
+所用卜作嵐應經試驗證明於第 V 型水泥混凝土中可增進抵抗硫硫鹽腐蝕。

四、坍度

1. 混凝土之坍度應採用適合施工之較低坍度，除經許可或合約另有規定外，以振動法搗實之非泵送混凝土，其坍度不得大於 10cm；以其他方法搗實之混凝土，其坍度不得大於 13cm。以泵送機泵送混凝土在進泵送機前之坍度不得超過 18cm，但經工程師同意，可適當放大之。

   混凝土坍度代表混凝土之**工作性**。在施工條件允許時，混凝土之坍度應盡量降低，在相同水泥用量條件下，坍度越低，拌和

水之使用量也越少，則水灰比低，也就可以獲得較高之強度，有利於混凝土之耐久性。

國內目前由於普遍採用混凝土泵送機，經常喜好採用較高坍度之混凝土，工地澆置時由於工人為求省力，經常擅自添加水分以提高工作性，對混凝土品質影響甚大，工程師應全力防範。為使要求理想不與事實條件脫節，工程師應慎選混凝土坍度(工作性)，選擇考慮條件包括：結構體斷面、鋼筋等埋設物配置狀況施工、機械能量、運輸方法和澆置搗實條件等。**非泵送混凝土**可參考表4-10資料選擇混凝土之坍度：

表4-10　混凝土坍度選擇參考值

結構物種類	混凝土坍度(cm)
鋼筋混凝土基腳、牆基	2.5～7.5
無鋼筋混凝土基腳、沉箱、地下牆	2.5～7.5
鋼筋混凝土梁及牆	2.5～10.0
建築物柱	2.5～10.0
鋪面及版	2.5～7.5
巨積結構	2.5～5.0

影響混凝土坍度(工作性)因素包括：拌和水量、材料配比(特別指粒料量對水泥用量比和細粒料量對總粒料量比)、粒料性質、拌和至澆置所經歷時間、混凝土溫度、水泥性質和摻料性質等，工程師應充分瞭解與考量。

2.　坍度測定應按CNS 1176(卜特蘭水泥混凝土坍度試驗法)之規定。

五、粗粒料之標稱最大粒徑

1.　粗粒料之**標稱最大粒徑**應不大於下列規定之最小值：

⑴　模板間最小寬度之1/5。

(2) 混凝土版厚之 1/3。

(3) 鋼筋、套管等最小淨間距之 3/4。

　　　但若經工程師判斷，新拌混凝土適於澆注及搗實而不發生蜂巢及空隙現象時可以不受上述限制。各種標稱最大粒徑之過大徑容許值，參閱 CNS 1240(混凝土粒料)之規定。如使用泵送機泵送之混凝土，其粒料之標稱最大粒徑應小於輸送管內經之 1/4。

　　　粗粒料之標稱最大粒徑為某號篩尺寸時，則遺留於次一號篩之粒料不得少於 15 ％。粒料粒徑過大時可能導致混凝土無法充分填滿模版內部角落或包裹埋設物四周；但粒徑減小時會增加粒料之總表面積，而需增加水泥漿體量，亦即要提高水泥用量兩提高成本，並增加體積不穩定性(乾縮、龜裂及潛變量)，應適當選擇粒徑以平衡利弊。但國內碎石場通常僅供應標稱最大粒徑為 2.5 到 1.9cm 之粒料，其他粒徑之粒料常需特別訂購。如使用泵送機泵送之混凝土，其粒料之標稱最大粒徑應小於輸送管內裡之 1/4。

六、摻料

1. 混凝土使用摻料時應有可信之試驗報告或原製造廠之使用說明書，以證明該摻料之性能。

　　　摻料已普遍被採用，惟其廠牌型式眾多，成分尚無公認之規定，現有 CNS 12283(混凝土化學摻料)僅就其類別效能加以規定。摻料之用量及用法亦有所限制，配比設計前應對所用摻料，詳細閱讀其原製造廠之使用說明書，並作必要之配合，必要時應與供應商洽商。可信之試驗報告係指學術研究或公正機構之試驗報告，原製造廠之使用說明書之可信度應有試驗報告或優良之使用記錄佐證。若無上項之試驗報告應要求廠商委託學術研究或公正機構進行試驗加以評定。

2. 為增進混凝土某項性質所用之摻料，若對混凝土其他性質有不良影響時，不得使用。

3. 摻料對混凝土配比性質之任何影響，應於配比設計中加以考慮，並作適當調整。

4. 摻料之配比用量不得超過其限量，並應考慮實際施工上使用之適當性。

5. 液態摻料所含之水分應視為拌合水之一部分，於配比中加以調整。

七、混凝土配比一般要求

1. 混凝土配比須經工程師認可，使混凝土之工作性、耐久性、及強度等性質符合下列規定：

(1) 混凝土須具適當工作性，使混凝土易於澆注施工。

(2) 耐久性應符合混凝土施工規範與解說(土木402-88)第3-3節之要求。

(3) 強度應符合混凝土施工規範與解說(土木402-88)第18-2節之要求。

(4) 版用混凝土須符合混凝土施工規範與解說(土木402-88)第3-14節 之要求。

　　混凝土之工作性、耐久性和強度相互間均有關聯，混凝土配比必須同時符合此三項要求。傳統上，工程師常以強度作為混凝土配比之主要要求，但近年來發現混凝土之耐久性已成為設計之關鍵，其要求之水灰比常低於強度所需要者，故有耐久性顧慮者應將耐久性比強度要求優先考量。

2. 混凝土配比設計需求強度之決定

(1) 混凝土配比設計需求強度f'_{cr}應採用式(4-19)及式(4-20)之較大值者。

$$f'_{cr} \geq f'_c + 1.34s \tag{4-19}$$

$$f'_{cr} \geq f'_c + 2.33s - 35 \qquad\qquad (4\text{-}20)$$

式中

f'_c：混凝土規定抗壓強度(kg/cm^2)

f'_{cr}：混凝土配比設計需求強度(kg/cm^2)

s：標準差(kg/cm^2)。

式(4-19)及式(4-20)中之s可用式(4-21)求得之s取代。s為兩群試驗記錄分別求得標準差之統計平均。

式(4-19)及(4-20)係為配合⑴任何連續三組強度之平均值均高於規定強度f'_c。⑵無任何一組之強度低於規定強度f'_c之值超過35kg/cm^2。為避免發生不符合該兩條件情形，混凝土之平均抗壓強度f'_{cr}應比混凝土規定抗壓強度f'_c提高相當程度，但也需考慮成本因素而不宜過度提高。

通常抗壓強度試驗結果呈常態分配，其發生偏低之機率為 1 %，則要求平均抗壓強度f'_{cr}應比規定位提高 2.33 倍標準差。根據統計原理，估計平均數之標準差應為個別值標準差除以$\sqrt{n}$，n為計算平均之樣本數(Sample size)，任何達續三次試驗結果之平均值，故n為 3 即$\sqrt{3} = 1.732$。為符合上述要求，f'_{cr}如下求得：

$$f'_{cr} \geq f'_c + 2.33(s/1.732) \quad 即 \quad f'_{cr} \geq f'_c + 1.34s$$

同理可求得⑵要求之f'_{cr}如下

$$f'_{cr} \geq (f'_c - 35) + 2.33s \quad 即 \quad f'_{cr} \geq f'_c + 2.33s - 35 \quad (\text{kg/cm}^2)$$

標準差依工程管制水準而有不同，表 4-11 為 ACI 所建議一般施工水準之評估參考值。

表 4-11　混凝土抗壓強度標準差評估參考值

管制水準	標準差(kg/cm²)
最佳(Excellent)	28.1 以下
很好(Very Good)	28.1～35.2
可以(Good)	35.2～42.2
尚可(Fair)	42.2～49.2
不良(Poor)	49.2 以上

⑵　若無適當試驗記錄可資應用計算標準差時，則混凝土配比設計需求強度 f'_{cr} 可參考表 4-12 之規定。

　　若無適當之試驗記錄可資應用計算標準差時，須採取較保守態度，而以表 4-12 要求平均強度來作配比設計，該表要求值比一般要求值偏高。當工程累積足量之試驗紀錄時，則可依實際值適當降低。

表 4-12　混凝土配比設計需求強度 f'_{cr}(無適當試驗記錄可資應用時)

設計強度 f'_c(kg/cm²)	混凝土配比設計需求強度 f'_{cr}(kg/cm²)
210 以下	$f'_c + 70$
210～350	$f'_c + 85$
350 以上	$f'_c + 100$

3.　混凝土強度標準差計算

　　為使混凝土強度符合規範要求，混凝土配比設計需求強度 f'_{cr} 應高於規定強度 f'_c，其所應提高之強度與各該工程混凝土施工之標準差有關。在該工程尚未開工或無足夠試驗數據時，可利用以往工地試驗記錄之標準差以估算該工程之標準差。

　　　　標準差大小與工程管制水準有關，管制水準相近時，其標準差亦相近，故可用以往類似工地之試驗紀錄估計。

(1) 若混凝土生產單位以往 12 個月內，至少有 30 組之連續強度試驗或二群連續試驗之總數至少有 30 組之記錄，則可據以計算標準差。而據以計算標準差之試驗記錄應符合下列規定：

　① 該記錄所代表材料及施工情況與本工程相似，且其材料及配比之變動限制不得較本工程嚴格。

　② 該記錄所代表混凝土之規定強度與本工程混凝土之規定強度，相差須在 70kg/cm^2 以內。

　③ 應包含至少 30 組連續試驗或二群連續試驗之總數至少有 30 組記錄。

　　　　母體標準差不易求得，通常需以樣本之標準差估計之，而計算所得之樣本標準差與所採用之樣本數有關，樣本數愈多其值愈接近母體標準差。樣本數在 30 以上時，通常可以獲得理想結果，否則需加以修正。計算標準差之記錄所代表混凝土之規定強度與本工程混凝土之規定強度不宜相差太大，本條規定相差須在 70kg/cm^2 以內，約相當於正常管制水準之二個標準差。

(2) 標準差計算公式

$$s = \left[\Sigma (X_i - X)^2 \div (N - 1) \right]^{0.5} \tag{4-21}$$

式中

s：標準差

X_i：個別試驗之強度值

X：所有個別試驗強度之平均值

N：所有個別試驗之次數

若所採用試驗結果，爲二群連續試驗之總數至少有30組之記錄時，其標準差須先各別計算其標準差，再計算兩標準差之統計平均，其計算式如下：

$$\bar{S} = \{[(N_1 - 1)(s_1)^2 + (N_2 - 1)(s_2)^2] \div (N_1 + N_2 - 2)\}^{0.5} \qquad (4\text{-}22)$$

式中

$\bar{S}$：兩群試驗記錄分別求得標準差，再作統計平均之標準差。

S_1，S_2：兩群試驗記錄分別按(4-21)式求得之標準差，該兩群試驗記錄合計須30組以上

N_1，N_2：兩群試驗記錄之個別試驗組數

式(4-21)爲樣本標準差之計算公式分母採$N-1$係考慮到自由度爲樣本數減一，以此計算所得樣本變異數s^2(Variance)可不偏估計母能之變異數。個別試驗之強度值X_i係指同一組強度試驗中各試體強度之平均值。

(3) 若混凝土生產單位，無足夠的試驗記錄，以符合混凝土施工規範與解說(土木402-88)第3-9.1節(3)之要求，但有15～29組連續試驗記錄符合下列規定者，亦可用該等試驗記錄來計算標準差，但其計算值須先乘以表4-13之修正因數。

① 這些試驗記錄除了符合本節規定外，並應符合混凝土施工規範與解說(土木402-88)第3-9.1節中之(1)與(2)及連續試驗之規定。

② 該15～29組記錄必須涵蓋供應期間爲60天以上之同級混凝土。

由同一母體隨機取樣計算樣本標準差，當樣本數較少時，所求得之樣本標準差亦會較小。當樣本數少於30時，應將樣本標準差乘以表列修正因數，供估計母體標準差。

表 4-13　標準差修正因數(試驗記錄底為 15 組以上)

試驗組數 ※	標準差修正因數@
15	1.16
20	1.08
25	1.03
30 或以上	1.00

※中間值依組數以直線內差法求得。

4.　配比選定

　　　混凝土配比應依據該工程狀況，由下列三種方法之一決定之。

(1)　第一法：由**試拌**以決定配比

　　　當無可接受之工地試驗記錄時，則混凝土配比須按下列規定由試拌決定之：

①　試拌材料應為本工程預定使用之材料。

②　至少使用三種不同水膠比進行試拌，使所產生之強度範圍能涵蓋預伴廠與工程所需之混凝土配比設計需求強度 f'_{cr}。

③　試拌時應接 ACl 211.1(混凝土配比選擇準則)採用適合之配比及稠度。

④　試拌之混凝土坍度與規定值相差應在 2.5cm 以內。輸氣混凝土之含氣量與規定值相差應在 0.5 % 以內。新拌混凝土之**溫度**應予記錄。

⑤　各試拌配比之每一試驗齡期，至少須製造三個試體，其製造及養護底按 CNS 1230(試驗室內抗壓與抗彎試體之製造與養護法)之規定。每次改變水膠比，則應認定為一新配比。圓柱試體強度試驗應按 CNS 1232(混凝土圓柱試體抗壓強度檢驗法)之規定辦理。

⑥　根據試驗結果繪製混凝土抗壓強度與水膠比之關係曲線。

⑦　再由混凝土抗壓強度與水膠比之關係曲線，決定所需混凝土之水膠比。

　　按 ACI 211.1 規範建議，配比設計基本步驟如下：

①　選擇坍度。

②　選擇粒粒料之標稱最大粒徑。

③　估計拌和水量和含氣量。

④　選擇水膠比。

⑤　計算水泥用量。

⑥　估計粗粒料用量。

⑦　估計細粒料用量。

⑧　以粒料含水量調整拌和水量。

⑨　試拌與調整。

　　輕質混凝土及無坍度混凝土(坍度在 2.5cm 以下)之配比選擇，得另行設計辦理。

(2)　第二法：由**工地經驗**決定配比

①　如有與本工程性質及材料相同之其他工地已按第一法獲得配比且能達混凝土配比設計需求強度 f'_{cr}，則本工程可引用其經驗。

②　根據所引用工地經驗之施工實績及本工程施工規範要求，由工程師核定是否採用該項配比。

③ 配比是否能達到設計強度 f'_c 之評估，應依一年內所做至少
30組強度試驗記錄決定之;混凝土配比設計需求強度 f'_{cr} 所需
之水灰比，可直接或由內插法決定之。

④ 混凝土配比設計需求強度 f'_{cr}，應接本節之規定辦理。

混凝土爲變異甚大之工程材料，若有工地之實際記錄供參
考，應可獲得較可靠之配比，惟工程師應充分研判所引用記錄
之眞實性，不宜盲目引用。

(3) 第三法：按**經驗訂定最大容許水灰比**以決定配比

當無可接受之工地試驗記錄或試拌資料時，經工程師許可
者得採用表4-14之水灰比決定配比。本法不適用於下列情況：

① 混凝土採用輸氣以外之摻料。

② 預力混凝土。

③ 混凝土之規定強度 f'_c 超過280kg/cm²。

表4-14 混凝土最大容許水灰比(無工地試驗記錄與試拌資料可資應用時)

規定強度 f'_c (kg/cm²)	最大容許水灰比(重量比)	
	非輸氣混凝土	輸氣混凝土*
280	0.44	0.35
260	0.48	0.38
245	0.51	0.40
210	0.58	0.46
175	0.67	0.54

本節適用於**規模較小之次要工程**，可根據建議之最大容許水灰比按經驗決定配比，在有適當之粒料配合下，表列值可獲得設計強度 f'_c。

八、混凝土配比設計需求強度 f'_{cr} 之降低

在施工期間，當已有足夠資料可資利用且經工程師許可，其混凝土配比設計需求強度 f'_{cr} 應超過設計強度 f'_c 部份之量可予核降，並據以調整配比。其適用條件爲符合下列任一情況：

1. 有 30 組或以上之試驗結果，且其平均值大於按(4-19)與(4-20)計算所得之 f'_{cr}。

2. **有 15 至 29 組之試驗結果**，且其平均值大於按(4-19)與(4-20)計算所得之 f'_{cr} 時，惟其標準差應接表 4-13 修正。

混凝土配比應兼顧安全與經濟條件，當已有足夠施工試驗資料顯示原配比所產生強度高於規定值時，可據以調降強度，惟水灰比仍須受耐久性要求之限制。

九、輕質混凝土

選定配比之輕質混凝土是否符合氣乾單位重之規定，應按 ASTM C567(結構輕質混凝土單位重之檢驗法)核驗。並應求得同一混凝土之氣乾單位重與新拌時單位重關係，以做爲施工期間對該混凝土認可之基準。

按 ACI 211.2 定義，**結構輕質混凝土**須符合下列條件：

1. 輕質粒料符合 ASTM C330 規定。

2. 依 ASTM C330 測得 28 天抗壓強度大於 $175kg/cm^2$。

3. 依 ASTM C567 測得氣乾單位重小於 $1800kg/m^3$。

十、乾包裝混合料

符合 ASTM C387(水泥砂漿或混凝土之袋裝乾混合料規範)規定之乾包裝混合料所生產之混凝土，若其性質符合施工規範要求，得予採用。

乾包裝混合料係將乾燥之混凝土混合材料包裝，於使用時僅調水拌合即可。按 ASTM C387 規定乾包裝混合料可適用於下列產品：

1. 早強混凝土。
2. 普通混凝土：(1)常重混凝土，(2)用常重砂之輕質混凝土，(3)輕質混凝土。
3. 高強度水泥與砂混合料。
4. 圬工用水泥與砂混合料。

十一、版用混凝土

1. 本節係針對混凝土之施工及耐磨性要求所作之規定，若按**強度與耐久性**規定要求較高強度或較多水泥用量時，應從其要求。

   混凝土地版或樓版之表面情況影響其使用性甚大，混凝土若無適當配比與施工，很容易在表面形成**浮水**，導致水灰比提高而降低強度，且有害於耐久性與耐磨性。版用混凝土之配比設計與其它構件混凝土基本上相同，惟在可工作範圍內可增大粒料之標稱最大粒裡，以減少拌合水量及水灰比；有時使用輸氣及減少拌合水量而維持要求工作度；坍度小於25mm之混凝土可減少細粒料含量以增加耐磨性，低坍度混凝土通常無浮水及材料分離之問題。版用混凝土之進一步資料可參見 ACI302.1R。

2. 混凝土版依其用途分類，如表 4-15。其坍度及 28 天抗壓強度應符合表內之規定。配比應按上述之規定，使其能符合強度f'_c之要求，但水泥用量，不得低於表 4-16 之規定。各類版用混凝土齡期 3 天之抗壓強度須達 $125kg/cm^2$，並符合規範之規定。

各類版用混凝土齡期 3 天抗壓強度之限制係為防範後續施工交通對混凝土之為害，為達此早期強度，混凝土可能需要比表 4-16 所列值更高之水泥用量。表 4-16 中抗壓強度係為耐磨性之需，若結構強度或耐久性需要時，應予提高。表 4-15 中混凝土最大容許坍度之限制，係為防止材料分離及具有適當之表面修飾稠度。若使用結構經質粒料，坍度不得超過 7.5cm，以防粒料上浮到表面及過多浮水。有關上述之進一步資料可參見 ACI 302.1R。

表 4-15　混凝土版之分類

類別	交通狀況	代表性用途	28天抗壓強度 f'_c(kg/cm²)	混凝土最大容許坍度$^+$(cm)
1	行人	住宅區或舖磁磚	210	10
2	行人稍多	辦公室、教堂、學校、醫院、宿舍區	245	10
3	行人及膠輪車輛	車道、汽車修理廠地板及宿舍區人行道	245	10
4	行人多及膠輪車輛	輕工業、商業用	280	7.5
5	行人多及磨耗車輪	工業用、整體地版(包含磨耗層)	315	7.5
6	行人多及鋼輪車輛-嚴重磨損	重工業用兩度施工地版(度耗層與底層黏結)	底層 245 磨耗層* **350～560	10 2.5

*若使用結構輕值粒料，坍度不得超過 7.5cm，上表所列數值為施工之最大值。
**粒料標稱最大粒徑不得超過磨耗層厚度之 1/3。
***指定強度依據磨捐暴露之嚴重性而定，表列數值已涵蓋大部分情況。

表 4-16　版用混凝土(每立方公尺)最少水泥用量

粒料標稱最大粒徑(mm)	水泥用量(kg/m³)
37.5	280
27.0	310
19.0	320
12.5	350
9.5	360

3. 混凝土之水泥使用量雖低於表 4-16 之規定，但若能試驗證明其 3
天及 28 天兩齡期之強度要求，並具合格之修飾性、耐久性、表
面硬度及外觀，則該混凝土經工程師認可後亦可使用。上述混凝
土應按工地條件試作一格版，以供評定其修飾性、硬度及外觀。
該格板尺寸不可小於 2.5m × 2.5m，其厚度應達指定厚度，所用
之材料、配比、設備及工作人員應與該工程施工所使用者一致。
　　表 4-16 為一般性規定，可作試驗經工程師認可另行修正。

學後評量

一、選擇題

( ) 1. 混凝土設計強度 f'_c 應該是混凝土需求強度 f'_{cr} 之　(A)上限　(B)
中值　(C)下限　標準，來設計才能確保建築物之安全。

( ) 2. 在寒帶地區混凝土需加入　(A)緩凝劑　(B)輸氣劑　(C)快凝劑
(D)膨脹劑　，以抵抗凍融破壞。

( ) 3. 混凝土總含氣量隨著最大骨材粒徑增大而　(A)增大　(B)減少
(C)不變　(D)不一定。

( ) 4. 混凝土為了抵抗凍融侵蝕，應該　(A)增加用水量　(B)增加水膠
比　(C)使用較大粒徑骨材　(D)以上皆非。

( )5. 何者非混凝土抵抗硫酸鹽侵蝕之策略？　(A)增加水膠比　(B)採用卜作嵐材料　(C)降低水泥用量　(D)使用抗硫酸鹽水泥。

( )6. 何者會影響抵抗硫酸鹽侵蝕的效果？　(A)硫酸鹽濃度過低　(B)水泥中含過多的C_3A　(C)水泥產生過少的氫氧化鈣　(D)以上皆非。

( )7. 下列何者有助於降低石膏反應的機率？　(A)增加水泥用量　(B)降低水膠比　(C)採用卜作嵐材料　(D)以上皆非。

( )8. 下列何者為防止氯離子侵蝕混凝土之方法？　(A)增加水膠比　(B)避免潮氣過重　(C)使用含氯離子之材料　(D)添加強塑劑。

( )9. 下列何者不是為了達到良好工作度，所使用之策略？　(A)使用高性能減水劑　(B)添加卜作嵐材料　(C)使用優良級配　(D)輸入大量空氣。

( )10. 級配良好的骨材可達到　(A)經濟性　(B)工作性　(C)安全性　(D)以上皆是。

( )11. 混凝土強度的來源是　(A)水泥漿　(B)水泥　(C)骨材　(D)以上皆是。

( )12. 細骨材細度模數愈大，表示細骨材顆粒愈　(A)細　(B)粗　(C)無法辨別。

( )13. 通常 1 ％水泥重之高性能減水劑可以減少拌和水量？　(A)10％～30％　(B)30％～40％　(C)40％～50％　(D)以上皆非。

( )14. 下列何者對混凝土配比穩定性的影響甚重？　(A)細度模數　(B)容積比重　(C)最大骨材粒徑　(D)以上皆是。

( )15. 水灰比小於 0.42 時，會產生大量「自體收縮變形」，故考慮採用「低漿配比」是有其必要性，必須以什麼觀念正確達到 HPC 品質要求，以下何者錯誤？　(A)最小單位重　(B)最緻密堆積　(C)最低漿量　(D)以上皆非。

二、問答題

1. 何謂填充材(Filler)?其在混凝土中之功用為何？

2. 請由下列條件與資料，依ACI配比方法設計3500psi混凝土各組成材料之數量(kg/m³)。

Type 1 水泥，比重：3.16	
粗骨材	細骨材
Dmax = 1/2"	FM = 2.4
比重：2.64	比重：2.62
SSD 吸水率：0.5 %	SSD 吸水率：0.7 %
含水量：2 %	含水量：5 %
單位重：1580 kg/m³	單位重：1680 kg/m³

★條件：非輸氣混凝土，RC樑，Slump = 7in，無凍融或化學侵蝕之虞。

3. 配比設計所得混凝土單位重與實測混凝土單位重不相等，其原因有那些？

4. 試以作過ACI混凝土配比設計與傳統混凝土配比設計之心得，說明二者之差異性。

5. 考慮損耗率為0.15，請以第二題之資料計算製作三顆傳統混凝土(1：2：4)試體，混凝土各組成材料所需數量各為多少g。

6. 解釋名詞：(1)f'_c，(2)流動化混凝土。

7. 請設計f'_c56 天 = 7000psi，Slump = 25cm 之高性能混凝土。採用$n = 1.3$，$f'_{cr}28 = 0.88f'_{cr}56$。砂石混合料單位重UW = 2000kg/m³，$\alpha = 20\%$，$\beta = 55\%$，$\xi = 5\%$。$\gamma$水泥 = 3.15，$\gamma_{fly} = 2.12$，

$\gamma_{slag} = 2.81$，$\gamma_{細骨} = 2.58$，$\gamma_{粗骨} = 2.65$，SP。

8. 上題中，若砂之含水量為 5％，SSD 吸水率為 0.7％；粗骨材之含水量為 2％，SSD 吸水率為 0.5％。請調整用水量。

9. 試求 $\alpha = W_{fly}/(W_{fly} + W_{cs}) = 0.2$ 時，在緻密配比(最大單位重之飛灰取代砂重量百分比)試驗中，所須準備之飛灰與砂材料重量各為多少克？採用直徑 10cm 高 20cm 之模子，砂之單位重為 2.65，飛灰之單位重為 2.12。

10. (1)新拌混凝土坍度為 20cm，但 30 分鐘後測其坍度只有 5cm，原因何在？(2)在作 HPC 試驗時，班上各組配比資料相同，但拌合出來之坍流度卻相差很大，原因何在？

11. 何謂 HPC？其材料需求為何？

12. What is the durability problems of concrete？

13. Why concrete is made by choice not by chance？

14. 細骨材濕潤狀態下為 710 克，經烘箱烘乾後為 650 克，若細骨材之 SSD 吸水率為 5％，則細骨材之表面含水量(以 SSD 為基準)為多少？

15. 某混凝土配比材料重量如下：水泥 316 kg/m³ 比重為 3.16，水 174kg/m³，細骨材 725 kg/m³ 比重為 2.55，粗骨材 1135 kg/m³ 比重為 2.66，求混凝土之空氣含量為多少％？

16. 混凝土配比設計時，由那些因素來決定目標強度 f_{cr}？如何決定？

17. 混凝土配比設計時，由那些因素來決定水膠比或水灰比？如何決定？

18. 混凝土配比設計時，由那些因素來決定粗骨材最大粒徑？如何決定？

19. 混凝土配比設計時，由那些因素來決定粗骨材用量？如何決定？

本章參考文獻

1. 沈永年，混凝土耐久性問題，第 13 屆技職教育研討會論文集，工業類土木營建組，地 169 頁至 192 頁。

2. 黃兆龍，混凝土性質與行為，詹氏書局，1997。

3. Hwang, C. L., J. J. Liu, L. S. Lee, F. Y. Lin, "Densified Mixture Design Algorithm and Early Properties of High Performance concrete,"Journal of the Chinese and Hydraulic Engineering, Vo;.8, No.2,pp.207～219, 1996.

4. Sheen Y.N. and C.L. Hwang, 1999, New Concepts for Durability Design of Structural Concrete,Proceeding of The Seventh East-Pacific Connference on Structural Engineering & Construction (EASEC-7),August 27-29 1999, Kochi, Japan, pp.1466-1471.

5. Hwang C.L. and Y.N. Sheen, Hydration Behavior of HPC Containing Large Amounts of Fly Ash and Slag , Sixth CANMET/ACI International Conference on Fly Ash, Silica Fume and Natural Pozzolans in Concrete, Bangkok, Thailand,1998.

6. Mindess, S., and J. F. Yuong, concrete, Prentice-Hall Inc. Englewood Cliff, N. J.1998.

7. Mehta, P. K. and J. M. Montliro, Concrete-Structure, Properties and Materials, Prentice-Hall Inc. Englewood Cliff, N. J. 1993.

8. Mehea, P. K., Concrete Technology for Sustainable Development, Concrete Intemational, Vol.121 No.11, 1999.

9. 中國國家標準，混凝土試體在實驗室模製及養護法(CNS 1230)，1997。

10. 中國國家標準，工地混凝土試體之製作及養護法(CNS 1231)，1997。

11. 中國國家標準，混凝土圓柱試體抗壓強度之檢驗法(CNS1232)，1997。

12. 中國國家標準，新拌混凝土空氣含量試驗法(壓力法)(CNS9661)，1997。

13. 中國國家標準，新拌混凝土空氣含量試驗法(容積法)(CNS9662)，1997。

14. 中國國家標準，混凝土單位重、拌合體積及含氣量(比重)試驗法(CNS 11151)，1997。

15. 中國國家標準，卜特蘭水泥混凝土坍度試驗法(CNS 1176)，1997。

16. 中國國家標準，混凝土粒料(CNS 1240)，1997。

17. ACI 211.1，混凝土配比選擇準則。

18. ASTM C567，結構輕質混凝土單位重之試驗法。

19. ASTM C357 水泥砂漿或混凝土之袋裝乾混合料規範。

20. 中國國家標準，混凝土單位重、每次拌合產量、含氣量試驗法(CNS 10896)，1997。

21. 黃兆龍、沈永年、朱惕之，八十六年十二月，由Zeta電位解析水泥漿體組成材料保斥水性質，材料科學，第二十九卷，第四期，第 278-288 頁。

22. 黃兆龍、沈永年，八十六年五月，高性能混凝土水化作用機理之研究，土木水利，第二十四卷，第一期，第 3-18 頁。

5

混凝土施工技術

學習目標

★混凝土組成材料料源品管技術。

★預拌混凝土特性與品質訂購要求事項。

★混凝土輸送與產製技術。

★混凝土澆置與搗實技術。

★混凝土養護與修飾技術。

★實際案例分析探討。

⇨ 5-1　混凝土料源品管與產製技術

混凝土之**產製**工作，應以適當設備按規定配比精確配料、混合並拌合均勻。除特殊情況經許可得以人工拌合外，應以混凝土拌合機拌合。所謂「產製」包括混凝土各盤(Batch)材料之計量與拌合。而產製目的為按規定材料配比生產品質均勻之混凝土。為達到上述目標，混凝土之產製工作應正確控制下列因素：

1. 拌合前和拌合中，各材料保持均質和不分離。
2. 具適當之設備準確計量各盤所需材料，該設備需具調整功能，以備必要時可輕易調整材料量。
3. 各盤材料配比保持穩定。
4. 各材料按正確順序進入拌合機。
5. 所有材料拌合均勻，粒料表面均被水泥漿完全包裹。
6. 同一盤及連續各盤間之混凝土品質均勻一致。

一、預拌混凝土

所謂預拌混凝土(Ready Mixed Concrete)，係指由預拌混凝土製造廠商負責產製，交予購方時處於新拌且未固化狀態之混凝土。國內有些重大工程為施工上之需要而設置專供該工程使用之「專用混凝土拌合廠」得由工程師視需要參考引用 CNS 3090 之相關規定。又 CNS 3090 關於混凝土之產製主要有以下規定：

1. 材料計量：水泥及粗細粒料以質量(即重量)計量；拌合水以體積或質量計量，但冰須以質量計量；粉狀摻料以質量計量，而糊狀或液狀摻料得以質量或體積計量。
2. 拌合機(Mixer)：可為固定式拌合機或車上拌合機。
3. 攪拌機(Agitator)：攪拌機可為車上拌合機或車上攪拌機。

4. 拌合：預拌混凝土應以下列任一方式拌合之混凝土，並運送至購方指定地點：

  (1) 中央拌合式混凝土(Central-Mixed Concrete)：混凝土完全以固定式拌合機拌合後，以拌合車攪拌速率輸送至澆置地點。

  (2) 分拌式混凝土(Shrink-Mixed Concrete)：為先以固定式拌合機拌合部份時間而後再以拌合車完全拌合之混凝土。

  (3) 途拌式混凝土(Truck-Mixed Concrete)：為完全以拌合車拌合之混凝土。

又訂購預拌混凝土時，可依需要指定下列各項：

1. 預拌混凝土粗粒料標稱最大粒徑。

2. 交貨地點之預拌混凝土坍度。

3. 若用輸氣混凝土，應指明含氣量。

4. 指定所訂購混凝土之規定強度(f'_c)及最大水膠(灰)比等。

5. 並就下述三種辦法決定預拌混凝土配比：辦法一：由購方負責混凝土配比。辦法二：由製造商負責混凝土配比選擇之全部責任。辦法三：由製造商於規定之最低水泥量下負混凝土配比選擇之責任。

6. 若用輕質混凝土，則其單位體積質量，應指明為氣乾或烘乾狀態者。

7. 購方所提供之材料。

8. 其他特殊事項。

二、計量工作

原則上除拌合用水外，混凝土材料均須以**重量**計量。但特殊情況下經工程師許可者得以體積計量。拌合用水及液狀摻料可用重量或體積計量，但加入冰時須以重量計量。若經工程師許可水泥可用袋數(每袋50kg)計量，不滿一袋時須以重量計量。

1. 材料計量裝置之準確度應為其裝置容量之±0.4％。

　　混凝土材料之重量計量裝置可分為機械式與電子式二種。拌合用水以體積計量時，可用附刻劃之透明量桶或水錶為之。又重量計量裝置之準確度(Accuracy)，係指針量裝置採靜載重測試時，計量裝置所顯示重量與標準砝碼正確重量之差值，在計量裝置之使用範圍內任一點之差值，均應小於裝置容量之0.4％。

2. 拌合現場應準備標準砝碼(或重量塊)，以供隨時校核計量裝置。

　　預拌混凝土廠計量裝置，通常採用每只20kg之標準砝碼辦理校核。但標準砝碼需經度量衡檢驗單位檢驗合格並妥為保管，不得任其蒙塵生銹。此計量裝置應附適當掛架等供放置標準砝碼以辦理校核。通常至少每六個月須校核一次，若有搬移或整修時，應隨即校核。

3. 材料計量之許可差(公差)如表 5-1。

表 5-1　混凝土材料計量之許可差

材料	水泥	水	粒料	摻料
公差(%)	±1	±1	±2	±3

註：*1.*粒料之表面含水量應視為拌合水之一部份。
　　*2.*用於溶解或稀釋摻料之水及液態摻料，應視為混凝土拌合用水之一部份。

三、現場拌合

　　所謂現場拌合係指在工地設置混凝土產製設備，就地生產混凝土，以供本工程使用。又混凝土之拌合機應符合下列規範之規定：

1. 傾斜式混凝土拌合機(Tilting Type Concrete Mixer；CNS 7101)具橄欖形拌合鼓，其內壁附拌合翼片，由旋轉拌合鼓拌合混凝土，以傾斜拌合鼓方式卸出混凝土，其容量一般有 0.2、0.3、0.4、0.5、0.6、及 0.8m³等六種規格。

2. 鼓形混凝土拌合機(Drum Type Concrete Mixer；CNS 7102)適用於坍度在 7cm 以上之混凝土拌合用，其橢欖形或圓筒形拌合鼓，其內壁附拌合翼片，由拌合鼓對一固定之水平軸旋轉而拌合混凝土，以一卸料槽伸入旋轉中之拌合鼓承接並卸出混凝土，其容量一般有 0.2、0.3、0.4、及 0.6m³四種。因清洗及卸料困難，鼓形混凝土拌合機不適用於低坍度或大粒料之混凝土拌合。

3. 快速混凝土拌合機(Forced Type Concrete Mixer；CNS 7103)又稱強制式拌合機，係以附於轉軸上之翼片拌合混凝土，而由拌合鼓之活動開口卸出混凝土，其容量一般有 0.25、0.4、0.5、0.75、1.0、1.25、1.5、1.75、2.0、2.25、及 3.0m³十一種。轉軸可為垂直式或水平式，可設一到數具轉軸，快速拌合機適用於各種坍度之混凝土，拌合效率甚高，目前廠為預拌混凝土廠等大型拌合採用。

四、混凝土拌合應注意事項

1. 配料計量

　　　　每次拌合配料應以所用拌合機額定拌合量為限。並且水泥、拌合水、粒料及各種摻料，必須各自單獨計量。惟粒料亦可累計合併計量。所謂拌合機之「額定拌合量」係指可在規定時間內拌合均勻之有效拌合容量，通常拌合機製造廠會提供有關數據，惟由於混凝土工作度、最大粒徑、拌合機性能衰減等因素，會影響有效拌合量，必要時應加以測試。

2. 材料混合

　　　　計量後混凝土之各粒料及水泥可直接置入拌合鼓，亦可將水泥先置入漿料斗內，再置入拌合鼓拌合。惟拌合水除少許早於乾料先加入外，其餘部份與摻料應待上述材料置入拌合鼓後再接規定注入。在重新進料前，應將所有拌合物卸出。

進料時，除快速混凝土拌合機(強制式拌合機)外，拌合鼓應維持旋轉狀態，其旋轉速度應與混凝土拌合時相同。

拌合目的在於使混凝土各材料能混合均勻，故應確實按規定程序作業，以達成目的。操作員應具充分之目視辨別能力，在進料、拌合及卸料過程必須隨時檢視，發現有異常情況應告知工程師並採應變措施。自動化拌合機常設置閉路電視，供操作員檢視。

3. 拌合時間

混凝土之拌合時間，應從自乾料全部進入拌合鼓時起算。拌合水及摻料溶液應在規定拌合時間之前 25 %時段內注入完畢。拌合量小於 0.8m³ 時，其拌合時間**至少為 1 分鐘**，拌合量超過 0.8 m³ 時，每增加 0.8m³ 需增加拌合時間 **15 秒**。超出量未達 0.8m³ 者仍以 0.8m³ 計算。按 CNS 3090 規範規定，若證明以比規定較短時間就可生產均勻品質混凝土，則得採用較短之拌合時間。

表 5-2 混凝土拌和機之均勻性要求(摘自 CNS 3090)

試驗項目	單位	同盤混凝土兩次取樣試驗結果之最大許可差
1. 每m³質量(不含氣基準)	kg/m³	16
2. 含氣量(體積)	%	1.0
3. 坍度：		
平均坍度為 102mm 以下	mm	25
平均坍度在 102 至 152mm 間	mm	38
4. 75mm 試驗篩以上之粒料含量(質量)	%	6.0
5. 不含氣之砂漿單位質量(對所有同等試樣平均值之百分率)	%	1.6
6. 七天之平均抗壓強度(對所有試體平均值之百分率)	%	7.5

4. 葉片磨損率

當拌合鼓內攪拌輪葉片磨損率達原有高度之 10 %時，應即更換之。因為拌合鼓內之攪拌輪葉係用於攪動混凝土，使攪拌均勻，若磨損過大將降低攪拌效率，故應定期檢視，當磨損率達原有高度之 10 %時，應即更換。

五、人工拌合

在特殊情況下，闢如工程規模小，重要性低，而施工環境不易採用機械拌合時，得經工程師許可採用人工拌合，但其材料之計量、混合與拌合等作業，均須嚴加監督。混凝土採用人工拌合時，其材料之計量、混合與拌合等作業，均須在工程師監督下為之。又混凝土各種材料得採用重量(或體積)計量配料。其中之拌合盤面應為鋼板或不吸水之光滑表面，其大小至少為90cm x 180cm。拌合位置之底面應整理平整。而**拌合步驟**如下所述：

1. 將計量之細粒料，平舖於拌合面上。
2. 將水泥平均舖於細粒料上，然後以人工翻拌，來回至少四次，至其顏色均勻為止。
3. 再將其舖成矮堰狀，加入1/4～1/3之拌合水，再次以人工翻拌，來回至少四次。
4. 然後將計量之粗粒料及剩餘之拌合水先後加入，再翻拌來回至少四次，至顏色均勻時方可使用。

六、化學摻料使用事宜

除不能以水溶液狀態加入之化學摻料外，化學摻料必須於使用前溶解成水溶液或加以稀釋。溶解及稀釋之水量，應依原廠說明書之規定添加拌合水計算之。各種化學摻料分別加入拌合鼓，不得混合後加入。緩

凝摻料須於拌合水加入後 1 分鐘內，且在規定拌合時間之前 25％時段內加入完畢。其他注意事項如下：

1. 市售化學摻料種類品牌甚多，其性能常有明顯差異，使用前應詳細研讀其製造廠所附使用說明書。

2. 化學摻料之性能可能使其它材料及使用溫度等影響，並且其發生作用之時間及性能有效維持時間常甚敏感，每批化學摻料應先作試拌確定無誤後，再正式使用。

3. 不同化學摻料可能發生交互作用，需聯合使用時，必須先作試拌確定無誤後，才得正式使用，且各種摻料分別加入拌合鼓，不得混合後加入。

4. 可能發生沉澱或析離現象之液態摻料或摻料之水溶液，使用前應加適當攪拌均勻。

5. 溫度過低時會發生分離之液態摻料，其儲槽應具保溫設備。

七、天候狀況

1. 冷天混凝土施工

所謂冷天(Cold Weather)係指連續三天以上之平均日溫低於 5℃。在寒冷天氣中，混凝土運抵工地時應符合表 5-3 所示最低溫度之限制。若將清水或粒料經過加溫後高於 38℃時，應先將粒料與清水拌和。拌和後溫度低於 38℃時，水泥方可加入。因為新拌混凝土在過低溫度下，會減緩甚至中止水化作用。故須對混凝土溫度限制，並可藉由使用熱水或加溫粒料提高混凝土溫度。粒料可置於密室中均勻加溫。但粒料之溫度不可過高(38℃)，以免引起混凝土坍度嚴重損失或瞬凝等不良後果。不得使用已凍結成塊之粒料，因粒料及含水量之計量會產生偏差，並有其他不良影響。

表 5-3 混凝土運抵工地之溫度限制

氣溫(℃)	混凝土最低溫度℃	
	斷面最小尺寸	
	＜ 30cm	≧ 30cm
－ 1～＋ 7	＋ 16	＋ 10
－ 18～－ 1	＋ 18	＋ 13
－ 18 以下	＋ 21	＋ 16

2. 熱天混凝土施工

所謂熱天(Hot Weather)係指氣溫高、濕度低、風速大等情況，其對混凝土施工有嚴重不利影響，台灣地區夏秋季常有此問題，故須特別注意。炎熱氣溫下混凝土可能發生坍度嚴重損失、瞬凝或冷縫等，故各種成分拌合前應先予冷卻，或以搗碎之冰屑代替全部或一部份拌合水，冰屑須於拌合時完全融化。施工時混凝土之溫度限制，須視結構物斷面之大小而定，一般常限制為32℃。因為氣溫過高可能引致混凝土加速凝結、加快拌合水蒸發、增加所需拌合水、降低極限強度、引起龜裂、坍度損失加速、瞬凝或冷縫等缺點，各種成分材料拌合前應先予冷卻，或以搗**碎冰屑**代替全部或一部份之拌合水，冰屑須於拌合時完全融化。拌合水可用冷水機冷卻，粒料儲倉可加遮陽蓋或藉噴水霧等降低粒料溫度。亦可在工地四周或上風處噴霧增加空氣濕度。

⇨ 5-2 混凝土輸送、澆置與搗實技術

一、混凝土輸送

所謂混凝土輸送係指混凝土拌合後自拌合鼓卸出，至混凝土注入模板前之過程。混凝土輸送過程中應保持對混凝上攪動，並應能使混凝土不引起材料之分離或漏失。混凝土輸送亦應符合預拌混凝土(CNS 3090)有關規定。

混凝土自拌合機卸出後應儘速送至澆置地點。輸送機具及輸送方式均應避免粒料分離及損耗，以確保混凝土品質。輸送設備須經許可，其尺寸與設計應配合澆置需要，得以適當且連續輸運混凝土。其輸送不可太快以致搗實不足，亦不可太慢以致產生冷縫。所有運輸設備均須獨立支撐，不得與澆置區內之模板或鋼筋接觸。拌合車、攪拌車與其他設備之使用，應依預拌混凝土(CNS 3090)之規定，輸送設備使用後應立即刷洗清潔，不得附著硬化砂漿或雜物。

為順暢有效的輸送混凝土至澆置地點，應事先擬具詳細的運送計畫，以期獲得所需品質之混凝土，並獲得工程司之許可，擬具運送計畫時應考慮下列事項：

1. 工程或構造物所需之機能、強度、耐久性等。
2. 所需混凝土總數量，一次之需要量，混凝土來源，施工之難易性，季節、天侯等。
3. 運送方法及所需裝備、數量、輸送機，如拌合車、泵送機、斜槽、吊桶、推車等之性能與數量。
4. 運送路線及所需時間。
5. 與混凝土產製及澆置作業之配合。

運送距離較遠或坍度較大混凝土之輸送，宜使用預拌混凝土車，否則應使用配有攪拌器(Agitator)之卡車或車載拌合機運送。低坍度混凝土且運送區間較短而材料分離不嚴重者，得以傾卸卡車或以裝載泥艙(Hopper)之卡車運送，惟應力求卸料之容易性。

以手推車、台車作場內之短距離運送，其通路應維持平，以防顛簸造成材料分離。已有分離現象者，於澆置前應予重新拌合。

1. 混凝土輸送時間限制

混凝土拌合後應立即運送至工地澆置，除另有規定外，混凝土自拌合廠輸送到達工地並開始卸料之時間，輸送途中保持攪動者不得超過**一小時**；途中未加攪動者不得越過**30分鐘**。

為避免材料分離及形成澆置冷縫等，以獲品質均勻良好的混凝土，必須在混凝土初凝以前完成澆置作業。通常自拌合完成至澆置完成之時間雖視溫度、濕度，運送時間情況而定。由於交通狀況，路程或其他原因難於上述時限內運至現場或澆置完成者，得摻用緩凝劑以延長有效時限，其使用應接第二章摻料之規定。混凝土輸送途中應對日照、雨淋等作適當保護措施。

2. 輸送作業應連續

混凝土輸送作業應**連續**，直至達成當次所需澆置混凝土數量為止，非經工程師許可，中途不得停止。因為混凝土澆置時間相隔太久，易產生冷縫成為構造物弱面，故混凝土之輸送及澆置必須連續。

3. 不得添加任何物質

混凝土於輸送途中，除另有規定外，不得添加任何物質。輸送中維持原配比為確保混凝土品質之基本原則，故不得添加任何物質。不可因天熱、交通阻塞或泵送困難等藉口而任意加水，此

為混凝土品質劣化之主因，須絕對禁止。輸送設備在使用前後必須**清除**內部之殘留物及**清洗**不潔表面。並且輸送設備之容器不得採用鋁或鋁合金材料製造。

二、混凝土輸送機具

混凝土輸送機具主要可區分為下列三種：(1)長距離輸送用：車載拌合機(truck mixer)、攪拌車(agitator)及傾卸卡車等。(2)短距離輸送用：手推車、吊桶、輸送帶、瀉槽、捲揚機、混凝土泵送機、台車、混凝土氣送機等。(3)特殊使用：纜索、纜車、軌道吊車(隧道、水壩施工用)。

1. 預拌混凝土輸送車

預拌混凝土輸送車之裝載容量及性能應事先檢驗。預拌混凝土輸送車之混凝土裝載量，攪拌車與車載拌合機均不得超過其攪拌容量之 80 ％，車載拌合機若需具拌合功能者，裝載量不得超過其拌合容量之 60 ％。預拌混凝土車於輸送途中，其盛載鼓應維持轉動，其轉速應為**每分鐘 2 至 6 轉**。

非但輸送途中拌合鼓須保持轉動，到場待命期間亦應以同轉速保持轉動。惟在卸料前應以快速轉動 2～3 轉，以使均勻。每次卸料後，鼓內必需沖洗乾淨，不可留有混凝土渣，惟在重新裝料前，拌合鼓內之積水務必完全排除，否則將造成額外加水。

採用預拌混凝土車時，運輸路線應預先勘查其要點：

(1) 應瞭解運輸路線之平時及尖峰時路況，以預估運輸所需時間及坍度損失。

(2) 如需自闢專用道路應依需要妥善規劃。

(3) 運輸道路應妥予養護以維持暢通。

(4) 應衡量每日澆置量、最大單元澆置量、最高日澆置量、運輸方式及運輸路況與需要時間等，檢討所需運輸車輛數。

(5)　應適當的維持備用車輛。

2. 吊桶

以吊桶輸送混凝土者，其卸料位置必須配有適當能量之吊裝設備，以便吊卸。吊桶運送每桶混凝土之時間不得超過30分鐘。吊桶卸料時其出口至受料處之高差應在2.0m以內。

以吊具移動吊桶，非但振動較小不致造成分離，又得以水平、垂直方向任意的移動，頗爲理想。吊桶之構造應妥爲設計，以期混凝土裝卸迅速容易且不產生材料分離。吊桶尚可配合卡車，輕便軌道、纜索、纜車等使用。

配合吊桶使用之吊送裝置如下：(1)吊桶可以吊車或塔吊吊送。(2)配合吊桶使用之纜索須經專業設計、製造及安裝。(3)若混凝土係由吊桶直接澆置時，纜索之設還應能涵蓋全部澆置範圍，其兩錨固台座至少一端爲活動式。

以纜索吊送吊桶運送混凝土之方式常見於山谷水壩之建設，此種作業非但裝置、操作、控制均甚爲特殊，爲求安全、工作效率、保證混凝土品質，必須由專業者設計、製造及安裝。

3. 混凝土泵送機

使用混凝土泵送機，以壓送適當配比之混凝土。使用時應考量混凝土之品質、澆置處所、一次之澆置量、泵送距離及高差等以選擇適合機種，以達有效率的作業。基本上，泵送機之設置位置距澆置位置宜**愈近愈好**，泵送機之泵送能力應符合完成澆置作業之需求，泵送機之泵送能力應預先計算，其計算可參考表5-4。

表 5-4　鋼管彎管與水平輸送距離關係

情況	相當鋼管之水平輸送距離
鋼管垂直輸送 1m	8m
鋼管 90°彎管 1 處	12m
鋼管 45°彎管 1 處	6m
鋼管 30°彎管]處	4m
塑膠管輸送 1m	1.5m

　　混凝土以泵送機輸送後之坍度損失不得**大於**5cm。混凝土使用泵送機輸送時，泵送前坍度雖視配比而異，一般以 15～20cm 為最多並以流動性混凝土為最適合。為防止因泵送振動之影響，**輸送管**不得直接放置於已紮妥之鋼筋上，亦不得直接放置於模板上。混凝土泵送過程中應**防止塞管**。若有塞管，管內混凝土應予以清除廢棄。輸送管出口應適時移動以使卸出之混凝土均勻散布，避免集中之混凝土推送過遠造成材料分離。

4.　輸送帶

　　混凝土以輸送帶輸送時，輸送帶上應加罩覆蓋以防混凝土水份大量蒸發及溫度昇高，其總長不得超過 300m。輸送帶卸料端應裝置水泥漿刮取設施，以防止混凝土中水泥漿因皮帶迴轉而帶走漏失。又輸送帶進料及卸料端應設置擋板或漏斗以防止材料分離。

　　並且輸送帶以水平設置為原則其最大斜度為15°。

5.　滑槽

　　由高處以滑槽澆注混凝土時，原則上應使用垂直落管串接之，以防材料分離。又滑槽出口與澆置面之高差不得超過2m。

　　滑槽之長度不得超過 6m，其斜度應在 1：2～1：3 之間。超過上述限制時，滑槽出口應以漏斗承接混凝土。以滑槽輸送之混凝土甚易產生材料分離，又為提高混凝土之流動，往往採較高坍度使更易產生分離。為避免析離，其斜度(垂直：水平)應如上限制，如需超出此限，其出口應以漏斗串接垂直落管承接混凝土或遵照工程師指示措施。滑槽或其表面應使用金屬板製作，但不得採用鋁或鋁合金材料製造。

6. 手推車

　　混凝土以手推車輸送時，手推車之運送距離不得超過 60m。手推車須鋪設走道板，使行走路線平順。走道板應鋪設於支架上，且不得影響鋼筋之正確位置。走道板之接頭易造成跳動阻礙應加以注意。設置於模板、鋼筋上之走道板不得直接碰撞鋼筋，以免影響其正確位置。裝料時應儘可能使混凝土垂直卸落於盛料斗中央。

7. 台車

　　混凝土輸送使用台車之運距，以不超過 30 分鐘行程為限。台車行駛之路線應平順或微小坡度。裝料時應儘可能使混凝土垂直卸落於盛料斗中央。

8. 再拌合

　　混凝土運送應妥善規劃，選取最佳路徑、機具、方法於最短時間內運抵澆置地點，以避免有材料分離、失水、乾化等不良現象，及避免再拌合為最高原則。惟萬一有上述不良現象經工程師認為有影響混凝土品質之慮者，經工程師之認可得以適當的方法施予再拌合以資改善。混凝土輸送至工地，超過規定時間或已凝結之混凝土，均應廢棄不得再拌合使用。混凝土運抵工地時，若

未超過規定時間，而其坍度過低不適於澆置時，經工程師之許可者，可添加清水或減水摻料以增加工作度，使混凝土恢復澆置所需坍度後，再行澆置。加清水增加工作度，除如適量之清水外，並應加入相當之水泥量，以保持原水膠(灰)比不變。以減水摻料增加工作度，如強塑劑或減水劑，加入混凝土以增加坍渡時，亦應符合規範依規定辦理。混凝土加入清水或減水摻料後所增加後之坍度不得過大，應以適合施工之最小坍度為原則。且不得超過容許之最大坍度。混凝土加入清水或摻料後應再拌合，其拌合時間至少為原拌合時間之一半。

三、混凝土澆置作業

混凝土澆置包括混凝土均勻注入充滿模板內、搗實及整平，並使混凝土在適當環境下獲致良好之品質。混凝土自拌合、輸送至澆置應**連貫作業**不宜中途停頓，必須在一定時間內完成。混凝土之澆置計畫書應先經工程師認可後始可澆置混凝土。混凝土澆置作業承造人應指派資深工程師在場全程督導。

因為混凝土澆置包括澆置與搗實，且必須與產製、輸送及養護等連貫並配合，以獲得品質均勻良好之混凝土。

1. 澆置前準備

   (1) 混凝土澆置應查驗**模板**、**鋼筋**及**埋設物**，並經工程師確認已按規定裝設妥當。模板所要查驗項目可參考混凝土施工規範之規定，並且工程師可視需要增加查驗項目。除了澆置前之查驗外，澆置中更應時刻觀察模板受力情形，是否有大變形或連接處脫落等現象，及早發現處理，可避免災害及損失，並應設置變形移位參考點以利觀察。鋼筋及埋設物之查驗應就工程圖說詳加檢核，並特別注意不同工程相互間之配合。

⑵ 澆置面為土質地面時，其表面應加**夯實並灑水潤濕**，但不可有積水現象。

⑶ 澆置面為岩石或已硬化之混凝土面時，應將表面石屑、泥渣、油漬加以清理並灑水潤溼，但不可有積水現象。

⑷ 混凝土接縫於澆置前，應依規定做適當處理。

⑸ 應清除模板或其他澆置面上，殘留木屑及其他雜物。

⑹ 以上各項準備工作完成時，須經工程師檢查認可後方可澆置混凝土。

　　以上各項準備工作係就澆置面於**澆置前**所需之準備加以規定。此外，澆置前應準備工作隨工程性質而有所不同，施工者應妥為準備因應，如搗實器具故障，天雨、氣溫變化所需之備用(含防護)器材，混凝土輸送可能之問題等。

2. 澆置作業

　　混凝土澆置應儘可能卸置於接近最終位置上，以免因再移動或流動而造成材料分離。任何引起材料分離之動作均應避免。

　　又混凝土應**連續澆置**，不可間隔太久，以免因先澆置混凝土已相當凝結，而無法與其後澆置之新混凝土充分黏結，以致形成黏結不良之脆弱面即所謂冷縫(Cold Joint)。

⑴ 混凝土先後澆置之時間間隔不宜太長，允許時間間隔須視澆置當時之氣溫、濕度、風速、開始拌合時間、混凝土溫度及摻料之使用等而定。

⑵ 混凝土之澆置應視情況妥為分層、分段或分區澆置，以免形成冷縫。故不管工程大小，澆置前均須將澆置之分層、分段或分區詳列於澆置計劃中，以避免產生不必要之施工縫，若施工縫未妥善處理即為冷縫。

(3) 混凝土澆置因故中斷時，應將澆置面整理平順。若先澆置之混凝土已相當硬固凝結，再澆置新混凝土可能形成冷縫時，應按已硬化之混凝土面之規定辦理，否則應按規定以施工縫處理。冷縫是否形成由工程師判定之。

(4) 澆置面為**斜面**時，應由下而上澆置混凝土。

(5) 若梁或版與其支承之柱或牆同次澆置混凝土時，須俟柱或牆之混凝土達無塑性且至少 2 小時後，方可澆注梁或版之混凝土。因為柱或牆之混凝土若與梁版同時澆置，柱或牆可能因漏漿或乾縮而變短，以致與其上之梁版形成裂縫，故梁版之混凝土澆置應延後至少 2 小時，俟先期澆置之混凝土硬固穩定後方可澆置。

(6) 澆置混凝土應注意鋼筋、模板或埋設物有無移位或變形，倘有此現象應暫停澆置，待校正加固後再繼續澆置。

(7) 特殊結構之澆置順序，應經工程師核可。

3. 搗實作業

　　混凝土澆注進入模板後，應隨即予以適當搗實及塌平。因為**搗實不足**將使混凝土形成表面多氣泡、蜂窩、內部空洞、鋼筋握裹力降低、混凝土各部份強度不均勻等不良現象。又**搗實過度**可能引起模板較大變形、材料分離嚴重，鋼筋及埋設物移位等。故搗實過度與不足均應避免之。搗實困難時應視情況調整坍度或改變產製輸送速率配合，避免搗實不及而造成冷縫等缺失。

(1) 混凝土搗實作業，應採用符合CNS 5646規範之振動棒(或稱內部振動器)。但經工程師之許可者，得採用符合 CNS 5648(混凝土模板振動器)規定之外部振動器(即外摸振動器)或其他有效搗實器具。

(2) 振動棒應具適當之振動頻率及棒錘直徑，其選用可參考ACI309R (混凝土搗實實務)中相關規定。

(3) 振動棒應盡量**垂直**緩慢插入混凝土中，不得以接觸鋼筋或模板作振動，一點振畢拔出時，應緩慢並保持振動棒垂直。

(4) 振動棒插入點之間距應約為45cm。

(5) 振動棒每一插入點之振動時間應在5～15秒之間，以能充分搗實混凝土排除其中之氣泡為原則。**充分搗實**係指混凝土不再排出大氣泡、顏色均勻且表面上粗粒料若隱若現。

(6) 禁止過度振動或以振動棒移動混凝土。

(7) 振動棒應插入前次澆注混凝土內，其進入前層混凝土之深度應約為10cm。

(8) 外模振動器必須固定附著於模外，其分布應均勻以獲得最佳效果。

4. 防護工作

　　室外混凝土之澆置作業，應避免在下大雨、下雪及刮大風等惡劣天候下進打，不得已須澆置混凝土時，應採取經工程師認可之防護措施。

(1) 冰凍之地面上不得澆置混凝土。

(2) 不得使雨水損害混凝土表面或增加混凝土中之水量。

(3) 若混凝土澆置中及其後24小時內周圍之氣溫可能低於5℃者，澆置時之混凝土溫度不得低於10℃。但混凝土構材斷面尺寸小於30cm者，混凝土溫度不得低於13℃。

(4) 澆置之混凝土溫度高於32℃時，應採取經工程師認可之措施。

(5) 鋼筋或鋼模之溫度高於49℃時，澆置混凝土前應先以水冷卻之。

(6) 防護所需之器材及設備應事先備妥。

為保持日後混凝土能正常水化，必須防止澆置過程混凝土中水份之增減及溫度劇烈變化之影響。

5. 接縫處理

混凝土澆置作業過程中，應儘量避免增加非必要之施工縫。若因特殊情況須加設施工縫時，施工縫位置應儘量避免在結構上最大剪力之處，其設置位置應按混凝土施工規範之規定，並經工程師之許可。

6. 水中混凝土澆置

水中混凝土應在**靜水情況下**澆置。若水流速度不大，澆置區可以圍堰的方式保持區內水流的靜止。

(1) 水中混凝土應用特密管工法或經許可之工法澆置。特密管為澆置水中混凝土用之特殊管，管之直徑有 20cm、25cm 及 30cm 者，此外為供總長度之調節其長度有 1m 及 2m 之預備管。為確保水密性，管之接頭多採用翼緣型。為防止最初進入特密管之混凝土與管內水接觸，應使用管塞(Plunger)。

(2) 以特密管工法澆置水中混凝土時，應保持特密管為滿管狀態及其出口淹埋於混凝土內至少 50cm。水中混凝土澆置之施工要點，最重的是防止底下混凝土與水接觸，即應防止水分侵入底下之混凝土內。惟如係流動、渾濁、深度大無法目睹其澆置情況者，其埋入深度應大酌予加大。至於場鑄椿、地下連續壁等採用泥水(穩定液)工法者，由於其頂層與泥水接觸之劣質混凝土通常為 1m 以上，故其埋入深度都規定為 2m 以上。

(3) 水中混凝土應一次澆置完成，不可中途停頓或中斷。在水中施工縫很難處理完善，即同一結構應一次澆置完成。

⇨ 5-3　混凝土養護技術

一、混凝土養護時機與目的

　　混凝土澆置作業完成後，應在不損傷混凝土表面情況下，立即加以**養護**，以防止早乾、過冷或過熱及機械性損傷。並在混凝土硬化及規定養護期間使其在適當溫度下，保持足夠之水份。養護之材料及方法應經許可。工地混凝土之養護效果應按規定檢核。

　　養護目的在使混凝土保有足夠的水份與溫度，確保水化作用進行以產生混凝土強度，並防止混凝土表面之乾縮龜裂或凍傷。詳細養護方法可參考 ACI 308 [混凝土養護實用方法，Recommended Practice for Curing Concrete]。

二、混凝土養護方法

　　混凝土養護基本原則，在於供給或保持養護水份。不與模板接觸之混凝土表面在完成澆置及修飾後，應即採用下列方法進行養護作業。

(1) **滯水或持續灑水**。

(2) **覆以具吸水性織物並保持潮濕**。

(3) 覆以**細砂**並保持潮濕。

(4) 持續施以**蒸汽(不超過65℃)或噴霧**。

(5) 使用**防水覆蓋材料或其他保濕性覆蓋物**，所用材料須經工程師許可。

1. 養護劑

　　　　混凝土若以養護劑進行養護作業，應使用符合CNS 2178[混凝土用液膜養護劑之液膜養護劑。因為模板有隔絕水份逸散之效果，但混凝土頂面無模板之處，水份快速蒸發，應於施工後立刻採用適當方法使保持水分。剛澆置完成之混凝土表面尚未凝固

前，覆蓋物恐有壓傷或污染表面修飾之度應加留意，或可採蒸汽噴霧或液膜養護。液膜養護劑應按產品說明書，於修飾混凝土表面水份消失時立即施用。若混凝土表面將繼續澆置混凝土或與其他材料黏結時，均不得使用此類養護劑，惟經證實該養護劑不妨礙黏結作用，或能從黏結面上完全清除者不在此限。

2. 混凝土養護期間受日曬之鋼模或木模均應保持潮濕以使與其接觸之混凝土水分損失減少，拆模後之混凝土應按照規定方法繼續養護至規定養護期間期滿為止。

3. 養護時間

　　混凝土之養護期間應按下列規定

(1) 早強混凝土至少須持續養護 3 日。

(2) 一般混凝土至少須持續養護 7 日，惟若作圓柱試體放在構造物附近以同樣之方法養護，當其平均抗壓強度達 f'_c 之 70 ％時，可以停止保濕措施。

(3) 若起初採用上述之任一種方法養護經 1 日後，可改用第其他種方法繼續養護，但在養護方法之轉換過程中不得使混凝土表面乾燥。

　　一般混凝土經適當養護者，其三天強度約為 28 天強度之三分之一，七天強度約為 28 天強度之三分之二。早強混凝土之三天強度即可達到 28 天之三分之二。但添加摻料之混凝土強度會有所改變，應實際測試以決定養護天數。

4. 惡劣天候之保護作業

(1) 冷天：當室外日平均氣溫低於 5℃ 時，在養護期間內混凝土之溫度應維持在 10℃ 至 20℃ 之間。如混凝土需予加熱遮蓋、隔熱或掩護時，所需設施須在澆置前預作安排。此類設施應能保持

適當所需溫度，並防熱量集中損傷混凝土。除非能防止混凝土暴露於含二氧化碳之排氣中，否則在最初 24 小時以內不得採用燃燒式加熱器。混凝土中之消石灰或含鈣水化物與大氣中之二氧化碳化合形成碳酸鈣，謂之碳化作用(Carbonation)，冷天以燃燒法加熱室內混凝土施工時，若通風不良即會導致二氧化碳過濃使新澆置混凝土面層碳化，形成 2.5 至 7.5mm 厚之劣質表層。過熱或過冷之惡劣天候均會對新施工之混凝土性質產生不良之影響，故施工時應預做防範，以減低其影響。冷天混凝土施工之方法可參考 ACI 306[冷天混凝土施工實用法(Recommended Practice for Cold-weather Concreting)。

(2) 熱天：如混凝土需予擋風、遮陽、噴霧、灑水或覆以淺色潮濕覆蓋物時，所需設施須在澆置前預作安排。此類措施應在不妨礙混凝土硬化與修飾工作情況下儘速進行。熱天混凝土之施工，常因水分蒸發過速引起塑性收縮，可能造成嚴重裂縫影響工程品質。影響蒸發速率之因素包括混凝土溫度、氣溫、濕度與風速，其細節可參考美國 ACI 305[熱天混凝土施工實用法；Recommend Practice for Hot-weather Concreting]。

(3) 溫度變化率：澆置中或剛澆置完成之混凝土附近之氣溫變化，應儘量保持均勻，且每小時內之變化不得超過 3℃, 24 小時內變化不得超過 28℃。

混凝土養護末期須避免溫度驟變，表面驟冷而內部溫度仍高，會使混凝土表面發生裂紋，以巨積構造物如橋墩、橋台、水壩等為甚，因此須在養護末期徐徐冷卻。如為加熱保溫時，則先停止加熱，使混凝土溫度降至與周圍氣溫相若時再行撤去覆蓋物。

5. 機械性損傷之防護

　　混凝土於養護期間，須防止載重應力、重大打擊或過度振動等之損傷。修飾好之表面應加防護以免受施工作業、搬運作業、與養護作業及雨水之損傷。自行支承之構件所受載重不得使其混凝土承受超過當時強度之應力。

　　施工過程中可能使構件混凝土所受應力，超過當時強度之情況有二：一為混凝土未達足夠強度即予拆除模板支撐，二為施工載重負荷增加之速率過鉅。

6. 養護效果評估

　　混凝土所採用之養護方法應具所需保持水分能力，各種材料之保水能力應按CNS 8188[混凝土養護材料保持水份能力檢驗法]規定試驗評估之。

　　混凝土施工中按規定所做抗壓強度試驗，其試體係在試驗室中較優良之條件下養護，工地混凝土之養護狀況較差，故應對工地混凝土之養護效果加以評估。養護效果評估之方法，係製作一批足夠數量之試體分別在試驗室與工地進行養護，試驗室之試體係以標準方法養護，工地養護之試體則做與結構體混凝土相同之養護，然後在指定齡期在相同條件進行抗壓強度試驗，比較兩部分試體強度，再評估工地養護之效果。

7. 工地養護之試體試驗所得之強度與試驗室養護之試體強度比較在85 ％以上，即表示工地之養護效果可以接受。若工地之試體強度已比規定強度(f'_c)高出35kg/cm²以上，則即使其強度低於試驗室養護試體強度之85 ％亦可接受。

　　由於工地養護條件不如試驗室，故工地養護試體之強度達試驗室養護試體強度之 85 ％即可接受，此乃因在鋼筋混凝土設計中有材料強度

變動即強度折減因數Φ，一般取 0.85。因工地無法進行較有效之養護方法，若採用較高強度混凝土之配比，雖然其養護條件不佳，但只要其評估強度超過規定強度(f'_c)大於 35kg/cm² 亦可接受。

⇨ 5-4 混凝土表面修飾

混凝土表面修飾，係為增進混凝土表面之外觀或使用要求，而採用各種方法所作之修飾。混凝土表面若有缺陷應先進行補修後再作修飾。本節所述不包括另外加貼或安裝面材之修飾作業。基本上混凝土表面可分為模鑄面、特殊鑄面、非模鑄面等三種。模鑄面係指拆模後未經任何修飾或變動之混凝土原表面。

工程師得要求承包商應於修飾工作進行前，在指定之不顯眼處按樣品試作修飾，其面積至少為 10m²。為確保混凝土表面修飾之成果與原設計之構想相符，工程師可按施作面之大小及重要性指定在不顯眼處試做樣品，研判其修飾成效。試作修飾面積之大小以能評估修飾之效果為原則，以至少 10m² 為宜。如修飾面為長條形時，試作之修飾長度以 3m 為度。若工程合約中未指定混凝土表面之修飾方法或部位時，應按以下規定：

1. 非工程外露部份之表面，應採用混凝土施工規範規定之粗板模原鑄面修飾。

2. 工程外露部份之表面，應採用混凝土施工規範規定之清水(細)模原鑄面修飾。

與模鑄面鄰接之牆頂、撐牆頂、牆上之水平凸出物之頂面，及其他非模鑄表面，在混凝土澆置後須磨平並抹出與模鑄面相同之紋埋。模鑄表面之修飾須與其相鄰表面配合並使其一致。

一、原鑄面修飾

1. 粗板模原鑄面修飾

　　粗板模原鑄面修飾之表面模板不得採用任何板面襯料，任何缺陷均須補修。板縫處凸出之水泥漿高度超出 0.5mm 時應去除之，但應盡量避免損害模板所形成之紋理。

　　有關繫條孔修補之規定參照混凝土施工規範之規定。非工程外露部份或不須作防水處理之混凝土表面可採用粗板模原鑄面嵌補水泥漿修飾。模板拆除後，凡混凝土有孔穴、蜂窩、模板之繫條孔、破損之邊角等無害之孔隙或不規則之凸凹部份須徹底清潔與修整，但應注意保持原有模板之紋理。

2. 清水模原鑄面修飾

　　模板或其襯料面需能使其形成之混凝土表面光滑、堅硬、並具均勻之紋理。模板襯料可用木板、合板，金屬板、塑膠板等，經許可能產生所需飾面之材料。襯料之安置應整齊對稱且盡量減少接合縫，板面襯料應以撐材或其他背襯支承之，以防止過度之撓度。材料具浮紋、裂紋、破面、破邊、補片、凹痕及其他缺陷足以影響混凝土表面紋理者，不得使用。繫條孔及缺陷均須補修。板縫凸出之水泥漿應完全除去。

　　如混凝土表面外露者或須作防水處理者，採用清水模原鑄面修飾，拆模後之混凝土表面之美觀與否，取決於事先清水模板紋理之配置使用之襯料材質之良劣、模板結構之強度、組合之平整及發條間距等因素，均須詳細規劃，力求外表之光滑、堅硬、平整、均勻。

二、磨光修飾

　　磨光修飾應於混凝土澆置後在不致損害構造物之情況下盡早拆模並完成必要之補修後立即施工，不得超過拆模之次日。修飾面應先使之潮濕，然後用金剛砂或其他磨具施磨，直至表面色紋均勻為止。磨光時除取自混凝土之水泥砂漿外，不得另加其他水泥漿。磨光修飾適合於清水模原鑄面修飾效果無法獲得滿意時使用。

　　磨光修飾作業前應將混凝土表面潤濕經 3 小時以上，潤濕混凝土前應有充分時間使修補時所嵌補之水泥砂漿適當凝固。磨光修飾作業係以中納度之金剛砂(石)沾水泥砂漿少許在混凝土面上施磨，所用水泥砂漿配合比例與原混凝土相同，磨飾工作應不斷進行，直至模板紋痕消失，且所有不平處均已磨平至非目力所能辨別之程度為止。

　　最後修飾係以金剛石醮水施磨，直至整個結構物混凝土面之色澤呈均勻，平順而後止，俟混凝土面乾燥後再以粗磨帶拭擦水泥漿、碎屑及粉末等磨光修飾作業即告完成。

三、塗敷修飾

1. 修飾前準備工作

　(1) 使用水泥砂漿或類似墁料修飾時，混凝土表面須處理至能確保墁料之永久黏結。

　(2) 於混凝土齡期未達 24 小時，可使用粗刷或耙子使之粗糙。

　(3) 若齡期較久者，可按噴砂修飾或斬鑿修飾規定之方法使之粗糙，或按刷洗修飾之規定，以稀鹽酸處理。

　(4) 粗糙之表面在塗敷修飾前應將灰塵、酸液、化學緩凝劑及其他外加物洗滌潔淨。塗敷修飾前表面局或污染物，油漬等必須清除。

2. 水泥砂漿修飾

(1) 在所有需修飾之混凝土表面均完成清理工作後,始得開始修飾工作。

(2) 水泥砂漿應以水泥 1 份配合細砂 1.5 份之比例加適量之水,拌合成適當稠度之水泥砂漿。細砂應符合CNS 387(建築用砂)之規定。為使與周圍之顏色相配,應摻用部份白水泥,其用量應以試做飾而比較決定之。

(3) 為防止水泥砂漿之水分被吸離,混凝土表面應先充分潤濕,再以刷子或噴鎗將水泥砂漿均勻塗敷於混凝土面上,並立即以軟木墁板或其他工具擦抹使水泥砂漿完全覆蓋表面填滿所有孔洞。

(4) 在水泥砂漿尚具塑性時以膠質墁板、麻布或其他方法清除表面上多餘之水泥砂漿。

(5) 俟表面因乾燥變白(在常溫下大約30分鐘)後,以潔淨之麻布搓磨之,至表面修飾之色紋均勻為止。完成搓磨之修飾面應保持濕潤至少36小時。

塗敷修飾水泥之砂漿宜採用新鮮之波特蘭水泥及細砂加水依規定比例拌合、塗敷前混凝土表面予以潤濕,以防止其吸取水泥砂漿內之水份,致使黏著效果不佳。塗敷水泥漿之品質及黏結性愛其水灰比影響很大為求具較佳之黏結力,其調拌用水以能適於修飾工作之最低水量為宜。

3. 軟木墁板修飾

(1) 模板應於混凝土澆置後 2 至 3 天內盡早拆除,並移去繫條,清除附著物及板縫水泥漿。

(2) 以水泥與細砂各一份之比例,加水拌合成適當稠度之水泥砂漿。特殊鑄面修飾通常僅用在表現建築物特殊外觀上,此種修

飾係就拆模後之模鑄面不另加墁料所做之修飾，一般有紋理修飾(Textured finish)、石柱印面修飾(Aggregate transferfinish)及露礫修飾(Exposed aggregate finish)等，其對色澤之要求特別嚴格，故其構體混凝土之澆置品質非常重要，關係此修飾之良窳。

(3) 將混凝土表面充分潤濕後以墁板或墁刀將水泥砂漿塗敷填補所有表面孔隙。可使用低速之研磨機或其他工具將水泥砂漿壓入較大之孔隙中。

(4) 若水泥砂漿表面乾燥過速，可用噴霧器噴洒少許水分以利壓實與修飾。

(5) 最後用軟木墁板以旋轉動作製造紋理，至表面之色紋均勻為止。

四、特殊鑄面修飾

特殊鑄面修飾，係指混凝土之表面露明可見，為表現其特殊飾面效果所作之各種特殊修飾處理。需作特殊鑄面修飾之混凝土，其配比設計、模板設計、澆置、以及後期養護除按本規範一般有關規定外，並應依照本節之規定處理，以期產生完美之表面。特殊鑄面修飾因對色澤之要求特別嚴格，由於不同批次之同一工廠生產之水泥其色澤亦有所差異，故要求使用同一工廠同一批次之水泥及同一來源及同一規格之粒料，施工應預做準備。

1. 配比

特殊鑄面修飾之表面為保持均勻之設計色彩，其混凝土之配比應接以下之規定：

(1) 除工程合約文件規定以塗敷修飾或油漆外，為使要求色彩表面之色彩一致，每一種要求色彩表面之混凝土應使用同一種配比，並使用同一工廠同一批次之水泥、同一來源及同一規格之粒料、且為同一澆置稠度。

(2) 暴露於室外寒冷氣候之特殊鑄面修飾，須用輸氣混凝土，其水膠比不得超過 0.45。

2. 模板

(1) 特殊鑄面修飾混凝土模板之設計，須便能產生所需之修飾面，並使其易於拆除。板材在角材間之撓度，以及角材橫撐本身之撓度皆不得超過其跨度之 1/400。模板之拆除，僅能利用木楔脫模，不得使用混凝土面撬開。

(2) 特殊鑄面修飾混凝土不論規定為清水模原鑄面修飾、水泥砂漿修飾、磨光修佈、露礫修飾或乾抹修飾。模板必須光滑、確實平直，以期混凝土面無需整修即近於真正平面。模板面宜用合板、金屬板或預製嵌板等。規定原鑄面修飾之處，不得加以整修。

(3) 特殊鑄面修飾混凝土如為原鑄面或清水模原鑄面修飾時，鑄造混凝土之嵌版排列應考慮其接縫位置與開孔、角隅及其他建築裝飾之關係，且須經工程師許可。

(4) 原鑄面混凝土面藉凹條或明縫分格時，模板繫條應盡可能置於接縫內，以免鑄面上留發條孔之補修痕跡。

(5) 除混凝土工程之一般施工外，特殊鑄面修飾混凝土須另繪模板製造圖以顯示嵌板接縫，模板繫條之位置及撐木之安排，並應經工程師許可。

(6) 特殊鑄面修飾混凝土模板，僅可再用於相同之斷面以避免因修改而有補綴等弊病，模板有任何表面磨損及裂痕或缺陷將損及特殊鑄面修飾混凝土品質者，不得再用。模板再用前須徹底清理。

(7) 特殊鑄面修飾混凝土澆置中須不斷觀察模板有無變形。如施工中發現有任缺陷或撐架顯示過度沉陷或扭曲時，應立即停工，清除受影響之混凝土，並加強撐架後再繼續施工。

3. 混凝土澆置

(1) 特殊鑄面修飾混凝土需要磨光或類似之修飾時，應使粗粒料離開模板面、俾全面露出水泥砂漿，惟須避免產生表面孔隙。

(2) 振動器不得與外露混凝土表面之模板接觸振動。

(3) 澆置混凝土如因空間限制或其它輸送設備無法到達者，應使用混凝土泵輸送。

　　特殊鑄面修飾，係為使鑄面產生特殊外觀所作之修飾，其基本要求為外觀必須均勻一致。所以除按上面規定所使用之材料、配比、模板及澆置必須一致外，其養護亦須倍加注意，以免損及表面產生斑駁或不平整之表面等不良現象。

　　另外需要特別注意，施工人員亦必須係為受相同訓練，使用同一種類之工具，以期完成之表面，產生一致之外觀。為免日後驗收時產生紛爭，宜在不明顯處，先做實體大樣，包括在正常施工情形下所可能產生之差異，經由業主及工程師核定其可接受範圍樣本，供日後驗收之參考。因為實際施工時，所產生之表面，必有差異，不能以最理想之樣板，作為驗收之標準。

　　設計時亦應避免有大片無可見接縫之平面，以及使用白色或著色混凝土，以及複雜易破損之造型，以免增加施工之困難度。

4. 修飾方法

(1) 紋理修飾：採用紋理修飾之混凝土表面，其模板之襯料可用塑膠板、木板、金屬版式合約文件規定之其他材料。襯料應用膠黏或U型鉤針固定於模板上。便不得使用使混凝土表面留下針

頭、螺絲帽、墊圈等痕跡之方法。襯板邊緣應相互密接，或與規定使用之隔條密接，以防止水泥漿漏失。

(2) 石柱印面修飾：石柱印面修飾係按特定方法將飾面石柱按所需圖樣黏著於模板內側，使拆模後石柱黏著於混凝土表面，形成所需之修飾。石柱印面修飾以及其他類似特殊修飾應接合約文件指定之方法及材料製造，並預製樣版做為施工之標準。

(3) 露礫修飾：露礫修飾可用以下規定之刷洗修飾、噴砂及粗面石工斬鑿等方法使粒料外露。並可用越級配混合料或預疊粒料等方法使外露粒料均勻分佈。惟其方法均須經工程師許可，並預製樣版做為施工之標準。

① 刷洗修飾

刷洗修飾應在混凝土未完全硬化前施工。混凝土表面須完全潤濕，用硬纖維或金屬刷以充分水量刷洗至粒料均勻露出為止，然後再以清水沖洗表面。若混凝土部份表面已過份硬化，不易刷洗使粒料露出時，得於澆置逾兩週後以稀鹽酸浸濕，並在 15 分鐘內以清水沖洗乾淨。稀鹽酸可以商業用鹽酸加4至10倍清水稀釋得之。鹽酸為危險物品，工作者應戴防護眼鏡及橡膠手套並作必要之安全措施，以防止鹽酸與皮膚接觸。如鹽酸觸及皮膚應立即以大量清水沖洗接觸之部位。

為使石礫外露之作業易於達成，可將模板表面先塗以化學緩凝劑以延緩模板附近之水泥砂漿凝結，其用法應按使用說明書之規定。

② 噴砂修飾

混凝土之表面應以硬砂噴射至粒料均勻露出爲止。除另有規定外，應露出足量之細粒料及少量之粗粒料，但粗粒料露出之高度以不得超過 1.5mm。噴砂處理時，其施工人員及機具，不得在施工期間有所更換，以免效果有其，產生不一致之表面。

③ 斬鑿修飾

經充分養護之混凝土面，可用電動、氣動或手工具斬鑿使粗粒料均勻露出，並形成規定所需之紋理。本節所述露礫修飾作業，不同於將石礫嵌入版面之嵌礫修飾。露礫修飾之露礫程度，依 ACI Manual of Concrete Inspection 規定，通常可分爲：

❶ 刷洗修飾：僅刷除表面水泥漿使露出細料，但勿使粗粒料暴露。

❷ 輕度噴砂：露出細粒料及部份粒粒料，產生一致色澤，粗粒料約露出 1.5mm(1/16in)。

❸ 中度噴砂：粗粒料大致均露出，但不超過 6mm(1/4in)。

❹ 重度噴砂：使粗粒料露出達粒料粒經之 1/3，約露出 6-9mm。

5. 補修

(1) 補修面積不得超過原鑄面修飾總表面積之 0.2 ％。如原鑄面修飾內允許有繫條孔時，則繫條孔之補修面積不包括在內。

(2) 混凝土面補修所用砂漿之配比須經試驗決定，以使補修表面與四周混凝土之顏色在養護與乾凝後彼此相配。俟砂漿初凝後，補修處須加人工修飾，以使與四周混凝土面紋理一致。

(3) 露礫修飾面之補修部份之石礫顯露應與周圍之紋理一致。其最外面2.5cm厚度所用補修砂漿所含之石柱應與修飾兩者相同。石柱印面修飾之修補砂漿須用與原修飾面相同色彩之石柱。補修及養護後，補修處及其四周鄰接面須一併以同一砂漿清除方法，使石柱顯露。

(4) 表面修補處須養護7日，並應比照原混凝土防止過早凝乾。由於補修後之表面與混凝土表面外觀，雖免有所差異，為使外觀一致，修補將必須以熟練之技術工按規範規定之修補方式進行，其補修面積宜加以限制。

五、版混凝土表面修飾

1. 修飾級別

   (1) 修飾級別依容許公差分級如表5-5所示。

   (2) 修飾公差係以規定長度之直規，還於版上任何位置，任何方向測定之。

表5-5 　混凝土表面修飾級別

修飾級別	直規長度(cm)	容許修飾公差(mm)
甲	300	3
乙	300	6
丙	60	6

　　為確保版面之平整度，在混凝土澆置版面終凝前應以直規加以檢測，直規使用前須先行校驗其是否平直。

　　修仰面之平整度未符合要求時，應使用刮板將高凸之處刮平，將凹處填平，再繼之以人工搗實、鏝平及終飾。修飾中應不斷檢核其平整度，直到全部表面修飾之平整度達到所要求之容許公差以內為止。

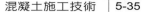

2. 耙粗修飾

　　混凝土經澆置、搗實、刮抹、整平至丙級修飾之容許公差後，在終凝之前用粗刷或耙子將混凝土表面均勻耙粗。

　　爲利版面以後與其他黏結物之接著，故於混凝土終凝前，用粗刷、鐵耙等將混凝土表面均勻地耙粗。

3. 板修飾

　　混凝土經澆置、搗實、刮抹、整平後，暫不繼續工作，留待墁平。俟混凝土表面水份消失後或表面硬化至足以承受作業時始可墁平。墁平工具可用手墁板、動力刮平墁平機及盤式墁平機等。在初步墁板修飾時，應以 3m 直規校核其表面，將高低處刮平。墁平工作達乙級之容許修飾公差後，立即再墁至表面呈均勻之紋理爲止。

　(1)　墁刀修飾

　　　混凝土表面須先按混凝土施工規範之規定做墁板修飾。然後用動力墁刀。再用人工墁刀修佈之。在動力墁刀修飾後，應能產生平滑無缺陷，便可能有墁刀痕跡之表面。俟其適當硬化後始得再以手墁。最後修飾面應爲無墁刀痕跡、表面密實、且外觀均勻之甲級容許公差平面。但金屬甲板上混凝土面之容許公差可爲乙級。加鋪面層之版面修飾，若其修飾面之缺陷足以顯現於表面者應予磨除。

　　　版面之修飾如用於外露或防水膜等之表面，且面積大者多採用動力刮平墁平機或盤式墁平機做大面稍之整體粉光，角落或動力機不能作業處，採用人工墁刀修飾。修面之作用是要將水泥混凝土表面之浮水消除，並將表面由混凝土中氣泡浮出所形成的孔隙加以消除，並整平達至公差要求，確保表面之缺陷予以磨除，連外觀密實、光滑、均勻之平面。

(2) 掃飾或帶飾

　　混凝土表面經墁板修飾後，應立即以掃帚或粗麻帶在平面上拖掃以造成粗糙均勻之橫向紋理。

　　無論使用何種掃紋方法，時機之掌握是一項重要關鍵，掃紋修飾作業應在水泥混凝土仍具有塑性時，便開始進行，須具有足夠硬度以防止凹紋兩側坍陷。

　　修飾後覆以麻布應隨時保持濕潤，因為麻布太乾燥，水泥砂漿會因此聚集其上，此種乾燥水泥砂漿之存在，將使表面變得粗糙不堪，掃紋的寬度深度及間距是否均勻，注意前後掃紋之間是否重疊過多或留下太過空隙。

4. 雙層澆置版之耐磨面層

(1) 底層混凝土面上需加鋪耐磨面層者，須選用能耐嚴重磨損之材料。該項材料應經工程師認可。

(2) 混凝土面應澆置至規定高度，以備加鋪耐磨面層。

(3) 與底層混凝土同日澆置之耐磨面層，其底層混凝土應俟其耐磨面層作業準備妥當後方可開始澆置。應於底版混凝土表面不現浮水並能承受一人足踩重量而不產生可見之痕跡時，即將面層材料鋪撒、搗實、墁平，並校正表面精度，然後以墁板或墁刀修飾之。若用動力墁板，則須用衝擊式者。

(4) 延緩澆置之耐磨面層，當其底層混凝土局部凝結時，應即以粗鋼刷除去表面之水泥乳並耙粗表面。底層至少須潮濕養護 3 天並保持清潔，耐磨層澆置時底層表面須完全清潔及潤濕但無殘水，並按混凝土施工規範之規定，如刷黏結層，在黏結層凝乾前，立即澆置耐磨層。耐磨層之澆置及搗實應按第混凝土施工規範之規定。黏結材除水泥漿外，其他經認可之材料方可使用。

版混凝土為控制其強度、厚度及其平整度，表面修飾之處理依使用需求不同，骨材之配比與坍度應予注意調整，方可達預期效果。因表面不再另覆其他建材，故表面強度及處理方式為添加金屬或礦物料，再做整體粉光，以增加表面之耐磨、硬化或防滑等作用。乾抹修飾應切實控制撒佈之時間，必需在混凝土或水泥砂漿達到即將開始硬化時進行，如施工太早則產生骨材沈澱過深之現象，因而以規定量材料，無法獲得預期效果須使用更多之材料，導致經費增加，且構成過量之灰斑及色澤不均勻之現象，反之如施工太遲，則產生鏝刀斑紋，色澤不均勻及針孔等現象，因表面過硬，施工費力，供完工表面顯得粗糙，使用期間，易成表面剝離之原因。

5. 版混凝土面修飾之選擇

當工程合約文件中，未指定修飾方式時，可採用下列適當之混凝土版面修飾方法：

(1) 耙粗修飾：用於接受其他黏結物之表面。

(2) 墁板修飾：用於接受屋面料、防水膜或砂墊磨石子之底層表面。

(3) 墁刀修飾：用於走道表面或樓板覆蓋物之底層表面。

(4) 掃飾或帶飾：用於人行道、車庫、地板、及坡道等處。

(5) 防滑修飾：用於室外平台、階梯、及室外之坡道。

⇨ 5-5 案例探討分析

實例一：混凝土表面缺陷修補

混凝土施工中常由於工作性欠佳與搗實工作的疏忽，導致混凝土產生缺陷，最常見的為混凝土面之蜂巢與孔洞。本案例係針對混凝土表面

修補規範作一探討研究，以德國施工規範(ZTV-SIB90)的作業流程，及本國混凝土工程施工規範(土木 402-88)之相關規定加以比較。再以實際案例說明混凝土表面缺陷產生原因、修補及避免方法，以作爲日後施工參考，期有助於提升剛性舖面混凝土工程施工品質。

(一)前言

　　混凝土施工後表面有瑕疵，如蜂窩、麻面、裂縫、孔洞、石窩、露筋及空鼓等現象，應立即報告監造者請求查看，未經許可不得先行修補。監造者認爲不宜修補者得令其拆除重作[1]，此爲我國土木水利工程學會所編訂之混凝土工程施工規範(土木 402-88)規定。又混凝土表面修補規範，則爲當混凝土拆模後若有上述情況但可修補時之相關規範。

　　本案例係以某工程案例探討施工後，混凝土表面有蜂巢，經業主德商工程公司要求須做修補，其修補措施須依原先雙方所訂定之德國施工規範(ZTV-SIB90)處置，經依相關規範修補後，已獲得良好品質。本節針對德國施工規範(ZTV-SIB90)的內容及施工流程，與本國混凝土工程施工規範(土木 402-88)之表面修補規範作一比較探討，並由此案例之施工經驗，提出混凝土表面缺陷產生原因及避免方法，以作爲日後類似問題之處置參考，而提升鋼性舖面之混凝土施工品質。

(二)案例說明

1. 工程名稱：某工程
2. 工程地點：高雄縣
3. 業主名稱：德商工程公司
4. 建築結構：結構系統採無樑、柱而以承重牆爲主結構設計牆厚 50cm至70cm，高度 4.0 至 6.0m不等。牆壁採分段施工，此施工之牆壁高度平均爲 3.5m。
5. 探討主題：因施工不良造成承重牆表面蜂巢嚴重，經業主要求依

規範實施混凝土表面修補工程，其修補過程、規範、表面缺陷成因及預防措施之研究及探討。

6. 施工依據：依德國混凝土施工規範 ZTV-SIB90 之修補指導方針處置。

7. 補修材料：邦得士水泥砂漿改質劑 ARC-76(黏著劑)、邦得士結構補修材。

8. 施工規範：德國施工規範中之混凝土修補指導方針(ZTV-SIB90)如下所示：

(1) 通則

1.1 定義：混凝土修補材料系統→混凝土修補材料和黏結材料黏著材料→能使舊混凝土與混凝土修補材料產生黏著行為之黏著材料。

1.2 應用：ZTV-SIB規範適用於建物混凝土表面部份的修補工作。

1.3 混凝土修補材：混凝土修補材料適用於修補建築物混凝土表面之缺陷部份及填補較大的孔洞，使用材料：
—混凝土 BII 等級(相當於 CNS 之第一種波特蘭水泥)
—噴凝漿
—添加合成材料的噴凝漿(SPCC)
—添加合成材料的混凝土(PCC)

1.4 實績調查：依據 I-ZTV-SIP90 之表格：
—黏著強度檢驗(如拉力強度)
—壓力強度檢驗(使用試錘檢驗 Schmidt Hammer)

1.5 施工原則：在使用混凝土修補材料前，混凝土修補材料必須具有下列之特性：
—必須能符合混凝土表面的強度及形狀

—與混凝土表面接著，必須能穩固地黏著且能承受拉力

—能防止鋼筋腐蝕的材料

—容易施工的材料

1.6　修補材料：必須由廠商提供適當的材料配比。

1.7　施工

　　1.7.1　通則：施工需使用到合成材料時必須注意施工的安全守則。必須注意各種材料的最少用量。

　　1.7.2　製造廠商和施工者的要求：具有資格證明和施工經驗者才能施工。工程的負責人必須在施工時皆在工地指導，不得離開。如果須添加合成材料，必須經工地負責人及施工者提出證明書及合格文件方可施作。

　　1.7.3　施工之教育訓練：製造廠商對施工者之教育訓練必須施行並向業主報備。

　　1.7.4　工程範圍：必須依現場之工程範圍及狀況實施教育訓練。

　　1.7.5　外在環境狀況(必要條件)：必須隨時注意施工時之溫度及氣候狀況，且依規範處置。廠商必須在現場按裝—水溫計及數字顯示型溫度表。溫度和相對濕度，必須隨時記錄。每天開工時必須檢測混凝土接著面之溫度。

　　1.7.6　養護：養護如混凝土澆置後之養護工作或依材料製造商的施工指導方針處置。養護工作必須儘早執行。

　　1.7.7　記錄：施工中之各程序或較重要的細節必須記錄。(包括照片及施工日報表)

1.8　檢驗

1.9　驗收及保固：施工中所有的檢驗必須通過，才能視爲驗收，特別是黏著強度的試驗平均值不得小於 $1.5N/mm^2$(單一試驗值不得小於 $1.0N/mm^2$)。依規範保固五年。

⑵　混凝土表面處理

2.0 原則：混凝土表面處理原則乃使修補材料能牢固地與原混凝土表面黏結，所以混凝土表面必須堅硬而且沒有鬆散的部份。

2.1 定義：同 1.1。

2.2 應用：混凝土表面處理的最佳方案乃依據混凝土表面的現狀來處理，並使其能達到最佳的修補結果，而需鑿除的劣質混凝土範圍及深度必須會同業主及承商一起認定。如果要敲開鋼筋部份，必須特別注意且經結構計算後才能處置。

2.3 實績調查：同 1.4。

2.4 施工原則：劣質混凝土之鑿除必須在業主的監督下施作。避免鋼筋因鑿除時受到損害。只有在業主的同意下，才能將鋼筋移除。避免鄰近良質混凝土因鑿除而受損傷。

2.5 施工方法

2.5.1 通則

2.5.2 混凝土表面處理方法：施工前必須先試作一小區域，並經業主認可後方可繼續施工。本項工程必須使用電動鑽頭鑿除劣質混凝土，而用高壓水注清洗表面及高壓空氣將表面灰塵清除。

2.5.3 鋼筋處理：本工程不需要鋼筋處理。

2.5.4 混凝土表面清潔：混凝土修補表面在黏著層施工前必須使用真空吸塵器及高壓空氣清除水份、灰塵和不牢固的部份，而壓縮空氣中不能含有油氣。

2.6 黏著強度檢驗：混凝土表面處理後其黏著力檢驗之平均值不得小於 1.5 N/mm^2，單一檢驗值不得小於 1.0 N/mm^2。在需修補的區域內至少每 2m^2 一次檢驗，評定檢驗結果。

2.7 驗收及保固：在修補材料施工前之混凝土表面處理必須經業主檢驗通過方可繼續施工。

⑶ 混凝土修補材料

3.0 原則：使用符合ZTV-K規範之BII等級混凝土，但骨材最大粒徑須小於 8～16mm。

3.1 定義：同 1.1。

3.2 應用：超過5cm深度之需修補面，皆可使用混凝土來修補。

3.3 實績調查：同 1.4。

3.4 施工原則

　　3.4.1 通則：如果鋼筋的保護層厚度不足4cm，則須另外確認表面的處理方式。

　　3.4.2 混凝土表面處理方法：修補範圍內之舊混凝土邊緣必須垂直，且角落為圓弧狀。而較佳之混凝土砂漿必須全面塗抹在表面，以提供新澆置的混凝土能有效地黏著於修補面上。

3.5 材料和材料系統：黏著層使用EPOXY，且依TLBE-PCC規範處置。

3.6 施工

　　3.6.1 通則：施工完後之混凝土表面必須與舊的混凝土表面看起來一致。

　　3.6.2 混凝土修補層：需清除鋼筋附近之混凝土時必須依 2.6.3 處置。

　　3.6.3 材料：在施工前必須提供一切必要的證明資料給業主，經核可後方可施工。

3.6.4 施作：需組立的模板必須非常仔細地固定在與舊混凝土面接觸處，不得有孔隙產生。黏著層使用黏性水泥砂漿或Epoxy。做為黏著層的水泥砂漿採用水加上相同重量的波特蘭水泥及粒徑0～2mm的砂拌合而成。水泥砂漿必須充份厚實地塗抹在接著面上。混凝土接著面必在24小時前濕治，且在施工前底層為潮濕的狀態。如果黏著層使用Epoxy，則必須依TLBE-PCC規範處置。新澆置的混凝土必須與剛施作的黏著層互相結合。

3.6.5 施工範圍：施工範圍必須事先與業主會同選定，經業主同意方可施工。

3.6.6 施工環境：依1.7.5處置。

3.6.7 養護：新澆置的混凝土在養護上必須非常小心，最少在五天內避免乾燥須保持濕潤。

3.7 查驗

3.7.1 適當的試驗：依據DIN1045和ZTV-K的規範處置。

3.7.2 製造商的品質管制：混凝土BII依據DIN1045，DIN1084和ZTV-K的規範辦理。Epoxy黏著層依TLBE-PCC規範處置。

3.7.3 施工時的品質管制：混凝土BII依據DIN1045，DIN1084和ZTV-K的規範辦理，而品質試驗則依據ZTV-K的規範處置。直立的部份，必須與業主一同用敲擊的方式檢驗全部的施作部位。

3.7.4 品質管制：必須會同業主品管人員一同辦理。

3.8 驗收及保固：依據1.8辦理。

9. 施工流程

本工程與修補相關之試驗報告(略)，施工流程如圖 5-1 所示。

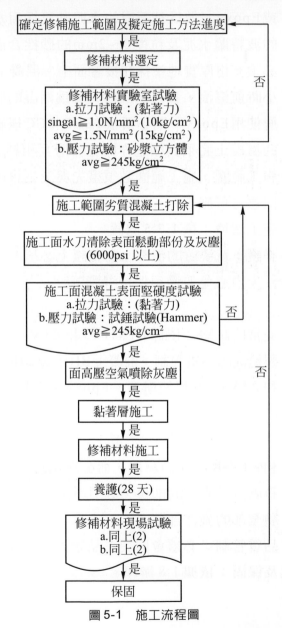

確定修補施工範圍及擬定施工方法進度 | 否

修補材料選定 ←是

修補材料實驗室試驗
a.拉力試驗：(黏著力)
singal ≧ 1.0N/mm² (10kg/cm²)
avg ≧ 1.5N/mm² (15kg/cm²)
b.壓力試驗：砂漿立方體
avg ≧ 245kg/cm²
←是

施工範圍劣質混凝土打除 ←是

施工面水刀清除表面鬆動部份及灰塵
(6000psi 以上) ←是

施工面混凝土表面堅硬度試驗
a.拉力試驗：(黏著力)
b.壓力試驗：試錘試驗(Hammer)
avg ≧ 245kg/cm²
←是 | 否

面高壓空氣噴除灰塵 ←是

黏著層施工 ←是

修補材料施工 ←是

養護(28 天) ←是

修補材料現場試驗
a.同上(2)
b.同上(2)
←是 | 否

保固

圖 5-1 施工流程圖

10. 施工照片

　　包括蜂窩修補前、修補過程、及修補後之試驗等，如圖 5-2
至圖 5-17 所示。

圖 5-2　蜂窩牆修補前

圖 5-3　蜂窩牆週邊切割

圖 5-4　修補材料試體試驗

圖 5-5　蜂窩牆打除

圖 5-6　打除面清洗後做抗拉試驗

圖 5-7　修補材料試體製作

圖 5-8　修補前以高壓空氣清洗

圖 5-9　打除面以水刀清洗

圖 5-10　以混凝土修補(封模)

圖 5-11　打除面清洗後做試鎚試驗

圖 5-12　以混凝土修補試體試驗

圖 5-13　以修補材修補情況

圖 5-14　修補完成後抗拉拔試驗

圖 5-15　以混凝土修補(灌漿)

圖 5-16　修補完成面(2)

圖 5-17　修補完成後試驗(鑽孔)

11. 混凝土工程施工規範

　　混凝土工程施工規範(土木402-88)有關混凝土表面修補之內容如下：

⑴　一般規定

　　混凝土拆模後，若有表面不平整、蜂窩、麻面、裂縫、孔洞、石窩、露筋及空鼓等表面缺陷時，承包商須採用經同意之方式，儘快完成修補；情況嚴重者須會同監造者、設計者等協商辦理。修補後之表面顏色應與原混凝土接近，修補部份不得脫落剝離或與原混凝土間產生隙縫。

(2) 修補材料

　　填充材料包括混凝土材料及混凝土填加材料。黏結材料包括水泥及高分子黏結劑。

(3) 修補方式

　　修補前準備：應在不影響構造物之結構強度下，鑿去薄弱的混凝土與特別突出的骨材顆粒，然後用鋼刷、高壓空氣或壓力水清理表面，並依擬使用之黏結劑特性保持乾燥或濕潤。

　　修補：將填充材料與黏結材料均勻混合直接填塞或填入填充材料後再以黏結劑注入，施工應注意施工說明書之說明。

　　保養：填補之混凝土或水泥砂漿應濕治七日，黏結材料應依其產品說明書保養。

(4) 水泥砂漿修補

　　表面不平整、蜂窩、麻面、露筋或石窩等面積較小且數量不多之缺陷，可用與原混凝土相近之水泥砂漿修補；在修補前，有缺陷及其周圍之軟弱之部份應予鑿除至堅實的混凝土面。

(5) 混凝土修補

　　較深或較大之蜂窩、露石和露筋之缺陷修補，應在不影響構造物之結構強度下，鑿去薄弱的混凝土與特別突出的骨材顆粒，然後用鋼刷、高壓空氣或壓力水清理表面，再用與原混凝土相同配比的混凝土確實填補搗實之。

(6) 其他材料修補

　　表面缺陷亦可採用下列方式修補，但須提修補計畫經監造者認可：

① 高分子黏結劑修補。

② 填塞材修補。

③ 表面塗料修補。

表面缺陷亦可用高分子黏結劑以下列方式修補，但須提修補計畫經監造者認可，包括表面塗敷修補及灌漿修補。

(7) 繫修孔與暫留孔之填補

① 除合約另有規定外，露面混凝土拆模後表面之繫修孔均須填補。

② 使用水泥砂漿填補繫條孔時，繫修孔應先清潔並潤濕，再行修補。

③ 使用前述材料修補繫修孔時，須先經監造者認可，並按製造廠商建議方法施工。

(8) 水垢、水痕、污點、鐵銹、白華及表面沈積物等之處理：監造者認定不能接受之污點、鐵繡、白華及表面沈積物等，應查明原因並採有效方法去除。

(三)兩種規範之比較

經比較我國與德國規範對混凝土表面修補之規定，發現德國(ZTV-SIB90)規範對修補材的材料及材料修補後與混凝土接著面的抗拉強度(黏著強度)，有較明確之規定。包括修補材料試驗報告及抗壓、接著強度試驗報告等，都必須符合其規範中所規定之強度，如此才可確保補修後之施工品質，即其規定較本國規範嚴謹，值得我們作爲參考。其他有關一般通則性及修補方式等之規定則大致相同。

(四)混凝土表面缺陷原因探討與防制對策

1. 混凝土表面蜂巢之成因

針對本案例之蜂窩成因加以探討，包括材料使用及施工管理如下所述：

(1) 材料

採用預拌混凝土強度 245kg/cm²，設計坍度為 15cm，但因運送路途約 15km，材料經拌合卸料入拌合車內至到達工地約 30 分鐘，再加上等待車時間造成預拌混凝土水分損失，坍度只剩 12～13cm，另因泵送管線過長亦使部份水份流失，凝土在澆置出料口之坍度約只剩 10～12cm，工作性極差。

(2) 施工管理

① 澆置：因泵浦車無法直接舉臂澆置，必須接管灌漿，造成施工不順暢，再加上因墻壁太厚考慮澆置時模板所受的混凝土側壓力甚大，故採分層澆置，隨時須轉換澆置位置，因此施工緩慢，且工人體力較易消耗。

② 搗築：原要求承商澆置時須配置兩部內部振動機，但施作一半時，故障乙部，只剩一部振動機，且因澆置點隨時轉換，振動機移動不易，造成搗築不確實。

③ 附屬設施：施工之臨時架僅搭設於墻壁之一側，人員於高處施工時進出只有單一動線，而泵送管接、拆皆是粗重工作，且加上搗築振動機的移動動線干擾，皆使工程進展不順、工人勞累，施工效率低，使得施工品質差。

④ 時間：因澆置施工緩慢、進展不順，且必須澆築至預定階段範圍內方可告一段落，故此次施工至隔天凌晨三點。夜間施工更使施工品質無法掌握。

綜合以上可知此次施工之失敗除了預先動線安排不佳外，施工架不足、振動機故障無法遞補及時間拖長等因素，皆使混凝土搗築不良造成蜂巢現象嚴重。

2. 避免蜂巢作法

　　由前述之蜂巢成因，歸納出在材料及施工方面的改善措施如下：

(1) 材料

　① 採用坍度較大的預拌混凝土配比，如設計坍度 18cm，再控制待車時間，使混凝土之水份流失減少，施工上採直接澆灌(舉臂、不接管)，避免泵送管線之過程中水份損耗，此應可控制於澆置口之坍度約為 14～15cm，如此對工作度之提升亦有助益。

　② 使用摻料如強塑劑及減水劑以增加工作度。

　③ 使用高性能混凝土(HPC)或自充填混凝土(SCC)，但模板必須緊密配合，否則高流動性混凝土容易漏漿，亦會造成另一形式的蜂巢現象。

(2) 施工管理

　① 澆置：調整施工動線及混凝土泵送車之位置，使其能舉臂澆置，且將澆置管直接深入牆壁底部，分層澆置、慢慢提升，如此可達澆置速度快且不易混凝土骨材不易析離的成果。

　② 搗實：採用兩組內部振動機，並準備乙部振動機後援，外加兩部外模振動機，二人持鐵錘敲擊模板表面，三管齊下以求最佳的導築方式來減少蜂巢現象。

　③ 附屬設施：於施工牆壁之兩側搭設施工臨時架，便於施工人員之移動，以提升施工效率。

　④ 時間：調整預拌車進場時間，提早開始澆置(譬如早上6：30開工)，避免拖延至夜間施工而影響施工品質。

(五)結論

1. 「混凝土的品質是做出來的」，即是混凝土的品質是可以依照需求與規範經由施工品管而完成；反之，若在施工中稍有不慎，施工後混凝土之蜂巢等缺施就容易產生。此案例混凝土表面蜂巢的發生主要因素爲析離及施工澆注的管理不善，因此預防的方法便是針對這兩部份去改善，除了應考慮強度外，澆置前要擬妥完善的澆置計畫，尤其是大面積的澆灌，更需詳盡周延的施工品管計畫。

2. 混凝土表面修補工程的施工步驟，首先須依照施工規範確定需修補範圍及修補方法，範圍及方式確定後再編排施工進度及選擇補修材料。修補材選定後需依照相關規範實施有關材料性質的試驗，以確保補修後強度強度能符合要求。補修前施工面必須予以清除，將表面鬆動部份及一些雜物清理乾淨，並對施工表面進行硬度試驗。以上先期準備作業完成後，便可進行黏著層及補修材料之施作，修補完工後並須妥善的養護，再經補修後的現場試驗，整個補修工程就告完成。

3. 德國施工規範施對於補修材料及接著面的強度試驗，在規範中其合格值有明確的規定，這部份是本國規範中所缺乏的。而爲了確保補修工程的品質，我們應瞭解工程特性並配合明確規範，才能讓施工者有一遵循方向。

實例二：高性能混凝土工地現場泵送特性評估

(一)前言

從 1994 年 7 月 24 日高雄 85 國際廣場大樓第一根鋼柱 HPC 灌漿以來，歷經 20 個月又 16 天，終於在 1996 年 4 月 9 日完成了總共 60 層樓、240 根鋼柱及 10500m³ 高性能混凝土之泵送灌注作業。創造了世界上垂

直泵送最高強度混凝土的最高記錄，故有必要加以評估此種創新作法之優缺點，以作爲混凝土業界經驗傳承及規範修訂之參考，亦期有助提升國內混凝土工程之品質與水準。高雄 85 層超高大樓(T&C Tower)爲國內之超高層住商大樓(世界上排行第五高；見圖 5-18)，爲地上 85 層地下 5 樓，樓層高度 348m 之鋼骨構造物。爲減少頂層側移(由 1.35m 減爲0.95m)及降低用鋼量(約省 8000t)，必須於鋼柱內灌注高性能混凝土。又因鋼柱內有加勁板及橫隔板(見圖 5-19)，爲了使混凝土能夠通過縮小的隔板，並充滿鋼柱內之每個角落，傳統施工法係採用振動方式，對厚鋼板之鋼柱，則無法以振動機來搗實。因此決定採用免搗實之高性能混凝土，採由下往上灌入的方式，將 HPC 灌進鋼柱內部。在 T&C Tower工程中，高性能混凝土之需求品質，係參考以往遠東企業中心大樓的施工經驗，訂出 HPC 品質規範要求如下：

1. 五十六天強度大於 560kg/cm²。

2. 四十五分鐘後坍度爲 25 公分±2 公分。

3. 可使用減水劑、強塑劑及卜作嵐材料，以減少用水量或增加強度與耐久性。

4. 鋼柱橫隔板下之氣泡表面積，不得大於橫隔板面積的 5％。

　　這是國內首次採用抗壓強度爲 560kg/cm² 的高性能混凝土與鋼柱內由下往上灌漿施工方法，因爲過去無類似強度混凝土的施工經驗，只有遠東企業中心的數據可供參考。故對高性能混凝土品質管制及品質保證，須特別加強要求，以確保鋼柱內 HPC 之施工品質：

1. 混凝土工程承包商，必須安排六個月以上時間進行試拌、筒形試驗(Drum Test)、足尺寸實體試驗(Mack-up Test)以及包括坍度損失、乾縮、彈性係數等相關的混凝土性質試驗。

圖 5-18 高雄 85 層超高大樓(T&C Tower)

表 5-6 T&C Tower HPC 配比(kg/m²)

設計強度 (psi)	W/B	水	水泥	細骨材	粗骨材	飛灰	爐石	SP
8000	0.32	145	355	875	962	98	18	12

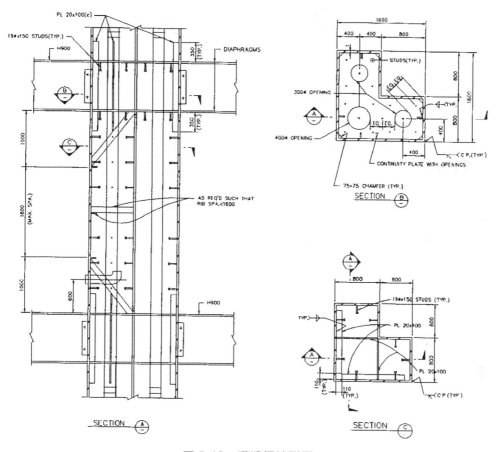

圖 5-19　灌漿鋼柱詳圖

2. 混凝土工程承包商必須多次進行多項實驗，以培養默契及團隊精神，建立並驗證混凝土工作性及人員機具之配合情形，進而瞭解與預期性質之可能差異性，以便進行修正及累積經驗。

3. 混凝土工程承包商必須事先提出針對各種可能發生之意外狀況，如機械故障、供料不順、品質不合格等之應變措施及修補計劃，這些應變措施及能力必須在六個月測試階段內建立。

(二)鋼柱內 HPC 灌漿與泵送作業計劃

　　高雄 85 國際廣場新建工程在 60 層以下至地下二樓所有 L 型及箱塑鋼柱內灌注 560kg/cm^2(8,000psi)強度之高性能混凝土(HPC)，總共計劃灌注數量為 10,500 立方公尺。施工方式係在每一節鋼柱底部設一灌漿口，見圖 5-27 所示，將 HPC 經由灌漿口注入鋼柱內部再由下往上擠升，使 HPC 填充滿鋼柱內部每一個角落，因鋼柱內部排列鋼筋及內橫隔版緣故，因此 HPC 必須具有高流度工作性，以滿足設計及施工上的需求。因為國內除了遠企大樓曾經採用 420kg/cm^2 之 HPC 外，缺乏有關這方面之實際施工經驗，為了確保高性能混凝土灌注鋼柱之施工品質及了解 HPC 於鋼柱內的流動行為，T&C Tower 專案本部遂委託「中華民國結構工程學會」高性能混凝土委員會協助建立 HPC 之品質管制工作，並由「國立台灣工業技術學院配比研究、試拌、試驗及技術輔導。每週由 T&C Tower 專案本部負責召開工作會議，邀請業主、學者、設計者、承包商及營建管理公司等專案組成咨詢小組，針對高性能混凝土材料料源、配比、施工技術、施工中問題及相關事宜進行討論、審查及協助處理，依據 PDCA 過程學習 HPC 品保技術，定期舉行咨詢委員會議，建立品管查核基準。由 T&C Tower 專案本部負責協調施工單位進行全盤計劃之配合工作，並針對不同配比、溫度及坍度對混凝土品質穩定性及泵送性能進行均勻性及穩定性試驗。最後採用由國立台灣工業技術學院營建材料研究室所研發出來最小孔隙比之高性能混凝土配比。從 82 年 9 月起進行高性能混凝土之研發，經過一百多次的試拌與試驗，83 年 1 月與 3 月分別進行三個筒型試樣(Drum Test)，並於 83 年 7 月 15 日成功地完成管線循環泵送試驗與鋼柱實體試驗(Mack-up Test)，整個高雄 85 國際廣場 HPC 澆置作業之品質驗證流程如圖 5-20 所示。其程序簡要如下：

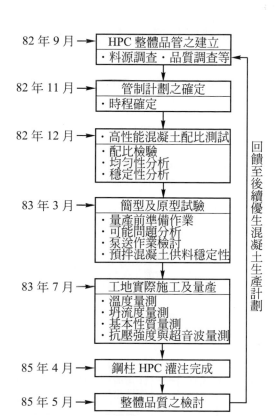

82 年 9 月 → HPC 整體品管之建立
·料源調查 ·品質調查等

82 年 11 月 → 管制計劃之確定
·時程確定

82 年 12 月 → ·高性能混凝土配比測試
·配比檢驗
·均勻性分析
·穩定性分析

83 年 3 月 → 簡型及原型試驗
·量產前準備作業
·可能問題分析
·泵送作業檢討
·預拌混凝土供料穩定性

83 年 7 月 → 工地實際施工及量產
·溫度量測
·坍流度量測
·基本性質量測
·抗壓強度與超音波量測

85 年 4 月 → 鋼柱 HPC 灌注完成

85 年 5 月 → 整體品質之檢討

回饋至後續優生混凝土生產計劃

圖 5-20　高雄 85 國際廣場 HPC 灌注作業之品質驗證流程

1. HPC 灌漿作業流程計劃：HPC 灌漿作業流程計劃如圖 5-21 所示。

2. HPC 灌注進度計劃：混凝土承包商間於當月初提送 30 天進度表及 90 天進度表，由業主進行各承包商間之作業協調。

3. HPC 灌注時程計劃：提送每次澆置作業起始及結束時間。

4. HPC 灌注人員計劃：現場工程師組織、訓練及任務分配，如圖 5-22 所示。

5. 高性能混凝土品管計劃：品管工作係從料源至實際施工進行全面品質管制，其程序為：

材料品管 → 預拌廠品管 → 工地現場品管

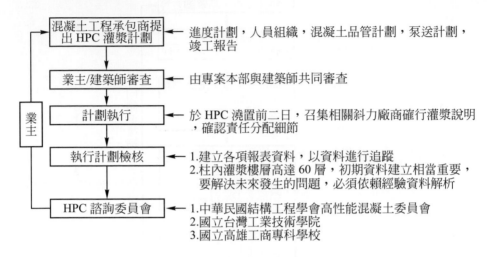

圖 5-21　鋼柱 HPC 灌注計劃流程

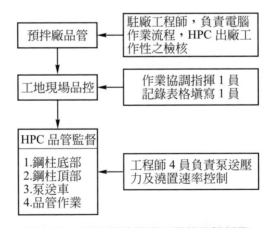

圖 5-22　HPC 灌注現場工程師品管任務

⑴ 材料品管：水泥溫度及品牌，砂的細度，骨材含混量，冰水溫度，存量，強塑劑(SP)進廠時間等。

⑵ 預拌廠之管制：專用拌合車及離廠前 HPC 工作性檢查。

(3) 工地現場品管：道路作業協調，管線檢查，HPC工作性檢驗，作業記錄填寫。

(4) 泵送品管計劃：鋼柱泵送順序安排，泵送速度管制，泵送壓力管及記錄表填寫，管線及鋼柱潤滑控制。

(三)高性能混凝土泵送機特性與灌注作業要點

1. 機械性能

　　高雄 85 國際廣場大樓 HPC 灌注作業，係採用德製進口之 SCHWING BP8350 泵送機，該泵送機之最大泵送能力為水平 3000m或垂直600m，為目前世界上最大馬力之混凝土泵送機種，見圖 5-28 所示。在泵送機上儀表板中之油壓壓力錶上，業者自行裝設了紅色危險壓力指針，以確保 HPC 灌漿作業之安全。並且在距離 HPC 泵送機不遠處之管路上設有逆止閥，如圖5-29所示，此閥門可防止高樓層管內之HPC漿料不致回流。

2. HPC 泵送作業要點

　　預拌混凝土車到達工地現場後，依預定計劃之方向進出及等候，每車均由品管人員卸料取樣測試 HPC 之坍度、流度、溫度與含氣量。現場應備有塑膠桶盛裝之強塑劑(SP)，化學摻料，品管人員如發現HPC有坍度不足時，即按預定之份量在現場添加，充份拌合後，即可改善工作性。每次按比料之多寡，依規定製作試體，試體應放置於蔭涼處，拆模後浸水養護。HPC灌漿時各種資料如車次，到場時間，坍度、流度、溫度、抽測試體等資料，皆詳細紀錄於白板上與記錄表上，如表5-6所示。每次灌漿時於 pump 車旁亦應有專人負責登記灌漿柱號，方數起迄時間，打擊次數，打擊速度等資料，如表5-7所示。圖5-23為 IIPC 鋼柱灌注標準作業單元，從預拌廠開始拌合至完成HPC鋼柱內(一根)灌漿作業工作稱為標準作業單元，必須在90分鐘內完成。

表 5-6 T&C Tower 8000psi HPC柱內灌漿品管記錄表

車次	車號	出廠時間	進廠時間	坍度(mm)	流度(mm)	溫度℃	備註
1	250	8:44	9:17	260	610*600	30	
2	—	—	—	—	—	—	

表 5-7 T&C Tower 8000psi HPC柱內灌漿泵送壓力記錄表

柱號	Grid line	型號	方數 (m³)	開始時間	完成時間	總需時間(分)	初始壓力 (BAR)	最後壓力 (BAR)	stokes	速率	備註

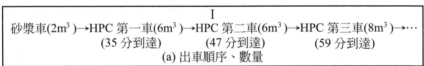

I

砂漿車(2m³)→HPC 第一車(6m³)→HPC 第二車(6m³)→HPC 第三車(8m³)→…
　　　　　　　(35 分到達)　　　(47 分到達)　　　　(59 分到達)

(a) 出車順序、數量

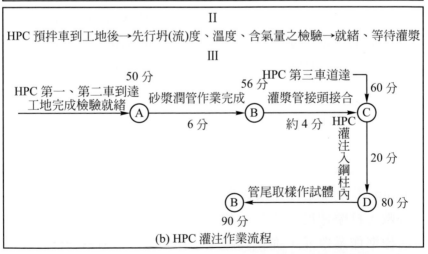

II

HPC 預拌車到工地後→先行坍(流)度、溫度、含氣量之檢驗→就緒、等待灌漿

III

(b) HPC 灌注作業流程

圖 5-23　HPC 鋼柱灌注標準作業單元(90 分鐘內完成)

　　　　爲吸收泵送 HPC 時之強大後座力，在水平管轉換爲垂直管處，特別以「垂直轉換管」加強之，以免產生爆管，見圖 5-30。並且在 5F 處之直立管設置轉換開關，圖 5-31，可將直立管轉換成水管來使用，以供 HPC 洩料時清管之用途。泵送管路之主管爲 15cm 直徑，每隔適當距離以扣環固定於副管上，見圖 5-32，而副管係當作支撐與水管(泵送水)之用途。

　　　　每個樓層之垂直皆以"U型管"轉換爲水平管，見圖 5-33，其目的在於避免 HPC 受高壓泵送成條狀後，不致於折斷而造成塞管，以利水平泵送作業之進行。並且每個樓層在U型彎後皆有縮小管，將 15cm 直徑之垂直管轉換爲 12.5cm 直徑之水平管。而鋼柱之灌漿孔設計，係先於鋼柱上焊接三個螺絲，而鋼柱閥門就固定在比三個螺絲上見圖 5-34 所示。俟鋼柱內 HPC 灌注完畢後再以油壓封閉之，見圖 5-35 所示。但必須注意螺絲若焊接不良，則在高壓泵送 HPC 時極易脫落而傷及人員。每次灌漿作業前，應先以砂漿潤管再以手推車盛裝此砂漿然後運棄之，見圖 5-36 所示，如此砂漿才不會灌入鋼柱內。泵送管之排放設置，須依灌漿計劃依順序預先接好，更換鋼柱灌注HPC時僅須轉換接頭即可。

3.　HPC 高層灌漿應注意事項包括：

⑴　混凝土預拌場嚴格控制 HPC 之品管作業，確保供料符合設計與施工要求。

⑵　HPC泵送機應保養在正常良好狀態及作好管線安排，確定接頭無誤。

⑶　HPC供料速度正常，不可造成斷料或預拌混凝土車等待太久之情況。

HPC 量產前須先檢測各項物料品質及拌合機的葉扇間隙大小，計量系統校正之後確定配比無誤再輸入控制室之電腦。控制室是 HPC 生產的中樞。操作人員須有相當豐富的經驗將各項指令正確執行，如含水量及坍度的控制等。由於 HPC 的品質控制嚴謹，所以在工地待料太多的情形一定要避免，又不能造成供料不及的現象，所以從裝料出車、車輛調撥、工地泵送施工須要一氣呵成。HPC的施工法不同於一般混凝土澆注作業是採逆打柱內灌漿，如果坍度過小，或流度過小則很容易導致塞管現象，產生塞管則將大幅提高工程成本所以必須逐車檢驗坍、流度並且加以記錄。由於施工上很多不可預估的突發狀況，將導致泵送灌注作業失敗，所以應變措施不可以沒有。由於 HPC 坍度損失快速，如因交通或施工上的狀況，則於現場二次添加SP以增加工作性，添加量則須視當時坍度由專人計算後加入。

(四)成功與失敗案例分析

雖然高性能混凝土已成功的開發出來，然而由所施工的10500m³高性能混凝土經驗上，可發現成功與失敗皆有固定原因，特將其彙整提出，以「前日之事，爲後日之師」供混凝土業者參考。

1. 成功案例

(1) 泵送管線設置得宜

高雄85國際廣場樓板爲146m寬×80m長，每層共有尺寸不等之鋼柱40支，以HPC填充鋼柱內部，鋼柱之高度由B2F至60F 總高約260m，故直立主管之位置及每層水平管之安排皆須經過仔細設計，在不妨礙動線作業原則下，儘量使用最少之彎頭及最短之管線，因管線愈長，HPC泵送機需要之推送壓力愈大，如此產生塞管之機率就愈大。

(2) HPC工作性控制恰當

　　混凝土經過長距離管路之高壓輸送後，因管壁磨擦後會產生熱量且造成漿量損失，當 HPC 送至輸送管尾端將進入鋼柱內時，可能變成流動性不佳之混凝土，造成壓力迅速增加，同時輸送管較脆弱處易產生輸送管爆裂現象，或者泵送管與鋼柱接頭螺絲無法承受強度大之拉拔力而脫落。爲解決上述問題，必須要求 HPC 在預拌廠出料時，坍度及流度儘量放大，待經過長距離高壓輸送後，因泵送損失或摩擦損失後，可轉變爲坍度流度剛好合乎工作標準需求，但因 HPC 之敏感性高，坍度放大後甚容易發生骨材離析現象，如此將影響強度此點必須注意。故如何控制運送至工地之高性能混凝土材料，在合乎安全要求原則下，順利的能將 HPC 由下往上灌滿鋼柱，其原則需要謹愼小心的控制各個施工細節。

2. 失敗案例分析

(1) HPC組成材料性質不穩定

　　HPC材料試驗頻率與項目必須切實執行，立即淘汰不合格之材料，並且將試驗結果繪製成管制圖嚴格追縱，否則將造成HPC之品質產生變異，導致泵送作業失敗。

(2) 相同配比但卻無法拌合出合格之HPC

　　生產HPC之拌合機要定期檢修校核，並且整個HPC生產流程要規格化，作成生產步驟流程及說明，使管制室之操作員能確實遵照辦理。

(3) HPC出廠前性質和現場性質不同

　　可能是 HPC 運送時間太長，超出化學摻料的功能；或預拌車操作手擅自加水；或氣溫太高或太低。其解決方法，除了

縮短運輸時間、嚴禁操作手自作主張加水外，可考慮二次添加強塑劑來克服 HPC 工作性問題。

(4) HPC 泵送時塞管

　　當 HPC 之工作性末符合標準;或泵送管線直接曝曬在太陽下;泵送壓力及速率沒有和 HPC 性質配合；泵送過程不連續造成混凝土流線中斷。解決之道，在於現場品管人員要遵照設計規範執行試驗品管；或 HPC 供應者與施工單位加強默契配合，並且應變計劃考慮周詳；更重要的是必須建立影響 HPC 性質之因素圖表及解決方法，以提供現場施工人員發現問題時能及時處理。85 年 3 月 13 日中午曾發生工作人員因去吃午餐而疏於注意，造成塞管而導致所有泵送管變成廢管、HPC 變成廢料而損失約新台幣 70 萬元。

(5) HPC 泵送壓力不穩定

　　可調整 HPC 配比或二次添加強塑劑，使高性能混凝上工作性質在原施工之容許範圍之內；或改進 HPC 送泵送技巧；或改善鋼柱形狀及內部空間構造，加以處理之由上述可知，國內高性能混凝土之開發運用成功，不在「選料」與「產製」上需要有嚴密的管理和檢驗以確保品質，並且在「施工」上更需有具備專業知識之人才來執行施工作業，而這些方面都是國內較欠缺的，有待產官學界來共同繼續努力。

(五)HPC 泵送特性分析

　　基本上選擇混凝土泵送機時，必須考慮到泵送機必須具有足夠的輸出壓力以及適當的混凝土泵送輸出量；前者係用來克服混凝土與管壁間之摩擦阻力，俾將混凝土泵送出去;後者在泵送機廠牌說明書上，有高壓與低壓二種不同輸出量，但皆為理論值與實際值有所差距。一般而言，泵送機之驅動能量(Driving Power) P，可以下式表示：

$$P = Q * \rho = \text{constant} \tag{5-1}$$

式中 Q 爲混凝土輸出量(m³/hr)，而 ρ 爲克服混凝土與管壁間之摩擦力所須的泵送壓力(BAR)。上式亦說明在固定泵送機驅動能量下，混凝土之輸出量隨混凝土之泵送壓力增加而減少[20]。圖 5-24 爲高雄 85 國際廣場 HPC 泵送壓力及打擊次數與時間之關係圖，顯示 HPC 在正常成功之泵送作業下，其泵送壓力約在180-220 BAR，而打擊次數別約在140～200下之範圍。圖 5-25 爲試驗室新拌HPC之流變性質圖，縱座標爲扭矩(kg-m)橫座標爲轉速(rpm)，研究結果顯示在泵送初始需要較大之泵送壓力來克服靜摩擦能障，一旦克服此摩擦力後就可形成滑動界面，泵送壓力可大幅降低，即泵送後之穩定泵送壓力遠小於起初泵送壓力[21]，因此高雄 85 國際廣場所使用之HPC才能具有如此良好之泵送工作性。圖 5-26 爲試驗室新拌 HPC 抗貫入強度與時間之關係曲線，顯示本案所研發出來之 HPC 其初凝時間爲 7 小時，終凝時間爲 28 小時，無泌水與析離現象，具有良好的工作性質。

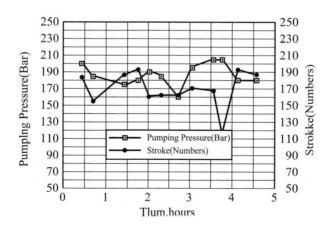

圖 5-24　T & C Tower HPC 泵送壓力與打擊次數關係

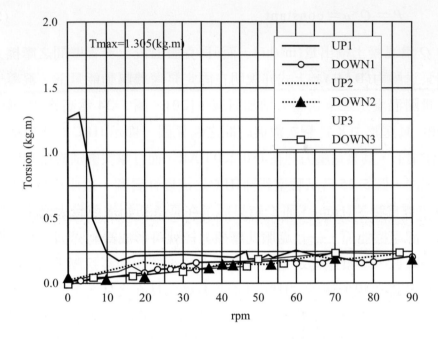

圖 5-25　高性能混凝土之流變性質圖

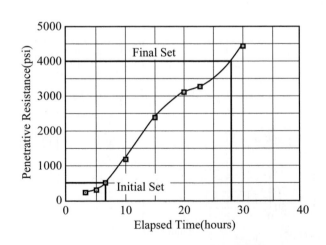

圖 5-26　新拌 HPC 之貫入強度與時間關係圖

圖 5-27 鋼柱之灌漿口

圖 5-28 HPC 泵送機(Schwin BP8350)

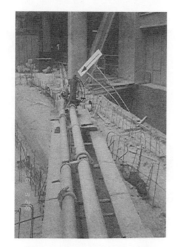

圖 5-29 HPC 逆止閥

圖 5-30 HPC 垂直轉換管

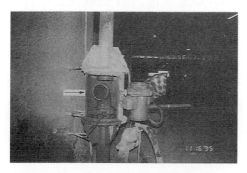

圖 5-31 HPC 轉換開關

圖 5-32 HPC 泵送管扣環

圖 5-33　HPC 用 U 型管

圖 5-34　鋼柱上三個螺絲(固定閥門用)

圖 5-35　HPC 灌注後以油壓封閉閥門

圖 5-36　手推車盛裝潤管用之砂漿或回收端管混凝土

(六)結論

　　在高雄 85 國際廣場大樓鋼柱內灌注 HPC 是非常具有挑戰性之工作。由以上所述可知，除非在 HPC 灌注作業事前有詳細規劃、嚴格的高性能混凝土品管作業、泵送機正常保養與管線、接頭設置良好、加上 HPC 供料正常及參與灌注之各施工單位密切合作配合下，才能完成此項 560kg/cm²HPC 超過 300m 高程灌注作業，否則將很容易發生狀況，造成財產損失與工期延誤。

(七)建議

1. 泵送壓力與速率對 HPC 性質、灌注量或外在環境之關係，施工單位有必要依據所擁有之機具加以建立。

2. HPC泵送技術之提昇與施工時之溫控及故障排除之能力，需要混凝土業者實際參與施工透過經驗而獲取。

實例三：鋼性路面施工程序與品管之探討

(一)前言

　　柔性路面在夏季高溫、交通量過大、超載過度的多重作用下，易產生嚴重的車轍變形，譬如冒油甚至裂縫破壞，尤其以爬坡及重車交通大的路段最為顯著。為解決此問題，在收費站、隧道、上下坡路段宜採用剛性路面，因為收費站車道不斷地遭受車輛之煞車與啟動，若使用柔性路面易磨損光滑，產生側擠或車轍，而剛性路面則可提供較高的抗磨力及穩固性。又隧道內亦常採用剛性路面，其原因為：(1)隧道內路面維修工作較為困難，而剛性路面耐久性高、維修率低。(2)隧道內濕度較高，柔性路面易遭剝脫，而剛性路面則耐潮濕。(3)隧道內溫差小無日曬雨淋，剛性路面之填縫料不易老化，無須經常維修。(4)剛性路面具有較高抗滑性。(5)剛性路面色澤淺，在同樣的照明下比柔性路面明亮[26,27]。又剛性路面主要有下列三種：

1. 接縫式混凝土路面(Jointed Concrete Pavement，JCP)

　　　　混凝土路面中不加鋼筋，為控制混凝土因溫差及乾縮而產生之不規則裂縫，於固定間距內設置橫向縮縫。縮縫間距約為四公尺至六公尺。縮縫內可不加綴縫筋，但亦有加設綴縫筋，使具有較佳荷重傳遞功能。

2. 接縫式鋼筋混凝土路(Jointed Reinforced Concrete Pavement，JRCP)係在混凝土路面中加入鋼筋或鋼絲網，以使因溫差及乾縮

所產生之裂縫密合，由於鋼筋具有將裂縫拉近密合之能力，縮縫之間距可增大，此間距視鋼筋使用量而定，最長可達三十公尺。即接縫式鋼筋混凝土路面具有較少接縫，採用此種路面時，須注意鋼筋不得貫穿橫向接縫。

3. 連續式鋼筋混凝土路面(Continuously Reinforced Concrete pavement，CRCP)

係於混凝土路面加入相當數量連續鋼筋，鋼筋功能可使因溫差及乾縮所產生之裂縫密合。由於連續式鋼筋混凝土路面實際上仍會產生裂縫，故部份公路單位對於採用此種面仍持保留態度，尤其在降雨量大及有嚴重侵蝕問題地區。

上述三種剛性路面，其使用鋼筋目的，主要為控制裂縫而非增加混凝土之荷重承受能力。在台灣地區高速公路所採用之剛性路面以接縫式混凝土路面為主。

(二)接縫式剛性路面構造特性與材料

1. 接縫式剛性路面特性

(1) 路面構造

接縫式混凝土路面各層厚度中，面層為25公分厚混凝土，其下為各厚15公分之低強度混凝土與級配粒料基層(Sub-base)。此厚度設計係考慮土壤性質、交通量、材料性質及雨量、氣溫等因素，再依據剛性路面設計原理設計而定。高速公路混凝土路面厚度大多在20公分至30公分之間，混凝土材料設計強度以抗彎強度為準，28天抗彎強度值約為45至55kg/cm²之間，相對28天抗壓強度約在250至300kg/cm²之間。

混凝土路面層下方基層，其功能為提供混凝土面層良好支承，以減少接縫處因重複車輪荷重及水侵入形成之變形及唧水

現象。基層材料有水泥處理基層、瀝青處理基層、石灰與飛灰處理基層及低強度混凝土基層等數種。在交通頻繁及重車較多地區，宜採用較堅韌基層，譬如使用低強度混凝土，以減少面層在靠近接縫處因重車輾壓而產生變形。在交通量較低路段，可直接將混凝土面層直接舖築於路基土壤上。在路基與混凝土面層或處理基層間，一般常使用級配粒料基層，其厚度約在 15 至 25 公分之間，主要功能為排水，以防止水由路面滲入路基而產生唧水現象。

(2)　接縫

　　　混凝土能承受最大應變量約為 0.05 ％。當混凝土版內溫度及水份發生變化時，會產生收縮或伸張，若此移動受混凝土版與路基或基層間摩擦力限制，除非設置接縫加以控制，否則將使混凝土路面表面產生不規則裂縫。剛性混凝土路面接縫可分為縮縫、工作縫、鉸接縫與伸縮縫等四大類。各類型接縫因具有不同功能，故路面上之設置位置亦不同。

①　縮縫

　　　傳統假槽式縮縫係於路面表面切割或塑形成凹槽，使水泥乾縮所產生裂縫發生於此。縮縫係為緩和混凝土收縮及彎曲時所產生張力而設置。縮縫不能減少膨脹應力，為達成荷重傳遞，於縮縫間有必要加入綴縫筋。綴縫筋一般埋置於版之中間位置。因混凝土版會產縱向移動，綴縫筋至少一半長度須塗以潤滑材料以容許自由滑動。綴縫筋直徑約為 2.5 至 3.0cm；長度為 50 至 60cm 間；間距在 30cm 左右。縮縫凹槽可用鋸鋸成，或於未凝固之混凝土中預埋金屬或纖維條，在初凝時將之移除而形成，若採用鋸縫，如鋸縫時機太慢混

凝土將產生不規則收縮裂縫,但如鋸縫機過早,則在鋸縫之邊緣處,可能產生不整齊之現象或使粗粒料產生位移,鋸縫時機之決定端視每項工作所採用之機具型或而定,此外與溫度、濕度、風力大小及粒料硬度等亦有關係。

② 工作縫

工作縫分為橫向及縱向兩種。橫向工作縫一般為鄰接型,並有綴縫筋將荷重傳過工作縫。工作縫使用於舊舖及新舖混凝土之間,如一天澆注完畢後與次日澆注混凝土之間之接縫。鄰接工作縫為公路施工最常用之形式。鄰接型縱向工作縫,為在不同時間內,先後舖築兩相鄰車道之間所採用。

③ 鉸接縫

此種接縫用於控制公路路面沿中心線所發生之裂縫,其形式主要視澆注混凝土版之方法而定。若一次舖築一車道則鄰接型接縫最為常用;若一次舖築兩車道,則以加繫筋之假槽式接縫較為常用。繫筋之埋設間距約 90cm,以確保混凝土顆粒間連鎖作用之達成。由於此種接縫之荷重傳遞須經由混凝土顆粒間之連鎖作用,因此繫筋須堅固地崁附於混凝土版中以防止滑移。假槽式接縫所使用之繫筋可於混凝土終凝及凹槽設置前擠入混凝土中。

④ 伸縮縫

伸縮縫深度必須貫穿版厚以容許混凝土版伸張。伸縮縫淨寬通常為在 2cm 至 3cm 間,一般採用 2.5cm。伸縮縫必須設置荷重傳遞設施,使用綴縫筋,其一端須為平滑並經過潤滑,並須加伸張套管以使綴縫筋在伸縮張過程中有活動之空間。伸縮縫極易受唧水現象影響,原則上除非必要時,否則

少用為宜。伸縮縫之結構強是否適當,取決於其荷重傳遞措施,若有足夠之荷重傳遞措施,則版面之變形可以減少,唧水現象方可得改善。伸縮縫必須定期加以維護及更換伸縮縫之填縫材料。

2. 剛性路面材料

接縫式剛性路面在施工上有下列材料品質需求:

(1) 輸氣劑

輸氣劑功能為改善混凝土的工作度,故以滑動模板舖築必須採用輸氣混凝土。在混凝土拌合生產時加入輸氣劑,使其含有 4％左右的 0.1mm 以下的微小氣泡,對混凝土的工作性有很大的改進。在相同的坍度下,採用輸氣混凝土可以相對的降低水泥漿的用水量,即可降低表面浮水現象,而易掌握修面時機,表面混凝土強度不會因過多浮水而降低。表面過多浮水將使鋸縫時,產生邊角剝落與路表面缺陷。微細的氣泡可以代替混凝土中的細料,因此可以降低用砂率而仍可保持混凝土的凝聚性,減少離析的傾向並提供優良的可修飾性。但應注意混凝土加入輸氣劑後所生效能,包括含氣量、氣大小和分佈情形。又輸氣劑之穩定性受到很多因素影響,例如輸氣劑的品質、水泥量和細料量、拌合、運輸、搗實及氣候等等。而氣泡數量與氣泡形態,對混凝土強度與工作度有相當顯著的影響。故宜儘可能使其所用的材料和工作環境與將來實際施工作業時相近,如此試拌的結果才有實用性。

(2) 粗粒料

粗粒料的破碎顆粒(含具有兩個以上的破碎面)含量高的、形狀以方形較多,含圓石率、偏長型的較少,以及風化、碎弱

少的顆粒所拌成的混凝土其抗彎強度較，高規範對這些性質都已經有相當的要求。粗粒料之顆粒形狀及表面爲破碎面的對滑動滑動模版舖築的另一影響是舖面邊緣的垂直性，混凝土在沒有側模支撐下能維持其垂直邊緣有賴於粗粒料之稜角及粗糙破碎面來產生支撐功能。

(3) 含砂率

混凝土含砂率若過高，在相同的坍度時須使用更多水泥砂漿，不僅會增加水泥用量，亦會增加混凝土之乾縮量，同時因爲混凝土變得非常黏稠，在路面舖築作業時對拌合、倒料、散佈、搗實等會較爲困難。並且滑動模版舖築出路面的邊緣容易產生坍陷。故輸氣混凝土的含砂率以小於40爲宜。而表5-8爲影響接縫式剛性路面使用績效的施工作業因素。

表 5-8　影響接縫式剛性路面使用功能的施工作業因素

使用功能效項目	施工作業因素
平坦度	a. 坍度過高(邊角坍陷) b. 模板高差過大，未能固定 c. 測線高差大，支持點間距過大、測線未位緊 d. 舖築機具履帶重壓使底層變形 e. 舖築機前進時配料螺旋、刮平板、成型板前方堆積的水泥混凝土過多或過少 f. 舖築機前進速度快慢不均 g. 舖築機停止進時搗實振動器未振動 h. 綴縫筋支架位置的水泥混凝土未搗實，將會有下陷情形 i. 綴縫筋支架反彈而產生隆起現象 j. 直規作業操作不當 k. 橫向工作縫施工不當 l. 橫向鋸縫過寬 m. 橫向接縫產生高差斷層 o. 舖築機太輕或前進速度過快

表 5-8　影響接縫式剛性路面使用功能的施工作業因素(續)

使用功能效項目	施工作業因素
噪音	a. 鋸縫過寬 b. 橫向接縫邊角剝落 c. 橫向掃紋過深、過密或不規則 d. 鏝平時未將粗料壓到表面下 e. 路表面水泥混凝土剝落
裂縫	a. 第一次鋸縫時機過遲 b. 第一次鋸縫深度不足 c. 由於面層與 LCB 界面相黏結而產生的反射裂縫 d. 綴縫筋安裝不當使水泥混凝土版塊無法自由伸縮 e. 路基支承力不足產生角隅裂縫 f. 繫筋與綴縫筋太靠近 g. 橫向綴縫不在綴縫筋中點,使橫縫傳力功能不足 h. 水泥混凝土及大氣溫度過高
接縫損壞	a. 接縫邊角剝落 b. 接縫過寬或過窄 c. 填縫料與水泥混凝土或太低於路表面 d. 填縫料太接近或太低於路表面 e. 填縫料老化、脆化或變質
表面(邊角)剝落龜裂	a. 搗實及修面過度使水泥漿浮到表面 b. 鋸縫機具操作不當邊角剝落 c. 水泥混凝土含氣量過低,用水量高時在搗實時產生浮水 d. 施工時溫度太底,水泥混凝土初凝時間過長,產生浮水及冰凍 e. 粒料含泥(通過#200 篩)成份過高及使用飛灰不當
抗滑阻力低	a. 表面掃紋深度不夠,掃紋機操作或掃紋時機不當 b. 混凝土配比不當 c. 修面過度或粒料含量及飛灰過多

(三)剛性路面施工品管作業要點

在剛性舖面構築中應依規定進行工地舖築作業品管,包括量測混凝土的坍度、含氣量,製作抗彎試體、測定齡期七天及二十八天之抗彎強度等等,其作業流程如圖5-37至圖5-56所示。

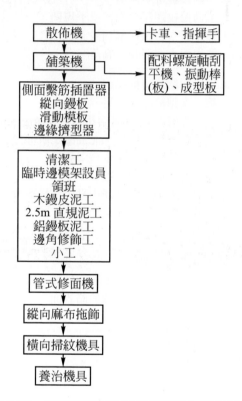

圖 5-37　剛性路面滑動模板舖築機作業流程圖

圖 5-38　綴縫筋

圖 5-39　水泥混凝土卸料(1)

圖 5-40　水泥混凝土卸料(2)

圖 5-41　感應線

圖 5-42　散佈機

圖 5-43　散佈機施工

圖 5-44 舖築成型

圖 5-45 清除邊角混凝土

圖 5-46 縱向鏝版粉光

圖 5-47 測量

圖 5-48 縱向麻布拖飾

圖 5-49 人工修飾

圖 5-50　管式人工修面機

圖 5-51　橫向掃紋機

圖 5-52　養治機(1)

圖 5-53　養治機(2)

圖 5-54　人工修飾(1)

圖 5-55　人工修飾(2)

圖 5-56　踞縫裂痕

1. 路基

　　在填方路基頂面下 75 公分內路基，其壓實度應達規範要求，路基材料亦須具有均勻性，即須選用同一料源土壤，品質是否均一可由試驗結果來判定，另外須經 CBR 試驗合格後才可進行底(基)層舖築。

2. 級配粒料底(基)層

　　在散舖作業時應防止粒料析離。粒料底(基)層舖築壓實後需防止雨水沖刷，以避免造成粒料級配底(基) 層表面細料流失。粒料級配底(基)層頂面的高程要合於設計高要求。當頂面高程低於設計高程時，可經由控制低強度混凝土底層(Lean Concrete Sub-base；LCB)頂面高程加以調整。如果粒料表面過高，而舖築機作業手未能及時將側模加以調整，則側模會切入粒料層，而將粒料翻鬆，並與舖築之低強度混凝土拌合，而影響到混凝土的性質譬如強度與收縮量等。為了確實掌握粒料級配底層頂面的高程，可稍為超過舖築，經壓實後以自動修面機，利用測線高程的控制將該層表面加以修平。也可採用刮路機(Motor grade)修面，但效果較差。

(1) 低強度混凝土底層

若採用低坍度輸氣混凝土來舖築LCB，則拌合廠對坍度之控制，應依據運距、氣溫交通狀況等因素加以考量，到達工地的坍度應維持在4至5公分，含氣量應維持在5至7(％)，使具有良好的工作度。混凝土運送最好採用附有攪拌功能的斗式混凝土運料車，使倒料及散佈有高效率。在正常配比與施工下，橫向縮縫的間距為15公尺左右。LCB 之縮縫若在早期產生，由於低強度混凝土早期強度較低，在白天熱脹作用下邊角就有可能被擠壓而產生破裂。下述方法可以防止裂縫產生：①舖築前將粒料級配底(基)層澆水，保持適當濕潤以防LCB快速乾縮而產生裂縫。②混凝土之水泥與拌合水用量不可過高以減少混凝土乾縮量。③舖築後應立即養護或噴灑養治劑。若遇風速過大應有防風措施。

(2) 水泥混凝土面層

① 低強度混凝表面處理

低強度混凝土底層與面層混凝土之間不得相黏接，故LCB表面須平坦，並且在舖築面層前再噴灑一層臘基(Wax-base)水泥混凝土養治劑。若 LCB 有部份表面高程過高須要處理時，可以磨平方式處理。若採用敲平的方式來處理，為了防止粗糙表面和面層混凝土產生接合，可蓋覆一層工程不織布，並用瀝青將其黏在 LCB 面上。LCB 表面裂縫的處理十分重要，因為 LCB 上的裂縫有可能使其上面層混凝土產生反射裂縫。處理的方法，是於所有裂縫處蓋覆工程織布(不織布型)並以瀝青黏著劑黏牢。

② 接縫筋安置

綴縫筋支架需穩固在 LCB 上。在面層混凝土經由散布機攤平時，綴縫筋支架不可被移動。綴縫筋支架是以光面鋼條所銲成，主(橫)鋼筋條採用 7.5mm 直徑，降伏強度大於 45000psi。支架上綴縫筋要正確牢固結紮。綴縫筋至少一半長度須在工地以潤滑油完全塗佈，其作用為防止混凝土與縫筋間的黏結。

③ 舖築混凝土路面

混凝路面舖築作業最重要的考量，為混凝土拌合廠每小時的產量、運送、倒料與散佈攤平作業。拌合廠的產能應配合舖築機的需求。混凝土由拌合廠運送到工地，由運送卡車倒入散佈機的輸送帶，以及由散佈機將混凝土散佈、攤平到 LCB 上的作業，在舖築期間可能會產生瓶頸的現象。故卡車司機和工地倒料指揮手，以及散佈機操作手的相互配合是很重要的關鍵。又在倒料和散佈作業時，倒料不可過多，使散佈機前混凝土堆料過多，不僅舖裝機操作會發生困難，而且會影響到所舖出路面平坦度。控制混凝土料傾倒間隔的方法，可以在已知舖築厚度和寬度下，事先計算每一卡車所運混凝土料所能舖築車道的長度。舖裝機運作將直接影響所舖出路面的品質，故舖裝機各組件性能須正確調整與校正，又舖築進行時應正確操作業，其中任一單元的運作不良，都會影響所舖出路面的品質，以下為工地常發生問題情形：❶振動器中某一、二個振動棒功能顯著的降低，使所舖路面在該範圍內不平整，須以更多的人工來修整。❷成型版及滑動邊模的校正及調整不正確，使所舖出的路面有不平坦和邊角坍

陷的現象。❸混凝土坍度過高，或舖築機自動鏝版的鏝平作業運作不完全，使擠壓成型之混凝土表面移動，而影響表面的平整及邊角的垂直。 若發生上述情況，就須架設臨時邊模以人工來修正，這些增加作業不僅費工、費時而且會產生其不良影響，譬如對表面刷紋的均勻性無法控制，及表面浮漿過多而影響到鋸縫時機及邊角的強度等。

　　影響滑動模板舖築混凝土路面的另一重要關鍵爲混凝土品質，混凝土到達工地後之品質如能維持在含氣量爲 3 至 5％，坍度爲 3 至 5 公分間爲最佳。若坍度過高，可能使所舖出路面邊凸出或坍陷；若坍度過低再加上含氣量過度偏低，則混凝土的工作性會顯著降低而影響到舖築作業。故滑動模板舖築作業必須要在混凝土品質、機具性能及操作熟練等均能配合下，才能獲得品質良好的路面。

④　修面作業

　　滑模版舖築正常作業下，經自動鏝版修面後，路面舖築已大體完成，而留在表面上的紋跡，可利用人工以三公尺直規對表面作反覆二、三次的整平作業即可。但若滑動模版的舖築產生瑕疵，修面作業就須要花費很多人工來修正，而且往往在過度的人工修面處混凝土浮漿較多、強度會較差，使得掃紋時間難以控制。

(3)　刮紋

　　混凝土路面表面橫向刷紋的要求爲條紋要均勻，其寬度以 3mm、深度以 2mm(最低不得少於 1mm)爲原則，紋間之距離 1.2 公分至 1.5 公分。這些要求在於使橫向條紋對路面提供抗滑功能，以及對產生噪音的考量所訂定。刷紋要領爲：①正確地

操作掃紋機具。②混凝土路面品質均勻。③掌握掃紋時機。若混凝土表面的品質不一，則刷紋時機將無法控制。要獲到均勻且合於規定的掃紋效果，路面舖築及修面是重要的關鍵。過深的紋路在處理上很困難，如不加以處理，將會影響到行車的平坦度，增加噪音，而更嚴重的這一部份的混凝土會受到車輪的衝擊而破壞，表面產生剝落，縫槽角隅受到破壞。

橫向施工縫的設置位置須正確，不得設置在與伸縫或縮縫小於 1/3 路面版長度之處。當一次舖築車道，若遇緊急事故而必須在正常接縫間設置施工縫時，應使用紮筋以防止移動，否則會有看不見的裂縫延伸至相鄰路面版。

(4) 接縫填縫

接縫的位置要正確，橫向縮縫必須鋸切在綴縫筋的中間位置，使板塊及綴縫筋能獲得伸縮活動。縱向若設置繫筋，則縱接縫必須鋸切，不得遺漏。各接縫之大小形狀及深度均須合於設計圖的規定，工地施工特別注意細節，根據經驗會提出下列缺失與處理方法：①第二次鋸縫過早，強度不足將會使鋸縫之邊緣產生剝落和角隅崩壞。這種破壞之處理係以環氧樹脂砂漿修補，而修補材料與原混凝土需有良好的黏結。為了確保證新舊材料良好的黏結性，舊混凝土的破壞表面若有鬆軟，須將其敲除至堅強的混凝土並予以清潔，並刷上黏著劑。②接縫鋸得過寬，其原因是鋸縫時鋸片的位置不對。在橫縫處最大的允許寬度為 1.4 公分，在縱縫處最大允許寬度為 2.0 公分，若超過就須加以補修。過大的橫縫寬度、車輪輾壓後會產生跳動及對橫縫角隅產生更大的撞擊。③縱縫兩邊路面高程不同，這種情況在施工時注意避免發生，高出的部份唯有加以磨平。④鋸縫

時所產生的水泥漿應立即以清除，否則在進行填縫時，要將已硬化黏附在縫壁之泥漿清除十分費工。⑤鋸縫過後應及時填縫，未經填縫前，應避免讓車輛駛行其上。⑥接縫必須徹底清理乾淨，清除鋸切作業所遺留雜物，以高壓空氣噴吹，鋼刷刷除或噴砂等方式處理接縫後，才可置放墊條及灌填填縫料。⑦依照設計圖規定，在標準的縫槽為 1 公分寬 3 公分深時，所用的彈性墊條直徑為 1.2 公分，用填塞卡輪將墊條塞入到縫槽後，墊條之頂應和路表面有 1.4 公分的距離，監工時必須加以確定，因為將來在其上擠入填縫劑後，填縫劑之中央點須 0.6 公分厚。⑧墊條和縫壁接觸須呈下彎的形狀或和縫壁成直角，不可呈上彎的形狀。如呈上彎狀將容易導致填縫劑在受到反覆伸張後和縫壁產生分離。⑨填縫劑表面的高差要均勻，另外在接縫兩邊的路面不得有殘餘的填縫劑。

(四)結論

1. 剛性路面具有較高穩定性、不易變形、使用壽命長、維護作業少與較佳抗滑性等優點。在交通量大、重車多的公路地段，為維持交通暢通性，一般多採用剛性路面。

2. 剛性路面在施工品控上較為困難，若施工不當，不僅會發生瑕疵缺失，導致修護工作增加路面易損壞，更會影響到道路的使用績效。

3. 剛性路面在施工品控上不論是各材料選用、配比設計、拌製生產、輸運與鋪築作業，及路面平整度、掃紋均勻度、鋸縫時機掌握與接縫處理都應特別審慎。否則施工不當將會發生難以補救的缺失。

學後評量

一、選擇題

( ) 1. 混凝土工程在品質管制上必須重視的第一事項為　(A)料源管制　(B)製程管制　(C)成品管制　(D)成本管制。

( ) 2. 目前測定混凝土的工作性最簡單普遍之器具為　(A)流變儀　(B)黏度計　(C)坍度錐　(D)VB儀。

( ) 3. 在混凝土拌和時，影響新拌混凝土品質及硬固混凝土強度的重要直接因素為何？　(A)水泥的水份　(B)骨材的水份　(C)卜作嵐的水量　(D)濕度。

( ) 4. 若欲降低巨積混凝土的混凝土溫度，以避免產生溫差裂縫，最重要的策略為何？　(A)增加水泥用量　(B)添加卜作嵐材料，減少水泥量　(C)加早強劑　(D)加輸氣劑。

( ) 5. 冷天混凝土(Cold Weather Concrete)之定義係指連續三天以上之平均日溫低於下列何者？　(A)0℃　(B)4℃　(C)5℃　(D)10℃。

( ) 6. 熱天混凝土(Hot Weather Concrete)，限制送到工地之混凝土溫度不得大於下列何者？　(A)19℃　(B)25℃　(C)30℃　(D)32℃。

( ) 7. 就規範對於混凝土輸送時間之限制，若輸送途中保持攪動者不得超過多少時間？　(A)30分鐘　(B)50分鐘　(C)1小時　(D)1.5小時。

( ) 8. 養護期間混凝土表面溫度變化應儘量保持均勻，每小時之溫度變化不得超過？　(A)3℃　(B)5℃　(C)8℃　(D)10℃。

( ) 9. 養護期間混凝土表面溫度變化應儘量保持均勻，24小時之溫度變化不得超過？　(A)10℃　(B)15℃　(C)20℃　(D)28℃。

二、問答題

1. 請問應如何實施混凝土組成材料之料源品質管制？

2. 訂購預拌混凝土時，可明定要求之混凝土品質事項有那些？

3. 請列舉混凝土輸送與澆置機具各五種。

4. 何謂搗實不當？正確之混凝土搗實作業為何？

5. 混凝土養護的目的為何？

6. 請列舉五種混凝土養護方法？

7. 熱天混凝土施工之混凝土品質作業要求為何？

本章參考文獻

1. 中國國家標準，1991，預拌混凝土(CNS 3090)。

2. 中國國家標準，1986，傾斜式混凝土拌和機(CNS 7101)。

3. 中國國家標準，1986，鼓形混凝土拌和機(CNS 7102)。

4. 中國國家標準，1986，快速混凝土拌和機(CNS 7103)。

5. 中國國家標準，1997，混凝土內之棒形振動器(CNS 5646)。

6. 中國國家標準，1997，混凝土模板振動器(CNS 5645)。

7. 中國國家標準，1986，混凝土用液膜養護劑(CNS 2178)。

8. 中國國家標準，1982，混凝土養護材料保持水份能力檢驗法(CNS8188)。

9. 中國國家標準，1997，建築用砂(CNS 357)。

10. 美國混凝土學會，1998，混凝土搗實實務(ACI 309)。

11. 中國土木水利工程學會，1999，混凝土工程施工規範與解說(土木 402-88)，p.4-11 及 pp10^{-1}～10^{-3}。

12. 德國施工規範(ZTV-SIB90)，1990。

13. 黃兆龍編著，1997，混凝土性質與行為，詹氏書局，pp.309～345。

14. 沈進發編著，1996，混凝土品質控制，pp.208～209。

15. Chern.J.C., Hwang,C. L., Tsai,T.H., "Research and Development of HPC in Taiwan," ACI Concrete International, Vol.17, No.10, Oct.pp.71～76, (1995).

16. 蔡東和，「T&C Tower 應用 HPC 結構材料設計之理念」，高性能混凝土研發及應用研討會論文輯，黃兆龍主編，高雄，pp.45～52, 1994。

17. 陳華慶，劉旭輝，「T&C Tower 施工與管理經驗談」，高性能混凝土研發及應用研討會論文輯，黃兆龍主編，高雄，pp.71～83, 1994。

18. 黃兆龍，「出高雄 85 層 T&C Tower 論 HPC 材料選擇及性能」，高性能混凝土研發及應用研討會論文輯，黃兆龍主編，高雄，pp.83～124,(1994)。

19. 苗伯霖，「高性能混凝土配比，施工及品檢應注意問題」高性能混凝土研討會論文輯，陳振川主編，台北，pp.l～34，(1996)。

20. KarlErnst v. Eckartstein, PUMPING CONCRETE AND CONCRETE PUMPS, SCHWING, (1983).

21. 朱惕之，「高性能混凝土材料組成特性及早期性質之研究」，黃兆龍指導，國立台灣工業技術學院營建工程技術研究所碩士論文，(1995)。

22. 沈永年(2001)，混凝土技術，國立高雄應用科技大學土木系講義。

23. 中國土木水利工程學會(2000)，混凝土工程施工規範與解說（土木2-88），科技圖書公司，台北。

24. 中央標準局(1990)，卜特蘭水泥(CNS 61)，經濟部中央標準局。

25. 黃兆龍(1997)，「混凝土品質與行為」，詹氏書局。

6

混凝土性質評估

學習目標

★ 新拌混凝土性能與特性。

★ 混凝土工作性定義及量測方法。

★ 新拌混凝土可能的缺失與防治對策。

★ 硬固混凝土性能及品質評估。

★ 新拌與硬固混凝土相關品質試驗與規
　範。

⇨ 6-1　新拌混凝土性質

一、新拌混凝土性能

　　為了使生產的混凝土達到設計者所要求的性能(強度和耐久性)，選擇特定的原材料和配比是很重要的。同時還須保證新拌的混凝土拌合料(以下簡稱新拌混凝土)，具有良好的工作性能。如果新拌混凝土的工作性不好，就不能生產出密實與均質的混凝土結構。即硬化混凝土的強度和耐久性，必須由新拌混凝土良好的工作性能予以保證。

　　新拌混凝土性質為影響澆置方法及振動機械的重要因素，也會影響硬固混凝土的性質。新拌混凝土必需具有適當工作性，不會因工作度欠佳而影響混凝土硬固後之強度、耐久性與體積穩定性，這是非常重要的觀念。自 1990 年以來，高性能混凝土的開發，更強調新拌混凝上與組成材料間的相關性。新拌混凝土所需要的品質，必須滿足施工者需求，並可達到設計者的目標需求。故新拌混凝土的要求性質包括：(1)拌合快速輸送容易。(2)拌合品質均勻穩定。(3)容易流動盈滿模板。(4)免(或減少)振動搗實工作。(5)澆置密實且無析離。(6)表面粉光處理容易。(7)硬固後混凝土具有良好品質。

二、工作性

　　傳統上新拌混凝土的工作性，係指混凝土拌合料易於輸送、灌注、成型和抹面而不發生析離的性能。但這樣定義的工作性是一種粗略的、綜合的與不能定量的性能；並且混凝土的工作性與施工方法及結構形式有密切關係。有部份學者把工作性定義為混凝土拌合料的一種特有的與結構形式及成型方法無關的物理性質。譬如美國 ASTM C125 對混凝土工作性的定義：使一定數量的新拌混凝土拌合料，在不喪失均質性的前提下，澆築振實所需的功。這裡所謂不喪失均質性，係指混凝土不產生

明顯析離和分層。混凝土的澆注搗實過程，係要將夾雜在混凝土拌合料內的空氣排除出去，而獲得最可能混凝土緻密結構的過程；而所需的功係用來克服混凝土顆粒之間的內摩擦及拌合料與鋼筋和模板表面的摩擦阻力。

由以上的定義可知，混凝土的工作性是一種綜合性能，它至少包含下列兩組成部分：(1)流動性：表面拌合料流動的難易程度。(2)黏滯性：說明拌合料在運輸、澆築、振實過程不容易泌水和析離分層的性能。

1. 流動性

由於表面液體流動速度的物理參數是黏度，當剪應力一定時，黏度越小，流動速度就越大；表面塑性體變形的特定參數是屈服點，應力超過屈服點，物體發生塑性變形。然而混凝土拌合料是一種非勻質的材料，既非理想的液體。又非彈性體和塑性體。它的流動性能很難用物理參數來表示。因此這裏討論的流動性完全是從工程實用的角度，表面拌合料澆築振實難易程度的一個參數。流動性大(或好)的混凝土拌合料較易澆築振實。從圖6-1可以看出混凝土的密實程度對其強度影響很大。

2. 新拌混凝土的流變性

流變學是研究物體流動與變形的科學。在外力作用下物質能流動和變形的性能稱爲該物質的流變性。流變學的研究對象是理想彈性固體、塑性固體和黏性液體以及它們的彈性變形、塑性變形和黏性流動。水泥漿、砂漿和混凝土是介於彈性體、塑性體和黏性液體之間的材料，它們的流變性隨著硬化程度不斷地在變化。物體流動有兩種典型的模型，一種是理想的牛頓液體，一種是賓漢流體。兩者的流動曲線如圖6-2所示。

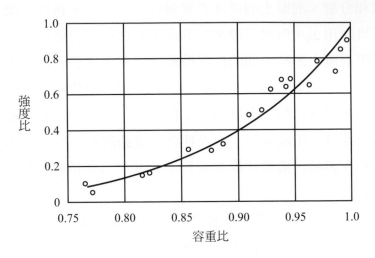

圖 6-1　混凝土密實程度對強度的影響

3.　泵送性

　　依傳統方法設計具有良好工作性(即流動性及黏聚性)之新拌混凝土,在泵送時都不一定有良好的泵送性,有時發生泵壓突升和塞管現象,以致於造成施工困難。而所謂的可泵送性,亦即在

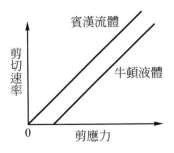

圖 6-2　物體流動模型示意圖

泵送過程中,混凝土拌合料與管壁產生摩擦,在拌合料經過管道彎頭處遇阻力,拌合料必須克服摩擦阻力和彎頭阻力方能順利地流動。簡言之,可泵性實際上是拌合料必須刻服摩擦阻力和彎頭阻力,阻力愈小則混凝土可泵性愈好。

　　以高雄 85 國際廣場大樓鋼柱內灌注 56MPa 之高性質混凝土施工案例,泵性高度超過 340 公尺是非常具有挑戰性之工作。在

灌漿與泵送作業上均須作好各項施工管理，以確保 HPC 應有之品質水準。包括須具有良好的設計考慮、配比設計、材料品管、週詳的施工規劃、確實的現場品管、泵送澆置計劃及完善的配合措施等，均需作全面的品質保證。同時高性能混凝土的新拌性質均勻穩定性，均較傳統混凝土易於泵送，具有優越的坍流度及緻密性，且須配合使用傳統模板或鋼構造等以防止漏漿，造成混凝土蜂窩等外觀的品質缺陷。

三、工作度量測的方法

混凝土之工作度係指「混凝土可工作的程度」，其表示方式包括「坍度」、稠度、流度、移動度、可泵度、可搗實度、可粉光度及粗糙度等名詞。

工作度量測的重要工作是「定量」，最基本的量測儀器就是「坍度錐」。當然有很多種量測儀器的設計，都是係針對各國的工作狀況而定的。但無論如何，其量測之目的，在求得下列三種特性：

1. 易搗性：容易搗實，可並除去多餘或不必要之氣泡的特性。
2. 移動性：容易流動，充填模板各角隅並包裹鋼筋，且容易成形的特性。
3. 穩定性：容易確保混凝土的穩定性、凝聚性、均勻性等特質。

比較典型的混凝土工作度測試方法有坍度試驗、密實度試驗、VB試驗等，如下所述：

1. 坍度試驗

坍度試驗是目前世界各國廣泛應用的試驗室與現場測試方法，並且已列入各國標準和規定的標準測試方法。除了非常乾稠(零坍度)無塑性的混凝土外，一般均用坍度試驗方法，即可測定新拌混凝土的工作特性。坍度試驗在 CNS 1176 中說明，只適用

骨材粒徑小於 38mm 之混凝土，若粒徑超過 38mm 必須加以剔除
較大粒徑骨材才可以測定。而坍度值的範圍由 0 至 270mm，當然
不得大於 305mm 減去最大骨材粒徑之值。而坍流度量測範圍由
203mm 至 700mm。圖 6-3 爲混凝土坍度的型式。

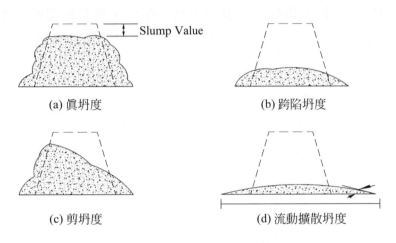

(a) 眞坍度   (b) 跨陷坍度

(c) 剪坍度   (d) 流動擴散坍度

圖 6-3　混凝土坍度的型態

2. V-B 稠度試驗

　　V-B 試驗在歐洲使用較爲廣泛，以「重模」來量測混凝土的
工作度(BS 1881)。1940 年開始被應用於量測「乾稠」混凝土的
工作度，V-B 試驗是量測「塑性」性質以上的混凝土，這種方法
對低流動性或乾硬性混凝土拌合料很適用。爲一種通用於試驗室
的試驗方法，能彌補坍度試驗對低流動性拌合料靈敏度不夠的不
足。但此法對流動性較大的拌合料不靈敏。目前在預鑄構件還採
用此法，現場澆築的混凝土則不用。試驗量的困難點就是很難準
確指出半透明圓盤在振動作用下何時全部覆蓋。

3. 流度試驗

　　流度試驗與坍流度試驗不同，主要係量測混凝土的在振動下之流動能力，以提供「析離傾向」之資訊。而坍流度的目的在獲得「自由流動」的資訊。此量測方法亦與坍流度不同，坍流度係無振動下混凝土自行擴散之值。流度試驗主要量測混凝土與介面之剪力值 τ_0，及可能混凝土之黏滯性 μ。

4. 搗實試驗

　　搗實試驗的目的，在測試固定能量下搗實狀況，因為搗實後之密度約略與混凝土強度有關，所以由搗實程度可以約略評估強度性質，這種理念與工作度有很好的關係。此類試驗最具代表性的就是 BS 1881 的規範。

5. 貫入試驗

　　貫入試驗主要量測「貫入器」貫入混凝土深度之一種方法。這是非常快速的測試方法，可以在手推車料斗上，或在模板上測試。

四、新拌混凝土可能缺失

混凝土中的各類材料的本質特性不同，水較輕會上浮，骨材較重會下沈，而水泥則形成膠體懸浮水中。因此新拌混凝土可能因材料、配比、施工、養護等因素產生下列缺失：

1. 析離

　　析離係指新拌混凝土失去「均勻性」的行為。混凝土析離形態有二種，一為較重及較大骨材的沉澱，另一為粗骨材顆粒的分散。歸納造成析離的原因有：(1)混凝土中粗細骨材級配不佳，(2)粗細骨材之顆粒重量相差過巨，(3)水泥漿之黏性不足，(4)骨材顆

粒形狀粗糙及扁平率大於 3，(5)混凝土配比過濕或過乾，(6)水泥漿量太多。

2. 泌水

　　泌水亦為析離型態之一，減低泌水現象的方法有：(1)增加水泥細度或使用細粒卜作嵐及其它細粒礦物摻料，增加黏性，(2)使用高鹼性，高C_3A含量水泥，以增加水泥水化速率，(3)使用輸氣劑，增加漿量黏性，但會影響高流動工作性，(5)在工作度許可範圍下，減低拌和水量，這也是最直接及非常好的方法，因為混凝土會泌水即表示水量過多。

3. 塑性收縮

　　塑性收縮是在混凝土仍處於塑性狀態時發生的。因此也可稱之為混凝土硬化前或終凝前收縮，一般發生在混凝土路面或板狀結構。新拌混凝土施工時，其表面上浮之水分常因大氣溫度、濕度、風速，加上混凝土本身之溫度，而造成表面水分快速蒸發，當蒸發率大於混凝土表面泌水率或外界補充之水分時，即會產生「表面裂縫」。塑性收縮裂縫為台灣最典型裂縫，特別在大面積，或平面作業之混凝土工程，最容易發生的症狀，如建築物樓板，機場跑道，溢洪道，道路舖面等表面龜裂。最簡單的防止方式為避免蒸發及表面浸水養護。拌隨塑性收縮產生的為沈澱收縮，係因在混凝土尚未至初凝峙，骨材下沈及表面泌水，以致蒸發造成表面體積收縮。典型的塑性收縮裂縫是相互平行的。圖6-4 為波特蘭水泥協會(Portland Cement Association；PCA)之混凝土版水份蒸發率估算圖，又美國混凝土學會(ACI)建議，當蒸發速率大於 $0.5 \text{kg/m}^2/\text{hr}$時，宜採用熱天之養護措施，包括擋

風、遮陽、噴霧、灑水等。若蒸發速率大於 1.0kg/m²/hr時，則會產生塑性收縮裂縫，必須強制採用熱天之養護措施。

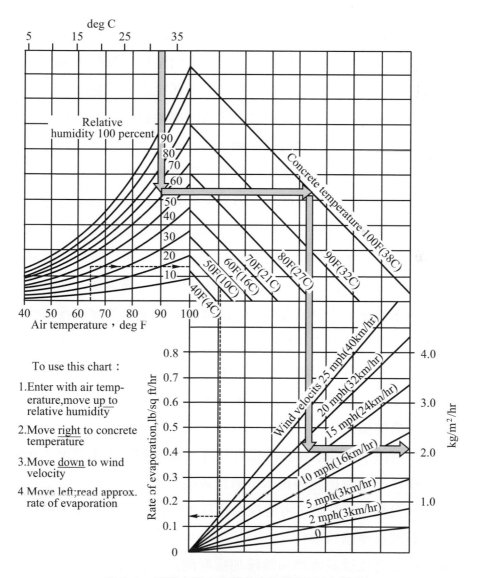

圖 6-4 混凝土版水份蒸發率估算圖(PCA 提供)

4. 坍度損失

混凝土從預拌廠加水拌合到澆注要經歷一段時間，這段時間短則半小時，長則 2～3 小時。這段時間內拌合料逐漸變稠，流動性逐漸降低，稱爲坍度損失，如果這段時間過長，環境氣溫又過高，坍落度損失可能很大，則將會給泵送、振動等施工過程帶來很大困難，或者造成振搗不密實，甚至出現蜂窩狀缺陷；或者在施工現場工人隨意加水這兩種情況都使混凝土強度和耐久性降低，嚴重的甚至造成品質問題。

溫度對坍落度損失的影響是很顯著的，因爲溫度升高，最早期的水化加速。除溫度外，環境濕度也有影響，因相對溼度低加速水份蒸發。特別在炎熱乾燥的氣候條件下，坍落度損失加快。

水泥水熟料組成對坍度損失的影響主要在於熟料中鹼(K_2O+Na_2O)的含量和C_3A的含量。高鹼與高C_3A含量混凝土的坍落度損失速率較快。水泥或混凝土中摻加礦石、飛灰等礦物摻料能減緩混凝土的坍度損失，因爲摻加礦粉摻料降低了鹼與C_3A的濃度，並且這些摻料在混凝土的早期水化作用是幾乎沒有水化反應的。當坍度損失成爲施工中的問題時，可採下列一些措施以減緩混凝土的坍度損失：

⑴ 在炎熱季節採取措施降低骨材降低溫度和拌合水溫度，在乾燥條件下採取措施防止水份過快蒸發。

⑵ 在混凝土設計時，考慮採用爐石水泥或在產製混凝土時摻加爐石飛灰等礦粉摻料。

⑶ 採用高性能減水劑同時摻加緩凝劑以延緩坍度損失。

⇨ 6-2 硬固混凝土性質

一、硬固混凝土要求性能

1. 體積穩定

　　「體積穩定性」爲優良品質混凝土必要的條件。造成混凝土體積變化的因素，可區分爲「內在因素」與「外在因素」二類。而混凝土爲水泥、骨材、水和摻料等物質所組成之多相複合材料，當然這些材料都與混凝土之體積變化有密切的關係，此即所謂的「內在因素」，而「外在因素」則包含施工情形、作用力、溫度及濕度變化、暴露環境、碳化收縮等型式。混凝土受到內在及外在因素下會產生變形，而通常工程人員比較關心的是「外在因素」所造成的變形。表6-1爲混凝土體積變化型式與對策。

　　傳統混凝土體積穩定性在配比設計中並未加以考慮，以致常見建物使用數年後，產生瓷磚翹起及剝落現象。另外混凝收縮量會造成預力損失，以致橋樑接縫逐漸增大，造成橋樑不平整及承受較大衝擊力。

2. 安全性

　　「安全性」必須滿足設計者所要求的最低抗壓強度，但亦需兼顧耐久性與工作性的考慮，以達到符合設計者理想之高品質及均勻性的混凝土。除此之外，使用良好的級配在材料的節約上，除可提供相當的優點外，骨材顆粒外形及紋理的選擇，如果可能則儘量採用較佳者，則對混凝土的緻密性及安全性的貢獻將甚大。降低用水量對混凝土長期安全性有很大的貢獻。配合較長的拌和時間，充分搗實或振動，或控制使混凝土自行流動也是達到安全性的重要工作。

表 6-1　混凝土體積變化型式與對策

體積變化型式		原因(機理)	對策
彈性變形		●混凝土承受載重後立即產生之變形。	●提高 E 值。 ●增加骨材用量。 ●限制荷重不大於極限荷重之 50 ％。
凝結收縮		●由於泌水與水泥漿體不均勻。	●降低拌合水量。 ●適當配比與稠度。 ●搗實確實，但勿過度，避免析離與浮水。
收縮變形	自體收縮	●水泥水化作用所產生的體積變化。 ●鈣釩石與 MgO 之膨脹作用。	●限制 CaO 與 MgO 之含量。 ●採用細度較低水泥。 ●減水水泥用量。 ●控制 $W/C > 0.42$。
	塑性收縮	●漿體在塑性狀態下之水分損失。 ●蒸發率 $> 0.5kg/m^2/h$ 時，更會惡化。 ●裂縫為鳥爪狀，並與風向垂直。	●避免於高溫、高風速下進行混凝土施工。 ●避免遭受風吹與直接日曬。 ●注意養護作業，如噴霧、潤濕、覆蓋。
	乾燥收縮	●硬固混凝土中水份逐漸失去之乾縮現象。	●降低水泥用量及細度。 ●降低水泥漿量及拌合水量。 ●提高骨材用量。 ●設計與施工時需考慮乾縮之影響。 ●採用收縮控制縫。
	碳化收縮	●CH 與 C-S-H 與空氣中之 CO_2 反應生成碳酸鈣，並損失水份而產生體積收縮。 ●RH 為 50 ％時，碳化收縮量最大。	●使相對濕度低於 25 ％或飽和狀態。 ●提高混凝土之密度。 ●降低混凝土滲透性。
	熱變形	●因溫度變化所造成之熱脹冷縮行為。	●應注意溫度下降所造成拉應力，避免大於混凝土之抗拉強度。
潛變		●荷重不變，隨即增加之變形。 ●潛變造成之預力之應力鬆弛，會降低混凝土壓應力，而有裂縫之虞。	●使用鋼筋(骨)材料代替混凝土。 ●降低水泥漿體用量。 ●增加骨材用量。 ●俟混凝土成熟後，以後拉法施工。

混凝土的性能是隨時在變化的。在寒酷的使用條件下，混凝土的某些性能或綜合性能隨使用時間變化。結構設計師是非常關心結構的安全度的。結構設計的基本原則是對結構可能施加的最大荷載(最不利的荷載組合L_{max})乘上安全係數γ，必須小於結構的承載能力(L)，以保証結構物的絕對安全，如下式所示：

$$\gamma \cdot L_{max} \leq [L] \tag{6-1}$$

結構設計與材料設計的失誤，及施工品質低劣等，都會造成承載能力降低，或使用性能隨使用時間急遽地下降，而大大地縮短了服務年限，必須提早修復或加固。由此可見，專業技術人員的責任是在技術上提供正確的結構設計與材料設計及優良的施工品質，以避免結構物安全性隨時間而大幅降低。

3. 低滲透性

混凝土拌合水在於供給水泥之水化作用，但水泥完全水化所需的水約爲水泥質量的 42 %，其餘的水在硬固混凝土中形成孔隙，包括毛細孔和膠孔。而毛細孔是有害物質遷移的通道。這遷移的水可能含有侵蝕性化合物，可能溶解某些水泥水化物；並且在零下溫度能在孔隙中凍結。故混凝土中可遷移的水，爲造成混凝土諸多破壞的主因。由此可見混凝土的滲透性對混凝土耐久性的重要性。再者某些位於地下水下之建築物，要求混凝土必須不滲水。若混凝土滲水就會影響這些建築物的正常使用。

混凝土滲透係數與硬化水泥漿體及骨材級配有關。水泥漿體的滲透係數有較多和較有系統的研究數據，但混凝土的滲透係數之研究數據則很少，這是因爲混凝土的滲透係數試驗較困難。硬化水泥漿體的滲透係數與其孔隙率有密切關係，但不是線性關

係，如圖 6-5 所示。除了孔隙率，水在孔隙中流動的通暢程度還取決於孔徑大小及孔隙的貫通程度。

用低滲透性的級配加入水泥漿體中，應該可降低滲透性，可切斷毛細孔的通道。即相同水灰比和相同水化程度的混凝土應該比水泥漿體滲透係數小，但事實卻剛好相反，混凝土的滲透係數比水泥漿體大好幾倍，同時混凝土滲透係數還隨級配粒徑的增大而增大，如圖 6-6 所示。

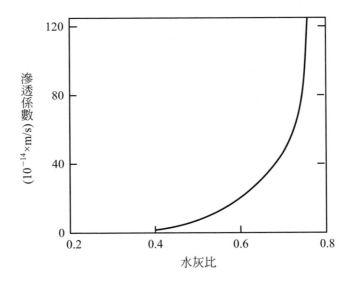

圖 6-5　硬化水泥漿體滲透性與水灰比的關係

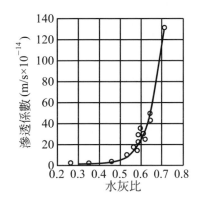

圖6-6 混凝土滲透性與水灰比的關係

4. 耐久性

　　混凝土的耐久性是不容忽視的，尤其地處海域環境或潮濕環境的台灣，然而很多設計者不重視「耐久性」，導致混凝土使用不久即發生劣化現象。混凝土耐久性問題如同「慢性病」，近年來的澎湖大橋鋼筋腐蝕、海砂屋、海砂橋、地磚黑斑病等都是耐久性的病狀，阪神大地震所查覺的「鹼骨材反應」結果，亦說明忽視慢性病也會造成嚴重後果。

　　耐久性考量可以區分為物理及化學二方面來探討。物理學的考量，與外界環境、溫度、濕度所造成的塑性收縮(台灣最典型的病症)、乾燥收縮、冷縫等有關，為混凝土與環境的互動關係。化學上的考量與混凝土材質有關，其重要基因為水灰比、水泥用量與拌合水量。其中以水灰比的影響最大，一般混凝土常使用較高的水灰比，導致混凝土本質因含水量過高而強度不足，水份及有害物質的滲透較易。而且為了滿足工作人員施工方便起見，加水為一般人所熟知，造成擅自加水，導致混凝土品質劣化的現象。

　　自八十年代以來，世界各國漸重現以耐久性來設計混凝土，美國 ACI 規範、英國混凝土結構規範(BS 8110 修訂版)、英國標準局施工規範(CP 110)、日本土木學會規範、國際預力混凝土學會規範等都對混凝土耐久性作出明確嚴格的規定。突破以強度設計混凝土的傳統觀念，而依耐久性設計混凝土的新觀念已成為混凝土工程界的當務之急。對處於不遭受惡劣氣候作用和侵蝕環境作用的混凝土結構，強度當然是混凝土品質的主要指標。混凝土依強度設計是正確的。但對處於惡劣暴露環境下的混凝土，譬如處於酸性介質、侵蝕性土壤、海水浪潮區、寒冷地區等受凍融交替及潮濕條件下，混凝土強度相對來說已不是主要考量，即混凝土應首先依耐久性需求設計，同時再滿足強度要求。

5. 生態性

　　公元 2000 年後，國際環境保護機構為了確保地球生存環境，將有更多環保要求，ISO 14000 以環保為訴求的品質保證將是主流，否則臭氧層的破壞及大氣溫室效應，將使紫外線更具毒害作用，而大氣溫度將更為提昇，而釀成全球性災害，相較於骨材，水泥為能量耗用高的材料，如何減少水泥的使用，在環境保護上頗俱意義。生態性的另一考慮是工業廢料的再生利用，如此可以減少天然資源的耗用，使用材料重視生態保護是非常重要，除了是近代人的責任也是義務，尤其混凝土廢棄物及台灣農工業固態廢料如飛灰、爐石、稻殼灰等對目前垃圾的處理及堆積上，將造成相當大的困擾及環境生態之破壞，如何「減廢」及「再生利用材料」是未來混凝土應有的需求，也是全國土木營建人員要關心的。生態性考慮的另一重點，即是延長建築物的「生命週期」，使混凝土結構不容易病變及劣化，而可永續存在，減少再次破壞

及重複建造機率，降低資源被破壞頻率。因此可採用節用水泥、回收混凝土材料、利用工業副產品等方式來達到混凝土生態性。

6. 經濟性

工程經濟性指的是省錢，這是包括生命週期下的維修成本在內。一般只指施工成本，這對工程人員而言是非常重要的成功指標，然而並非一般習用的偷工減料，而是達到「物盡其用」的目標，結構物從規劃設計至使用結束，構成結構物的「生命週期(Life Cycle)」，就業主與使用者而言，在使用和維護上長期累積的費用，可能遠大於初期投入之營建成本。因此論及總工程造價應以使用年限成本(Life Cycle Cost)為考量，不僅需考慮到工程初期之營建成本，尚須視及爾後之使用及維護成本。

混凝土在材料方面如使用低水泥量，可節省水泥成本、減少大氣因生產水泥之二氧化碳而破壞臭氧層；使用飛灰、爐石則可使廢料再生利用而有效處理環保問題，並直接或間接增進混凝土的經濟性。

二、結構混凝土品質評估

1. 強度性質

在研究混凝土的各種性能(如：強度、彈性、收縮、潛變、開裂、耐久性等)時，必須從混凝土內部結構來認識其內在的因素和變化規律，以求達到改善其性能的目的。工程材料的強度通常被定義為抵抗外力下不受破壞的能力，混凝土與其他工程材料不同之處，因為在其承受外力以前，混凝土內部早已存在微裂縫和其他結構缺陷。因此，混凝土強度與引起破壞時的應力有關，強度與遭到破壞極限的應力最大值可視為同義詞。影響混凝土強度有諸多的因素，如：水灰(膠)比、孔隙率、水泥的種類與型別、

混凝土摻料、骨材的選用及其級配以及施工時的搗實程度、養護條件與強度試驗時的參數等。而強度一般係指抗壓強度，因抗壓強度通常用以反映混凝土品質的概況，而其他各類強度，如：抗拉、抗彎、抗剪等，往往均以抗壓強度的一個分量來表示之。混凝土抗壓強度經常被用爲品質管制指標，亦爲混凝土結構設計的重要依據。同時，最典型的混凝土試驗，皆以最簡單的抗壓試驗來進行，當然也因爲混凝土的性質，即使並不是本質性，但也大部份有某些程度的依存關係，因此可以利用簡單的抗壓強度，及與其他性質的相關性來預測其他性質。由於抗壓強度試驗的數值並非相當準確的，會受到材料組成、製程及使用環境的影響，故應仔細控制試驗環境及標準方法。

2. 抗拉強度

混凝土的抗拉強度皆低於抗壓強度。這是由於在拉伸荷載作用下，混凝土內在的固有缺陷(微裂縫)更容易擴展。混凝土的抗拉強度不僅與混凝土的抗壓強度的高低、養護的方式與齡期的長短、骨材的類型、空氣含量與施工搗實程度等因素有關，更爲顯著的，還與測定混凝土抗拉強度的試驗方法有關。現採用的試驗方法有 3 種：(1)直接拉伸；(2)劈裂抗拉；(3)點彎曲荷載試驗。由於測定抗拉強度的試驗方法的不同，故所得的試驗值也不相同。

3. 抗剪強度

雖然在混凝土結構中很少出現純剪，但由於剪應力與正向應力的複合，常常會導致混凝土結構的破壞。因此，混凝土的抗剪強度也是一項重要的力學性能。 混凝土的抗拉強度又比抗剪強度低，使所測得的抗剪強度的離散性很大。只有根據複合應力試驗才能得到可靠的抗剪強度。

4. 抗彎強度

抗彎強度為估計混凝土抗拉強度的另一種方法，也是估計舖面混凝土性質的重要指標，這是利用抗彎試驗標準 CNS 1233 及 CNS 1234 來執行。

5. 衝擊強度

混凝土的衝擊強度對施打預鑄混凝土基樁和承受衝擊荷重的混凝土機械設備基礎都具有重要意義。以混凝土試件承受重覆落球的能力和吸收的能量作為評定混凝土衝擊強度的主要標準。以混凝土達到"不回彈"狀態之前可能承受的落球次數來表示其性能，因"不回彈"狀態反映了混凝土已達到衝擊破壞的程度。以試件斷裂時，單位面積上所消耗的能量($0.1J/cm^2$)表示衝擊強度。

6. 疲勞強度

在混凝土工程結構承受重覆荷載時，混凝土材料在多次重覆荷載的作用下，會發生疲勞破壞，破壞時的混凝土強度還低於在靜載下的抗壓強度。混凝土的疲勞特性，說明疲勞破壞是在一定應變下發生的。而疲勞極限應變值大於靜力破壞時的極限應變。

混凝土的受壓疲勞強度，在 1000 萬次循環下，約為靜態抗壓強度的 60 ％至 64 ％。混凝土的彎曲疲勞特性與受壓疲勞極其相似，只是彎曲疲勞強度受試件濕度的影響較顯著。彎曲疲勞強度，在 1000 萬次循環下，約為靜態強度的 55 ％。在鋼筋混凝土結構中，混凝土遭受疲勞所引起的裂縫擴展，會使鋼筋的應力增高，使鋼筋產生疲勞的可能性增大。

7. 握裹強度

混凝土與鋼筋的握裹強度(亦稱握裹力)主要產生於混凝土與鋼筋之間的摩擦力和黏著力以及鋼筋受到混凝土收縮的影響。在混凝土抗壓強度較低(約 20MPa)時,握裹強度與抗壓強度近似呈線性關係。但隨著混凝土抗壓強度的提高,握裹強度的提高逐漸減小,當混凝土抗壓強度達到 40MPa 以上時,握裹強度幾乎不再提高。

三、硬固混凝土問題

1. 體積變化

混凝土的收縮通常有以下幾種類型:

⑴ 塑性收縮:是混凝土在澆置後初期,在新拌混凝土狀態時表面水分蒸發而引起的變形。

⑵ 乾燥收縮:是混凝土在終凝後,混凝土表面水分蒸發而引起的變形。

⑶ 自體收縮:係由於自體乾燥(Self-Dessication)作用,即由於水泥在水化過程中,混凝土中的水量或內部濕度自發的減少而導致的收縮變形。當 W/C 大於 0.42 時,水泥漿之自體收縮可忽略不考量,如本書 3-6 節所述。

⑷ 溫度收縮:是由於溫度變化而產生的混凝土收縮變形。

⑸ 碳化收縮:是大氣中的 CO_2 對混凝土產生碳化作用而引起的混凝土收縮變形。

⑹ 潛變:係混凝上結構物在載重作用下,因材料特性,隨時間而變形,造成混凝土內應力鬆弛的一種材料自然舒解應力作用的特性。由圖 6-6 可看出混凝土收縮與養護的關係。

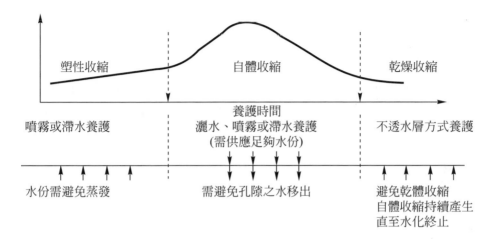

圖 6-7　混凝土收縮與養護的關係

　　混凝土在這麼多的變形影響下，會產生鬆弛，對裂縫而言，這種變形尤其潛變會有密合的良性作用，然而對預力結構或長跨徑結構物而言，則因此會有產生預力損失之不良影響，或造成嚴重裂縫。

2.　表面磨損

　　磨耗性質係指骨材與其他材料，或骨材間的磨損特性，亦為間接判定骨材堅硬程度的指標，此種特性對機場跑道、溢洪道、排水溝渠及路面工程等有磨耗顧慮之工程，深具意義。一般係使用「洛杉磯磨損試驗」測定，然而所得數據與混凝土實地量測數據關係不佳，但仍不失為一種重要指標，一般要求高強度混凝土中之骨材磨損率不能大於 40 ％，而一般混凝土之骨材則不應大於 50 ％。

表面磨損包括三種形式：

(1) 機械磨耗：指路面和廠房地坪混凝土被反覆摩擦、研磨和衝擊而損失。

(2) 沖刷磨損：指混凝土受高速水流中的懸浮砂石顆粒沖刷磨耗而破壞，一般發生在水工結構的泄水建築物和輸水管道。沖刷磨損是機械磨耗的一個特例。

(3) 空蝕：當高速水流速度和方向突然改變時產生壓力的急劇降低，形成水氣孔穴，使混凝土破壞。發生在大壩的溢洪道、沖淤道。

混凝土的耐磨損性其本質是強度(包括抗衝擊強度)和硬度問題。有多種評價混凝土耐磨性的試驗方法，美國 ASTM C779 列出三種可供選擇的試驗方法：鋼球法、磨耗法和旋轉圓盤法。鋼球法是施加荷重於有鋼球的轉點上，磨掉的材料為循環水所帶走，不斷暴露出新的表面。磨轉法是施加荷重於旋轉的鋼磨轉上，其磨損主要是磨削損失。旋轉圓盤試驗中旋轉的鋼盤與碳化矽磨料共同作用。各種方法都以一定試驗時間後重量損失來表示耐磨性。然而所有方法都不能令人滿意，因為它們不能滿意地模擬實際磨損條件。混凝土實際磨損包括磨削、衝擊和摩擦損耗，而各種試驗方法模擬的是單一磨損條件。這些方法不能提供混凝土表面的使用年限的定量值，但可用以評價或比較混凝土的耐磨性。另外還須指出，實際混凝土的耐磨性與施工品質如表面泌水、抹平和抹光、養護程度有很大關係，而實驗室按實際配比成型的混凝土試體難以模擬施工實際情況。

3. 高溫作用

　　混凝土是非常好的防火材料，比較鋼結構之易受溫軟化或崩塌傾倒造成危險，而有機材料之易受燃毀損及釋放毒氣的性質，可謂之優點多多。雖然混凝土防火效益很高，然而混凝土無法承受過高及過久之高溫作用，因為混凝土是具有固定防火時效的，通常約有 2 小時的防火時效。

　　溫度昇高時，理論上物質將造成體積膨脹，然而骨材與水泥漿體的熱膨脹係數差異有 2 至 3 倍之多(骨材約 $7\sim8\times10^{-6}/℃$ ；而水泥漿體約為 $20\times10^{-6}/℃$)，因此在標準大氣壓力及溫度下，熱作用甚易造成沿骨材界面收縮破裂，但在極高溫下如火災等，混凝土中水泥漿體不再依循「熱漲冷縮」的規則，開始加溫時，水份蒸發造成收縮變形，此刻將造成收縮微裂縫及垂直材界面之輻射狀破裂，因而增加孔隙裂縫。在此方面高性能混凝土設計考慮重點包括採用適當強度，低用水量、添加低熔點摻料或纖維，應用內部調理排放氣體的方式控制……等，皆為防火性能的控制原則。

4. 溶解析晶

　　混凝土水化物中之氫氧化鈣甚易溶解於水中，若經水份滲透或乾濕循環作用下，常因為毛細管作用將溶解物析出於混凝土表面，堆積形成白色之鹽類(含碳酸鈉、碳酸鉀、碳酸鈣等)，此種析晶現象堆積物，俗稱「白華」，雖沒有直接影響混凝土強度，但將因造成孔隙，而間接有害混凝土耐久性。同時析晶堆積在孔隙中，造成結晶壓力，而破壞混凝土。 高性能混凝土設計方法採用減少拌和水量、減少水泥量及添加卜作嵐材料，目的即在減少氫氧化鈣(CH)，氫氧化鉀(KH)及氫氧化鈣(NH)之供應量，透

過交換而消耗 CH，KH 及 NH 之策略。

5. 硫酸鹽侵蝕

　　硫酸鹽的侵蝕必須透過「滲透作用」，而水量是少不了的媒介，必須有水份將土壤中，或外界之硫酸鹽溶解成硫酸離子，透過混凝土表面滲入，如果混凝土品質不佳，或孔隙多，則硫酸離子(SO_4^{2-})隨著水分滲入水泥中，硫酸鹽侵蝕如果是外界有害硫酸離子侵入的話，這也僅止於表面粉化反應而已，但如果是混凝土本身有較大量的硫酸鹽，其損壞將是整體性分解的。在美國混凝土學會 ACl 318-95「結構混凝土」規範中為了消除硫酸離子的侵蝕，基本上採用添加卜作嵐材料及降低水膠比(W/B)的方式。卜作嵐材料，如飛灰、稻殼灰及矽灰之使用係透過「卜作嵐反應」，先行消耗氫氧化鈣(CH)及鹼性物質(NH及KH)，並且透過卜作嵐來堵塞孔隙，減少水的滲透。按卜特蘭水泥學會定義「卜作嵐材料」為「減滲劑」。採用低W/B的目的，在減少大毛細孔隙，減少硫酸鹽滲入而與 CH 反應，及降低水化物形成膨脹性反應物。高性能混凝土設計理念，即採類似方法來控制減低拌和水量，減少水泥量及增加卜作嵐含量為策略。

6. 鹼骨材反應

　　水泥中之鹼鹽(如鉀及鈉)為與某些俱活性矽酸鹽類成份之骨材(亦即玻璃質矽酸鹽)產生作用，因此矽酸鹽水解而致骨材喪失整體性，然後再與之形成N/K-S-H等膨脹性膠體，造成內應力或產生爆開破裂，此刻溶於水之膠體將堆積於破裂混凝土之週界，此種作用將影響混凝土整體性。鹼質與碳酸鹽成份之骨材，亦會產生「物以類聚」之結晶反應，其症狀譬如爆開或龜殼狀開裂。鹼骨材反應可以歸納如下之簡化公式：

$$(N/K) + H + S \xrightarrow{\quad H_2O \quad} (N/K)\text{-}S\text{-}H \tag{6-2}$$

由上式可知，骨材中的活性矽(SiO_2)必須能擴散至骨材周界，才有機會與水泥中或混凝土中之氫氧化鹼反應，結合成膨脹性膠質物。這些反應免不了要有水分的助長，因此如何阻止水分及減少水份存在是首要的工作之一，亦即增加混凝土水密性為重要策略。針對上式採用減少水泥量，添加卜作嵐材料，減低拌和水量的策略，同步降低對骨材的侵蝕力及侵蝕機率。骨材之潛在鹼性反應，可發現南部地區之骨材大致上良好，僅少部份河川骨材具鹼骨材反應潛能，中部地區稍差，而東部地區及澎湖則有許多具鹼骨材反應之骨材，北部地區所採取之樣品大致良好，但若為安山岩質之骨材，則與東部地區相似，故於選取骨材時宜應注意。而由岩相分析結果顯示，台灣地區易發生鹼骨材反應之岩石種類分佈在澎湖海嶼，本省東部及北部山區屬安山岩類、石英岩類、砂岩類等，此類岩石若其內含之矽活性稍高，則很容易成為具鹼骨材反應之岩石骨材，採用時應注意，最後應以卜作嵐材料加以調整其影響。

控制鹼骨材反應的方式，主要仍參照公式 6-1 及以上之反應機理，設計及控制材料本身使之不會產生反應，或快速消耗產生反應之鹼質物，將可有效防止鹼骨材反應，其原則如後：

(1) 限制水泥中鹼含量 $N + 0.66K < 0.66\%$：一般水泥可依 CNS 規範加以檢驗，然而一般採購並不加以要求，導致含鹼量有過高之虞，另一作法為減少混凝土中水泥用量，以相對減少鹼的供應量，此為高性能混凝土配比之重要策略。

(2) 避免使用活性骨材：控制活性SiO_2含量，最危險之含量爲5％。另外爲控制骨材顆粒粒徑，使粒徑較小而提早反應；或增大粒徑，以減少表面積接觸到鹼而減少膨脹。

(3) 減低含水量：減少溶解矽酸鹽之「水」，最直接的就去減少拌和水量，增加緻密性，使混凝土的滲透性降低，而減少水進入混凝土之機率，也減少混凝土中水的擴散速率。高性能混凝上的設計採用減少水及水泥之措施，原因在此。

7. 鋼筋腐蝕

　　一般而言，鋼筋在良好的混凝土中是不會生銹的，因爲水泥水化作用後所產生的氫氧化鈣，會使混凝土內部成爲pH值爲12至 13 之高鹼性環境，而鋼筋在表面生成鈍態的氧化鐵保護膜，對鋼筋亦有保護作用，使鋼筋不會受到腐蝕。但是若混凝土因有裂縫或滲透性高，使有害物質CO_2等易於侵入，導致混凝土的鹼性降低而中性化，或鋼筋附近有氯離子存在，會使鋼筋表面的鈍態氧化鐵保護膜被破壞造成鋼筋腐蝕。

　　又鋼筋銹蝕後之鐵銹體積最嚴重可使鋼筋體積增加爲原來的六倍，所以鋼筋腐蝕後會脹裂混凝土，使混凝土表面產生沿鋼筋方向的裂縫，進而使保護層的混凝土產生凸出現象，更嚴重時會使混凝土表面的保護層整片剝落。並且鋼筋腐蝕後會導致有效斷面積減少，而降低鋼筋混凝土承受力的能力。鋼筋腐蝕爲漸近的電化學反應，其腐蝕機理過程如圖 6-7 所示。鋼筋混凝土內鋼筋的不腐蝕機理，與一般金屬腐蝕除了環境因素不同外，基本上均需具有陽極、陰極、電導通路、電流及電解溶液等五大要項，缺一則腐蝕無法進行。

(1) 在鹼性環境下，鋼筋表面會生成鈍態的氧化鐵保護膜，鋼筋不會腐蝕，見圖 6-8(a)所示。

(2) 當鹼度降低或有氯離子存在時，鈍態的氧化鐵保護膜會被破壞，鋼筋開始腐蝕，見圖 6-8(b)所示。

(3) 自鋼筋放出鐵離子，同時產生電子在鋼筋內部游動，形成陽極反應，見圖 6-8(c)所示。

(4) 在有氧和水同時存在的部位，加上經鋼筋傳導過來的電子生成氫氧根離子，形成陰極反應，見圖 6-8(d)所示。

(5) Fe^{++} 向陰極移動，OH- 往陽極移動，兩者在鋼筋表面結合生成氫氧化鐵，在繼續氧化形成鐵銹，見圖 6-8(e)所示。

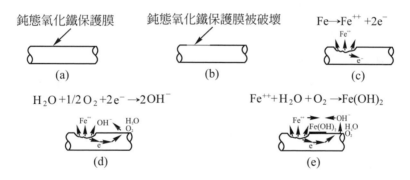

圖 6-8 鋼筋腐蝕過程示意圖

　　鋼筋混凝土防蝕上最先應考慮的是構造物之環境條件，臨海地域之建造物應選用抗海水侵蝕之材料，因爲海水中含有硫酸鹽及氯離子，故應使用具有抗硫酸鹽侵蝕之水泥，建造高密度之混凝土，並有充足之保護層，使混凝土能保持高 pH 值，Cl^- 離子才不易滲透進入。施工上亦應防止發生龜裂，以免海水進入使鋼筋腐蝕等皆是防蝕上基本策略。

(1) 混凝土材料選擇

① 水：海水中含有 3％之NaCl，屬於腐蝕速度最高之含量，故應嚴禁使用海水於鋼筋混凝土工程上。

② 骨材：海砂中含有 NaCl，如前述Cl^-離子會對$Fe(OH)_2$作解膠作用破壞保護皮膜，使鋼筋進一步氧化，將其嚴重腐蝕。故應嚴禁使用海砂於鋼筋混凝土之工程。但萬一地域上之關係(如澎湖等外島地區)不得已要用海砂時，必須經水洗直到海砂中之鹽化物含量在絕對乾重量之 0.1％以下。依實驗結果顯示，混凝土中之鹽化物之總含量如不超過$0.3kg/m^3$，一般而言混凝土中之鋼筋，尚不致被急速腐蝕。

③ 水泥：高爐水泥及飛灰水泥固然具有甚多優點，但國人尚未普遍地對此充分了解其各種優劣點特性，因此未被土木界普遍採用。為避免中性化起見應使用水合反應時能產生$Ca(OH)_2$多之卜特蘭水泥，而為避免被硫酸鹽侵蝕應使用C_3A含量少之第二型或第五型之卜特蘭水泥。

④ 添加劑：應禁止使用$CaCl_2$為促進劑及含有Cl^-離子之添加劑。

(2) 提高混凝土品質

① 水膠比：為提高建造物之耐久性，應製造緻密度高之混凝土，為鋼筋混凝土防蝕上之最重要策略。一般而言抗壓強度高之混凝土其密度亦高。抗壓強度與水膠比有密切之關係。在保持適當之工作性之下，應儘量降低水膠比，降低水膠比不但會提高混凝土之抗壓強度及水密性。由於混凝土密度高不但可保持高 PII 值使之不易降低，且鹽分不易乘隙而滲透進入，因此可以達到防止鹽害之目的。

② 適當水泥用量：在海洋環境下爲提高防蝕之性能應注意混凝土配料設計上之單位水泥用量。增加混凝土之水泥用量，對海水中鹽類之化學抵抗力增強，能大幅提高其耐久性。但如果單位水泥用量增加過多，在薄斷面之混凝土將引起乾燥收縮，在厚斷面則因水化熱引起彭脹收縮導致龜裂，使有害物質易於侵入。因此單位水泥用量宜控制於 500kg/m³ 以下。

③ 足夠保護層厚度：鋼筋混凝土無龜裂時，Cl⁻ 離子以 Hooke 之擴散法則，從混凝土表面滲透至鋼筋表面需要 100 年。因此如果能建造緻密度高且保護層厚之混凝土，Cl⁻ 離子擴散之速度會非常緩慢。保護層厚度愈厚，擴散進入混凝土內部之 Cl⁻ 離子愈少。所以增加保護層厚度對於防止水分，鹽分及氧氣之滲透有顯著之效果，防蝕之對策上可以說是非常重要之措施之一。近年來鋼筋混凝土用的鋼筋直徑有增大之趨勢，用大直徑之鋼筋時由於對於混凝土之乾燥收縮之拘束增大，內部易產生微細龜裂，又由於混凝土之介面增大易產生泌水，易產生孔隙，降低其防蝕性。因此設計時應考慮配合鋼筋直徑比以決定鋼筋混凝土之厚度。據實驗，保護層與鋼筋直徑之比，採取 2.5～3.0 時其防蝕性最爲有效。另於施工時應使用鋼筋間距保持器，注意維持保護層厚度。

④ 防止混凝土龜裂：鋼筋混凝土建造物，如建築在美國溼度 50 度以下之地方，產生一些小龜裂，對該建造物之耐久性影響不會太大。但建築在本省溼度高之地方，避免 O_2，CO_2，H_2O 等從龜裂之裂縫進入，使之加速中性化及腐蝕。也就是說在臨海區域之鋼筋混凝土建造物產生龜裂時，鹽分較易進入鋼筋表面，將鋼筋表面之鈍態皮膜破壞且加劇腐蝕，嚴重降低該建造物之耐久年限。因此必須設法不讓其產生龜裂。

(3) 其他方法

① 包括混凝土之塗裝，鋼筋之防銹措施以及陰極、陽極電化學原理等之防蝕方法。

② 使用監測系統安裝在既有結構，用來評估結構物防蝕維修的效果，或監測腐蝕對結構安全的影響，所發展之鋼筋混凝土結構腐蝕監測系統，其設計目的是希望氯離子或中性化尚未到達鋼筋處即可產生警訊，以便維護單位可及早規劃必要的防蝕措施。為了達到此目的，探頭在混凝土不同深度處有多支鋼筋。每一支鋼筋均和一片貴金屬連線，倘氯離子隨著海風吹向橋樑混凝土表面時，氯離子便會向鋼筋滲透，當其表面不同深度氯離子過高時，鋼筋和貴金屬之間便會有電流流通。從不同深度的鋼筋和貴金屬之間的電流量即可了解氯離子已經滲入到多深的混凝土，並造成該處鋼筋腐蝕。由此，我們即可推測橋樑主筋什麼時侯會開始腐蝕，橋樑維護單位可及早規劃必要的防蝕措施。

8. 疲勞破壞

當混凝土材料受到100％之載重極限時，混凝土材料將即刻損壞，當載重比率降低時，破壞之時間將延後，而當混凝土加載至其短期靜止載重極限(即f'_c)之0.75時，是不會快速破壞的，然而如果在此0.75f'_c載重持續作用下，混凝土也將會緩慢到某一時間後破壞，這種現象可藉由前面裂縫成長及蔓延的觀念獲得解說。此破壞狀況常稱之為「延遲破壞」或「靜定疲勞」。若在水分或濕度過大條件下，混凝土將會潮濕，此時可能由於「應力腐蝕」作用，而比乾燥試體提早破壞。這是因為水分提供混凝土材料內部之潤滑作用，造成加速物質移動，使裂縫較快蔓延。

混凝土在不同形式的作用力下,如壓力、拉力或撓曲力,雖然作用力遠低於屈服強度,但在反覆作用下是會粉碎破壞或劣化,反覆載重會有「黏滯性流」發生,但其影響遠較裂縫蔓延小,故其作用可忽略。疲勞的觀念在設計公共混凝土構造物,如橋樑、參觀場所的樓版等言是非常重要的,因為在相當程度的反覆載重下,尤其是愈接近極限強度的載重,及反覆載重次數頻繁的建物,其壽命會受到嚴重考驗,一般在破壞處常有類似「應力腐蝕」或「粉化現象」。疲勞的最先癥兆是表面裂縫和彈性模數的遞減,為此在設計混凝上防止疲勞粉化上,可考慮添加纖維等強韌性物質,透過裂縫阻止及吸收裂縫能量而延長疲勞壽命,圖6-9為載重之變形行為及可能龜裂型態。

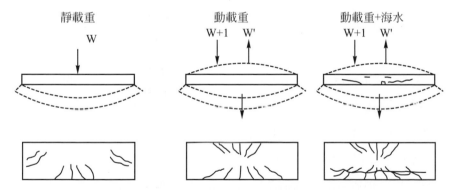

圖 6-9　載重之變形行為及可能龜裂型態

混凝土在應力相當小的狀況下,承受反覆載重,混凝土會產生疲勞現象,以致材質在載重下逐漸劣化,不利於長期安全性,隨相應的疲勞應變增大,一旦超過原始值時,混凝上甚至破裂而毀損,危及結構安全性。

9. 凍融破壞

　　凍融交替作用是寒冷地區，混凝土破壞最常見的一個因素。大多發生在水工結構物、道路、水池、發電站冷卻塔和建築物與水接觸的部位，如陽台等，屬於多孔材料的混凝土若含有水份，則因爲水在溫度低於零度下將結冰，而體積會因而膨脹 9 ％，然而此時水泥漿體及骨材在低溫下將收縮，以致水分接觸位置處將如同千斤頂般膨脹，頂起混凝土造成混凝土膨脹。這種現象並不能用一般之冷縮觀點，而融解時體積又將收縮。因此在結冰與融解交替的作用下，非常容易受到冷凍霜害。混凝土若沒有適當的處置，則可能受到由於水份「熱脹冷也脹」的作用，而造成膨脹破壞。通常一般有冷凍傷害可能的混凝土，均需輸入微小直徑的氣泡(0.01〜1mm)。水泥漿體的水溶有一些鹽，如鉀、鈉、鈣離子。溶液的飽和蒸汽壓比純水低，在不外摻鹽類的水泥漿體中的自由水的冰點約爲-1 至-1.5℃。當溫度降低到-1 至 1.5℃時，大孔中的水首先開始結冰。由於冰的蒸汽壓小於水的蒸汽壓，周圍較細孔中的未凍結水自然地向大孔方向滲透。凍結是一個漸進的過程，凍結從最大孔中開始，逐漸擴展到較細的孔。一般認爲溫度在-12℃時，毛細孔水都能結冰。至於大孔中的水，由於它與水化物固相的牢固結合力，孔徑極小，冰點更低。根據Power [8]所示，硬化水泥漿體中的可蒸發水要在-78℃才能全部凍結。因此實際上，膠孔水是不可能結冰的。

⇨ 6-3 相關試驗與規範

一、新拌混凝土試驗與規範

新拌混凝土品質管制工作的可靠性，依取樣頻率、取樣方法、試驗的依據，及對試驗的瞭解程度而變，所以必須慎重，在一般規範或施工說中都會詳細加以規範。表 6-2 所示即為新拌混凝土品質控制的規定取樣頻率會影響到施工者對品質保證的注意程度，數量愈多品質也愈佳，然而品質管制工作數量愈大，則品管負擔愈重，管制成本愈高，也會造成施工的不便。當然業主可以做工程重要性及決定頻率多少，譬如 1994 年台灣「海砂屋」事件後，混凝土中「氯離子」含量的檢測要求試驗頻率被提昇，即是一例。

試驗必須依據國家標準，採用固定不變的方法，以使不同時間下的檢測都是一致的，所要求的水準是足夠公平且合理。因為如果不如此，則若外界的變因，如試體尺寸、準備方式、大氣溫濕度、儀器精度等，都會造成同一系列樣本產生不一致的結果，無法合理比較出品質狀況而能適時加以控制及修正品質。一般試驗儀器及設備，都必須經常性維修及校驗，以防止系統誤差，並且操作人員須具有合格之經驗及學識，以正確執行品管工作。

二、硬固混凝土試驗與規範

混凝土結構的品質必須自「料源品管」、「製程品管」至「成品品管」認證工作，逐步完成，而「成品品質認證」仍是硬固混凝土試驗的最主要目的。硬固混凝土品質之良窳，通常係以混凝土試體抗壓強度為原則，然而輔以其他破壞性及非破壞檢測的方式，最後如何將試驗所得的數據，轉換成資訊作為品管的依據。

表 6-2　新拌混凝土品控之試驗項目與取樣頻率

試驗項目	依據規範	取樣頻率	取樣方法	試驗方法概述	試驗要求	取代試驗
稠度	ASTM CI43 CNS 1176	每日第一次拌合之混凝土，混凝土稠度明顯改變時，工地試驗製作之同時。	除經常性坍度及含氣量試驗外，取樣量至少0.028 m³，且在15分鐘內完成。必須防止日曬、風吹及快速蒸發之可能。	將混凝土分三層填入潤濕之坍度錐內，每層搗25次，然後提起坍度錐測其坍下高度，精度為1/4吋。	取樣後5分鐘內執行，且在2.5分鐘內完成。	K 坍度試驗儀 (DlN 104.8)搗實因數，動力重模，流度試驗，V-B試驗，貫入球試驗(ASTM C360)，坍度錐(ASTM C995)。
含氣量	ASTM C231、C173、C138 CNS 9661 、9662	工地抗壓試驗體製作之同時。	最初及最後 1/4 部份倒出之混凝土不應取樣。	以壓力法、體積法及重力法試驗之。	取樣後5分鐘內執行。	口袋型空氣指示器(AASHTO T99)。
溫度	ASTM C1064			以玻璃或鐵盾保護之溫度計直接插入混凝土中測定，溫度計必須有3吋之混凝土保護。		
單位重及產量	ASTM C138 CNS 11151			混凝土裝入固定之容器內測其單位重及產量。		核子法 ASTM CIO40。
強度	ASTM C31、C192 CNS1232、1233、1234	施工規範要求，變異產生時，每日至少一次，每115m³一次，每465m²一次。		分三層澆置混凝土並各搗實25下。樑試體則分二層。置標準養護槽內養護。	天秤精度0.2kg取樣後15分鐘內完成。骨材譜最大尺寸限定2吋。	成熟度試驗 ASTMCI074或 ACI 306。
加速養護	ASTM C684			如上，置溫水35±2℃滾水和自生養護槽內養護。		
水泥和含水量	ASTMC1078、CI079 CNS 12832		取樣量至少20kg，按CNS3090或1174之規定。	自由水之化學試驗法，以滴定法測定。		快速試驗儀(RAM)、威希試驗(WH)。
氯含量	CNS 12891、8090、13465			以滴定法測定。		
礦物摻料含量	ASTM C232、CNS 1236			使用#325號篩過濾，然後以實體光學顯微鏡觀測。		
泌水		很少在工地測定。		1. 以搗棒搗實而不動樣本。 2. 每次量測前均間歇振動之。		

1. 破壞性試驗

　　測定結構體混凝土強度的常用方法是利用旋轉的空心鑽切割鑽心試體(CNS 1238)，再將鑽心試體浸泡於水中固定時間、取出後蓋平及抗壓試驗。如果鑽心試體：$\ell/d < 2$ 時，則鑽心試體強度應用適當的係數修正，見圖 6-10 及圖 6-11 所示。

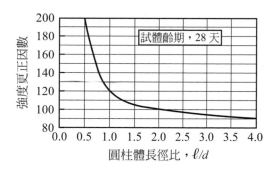

圖 6-10　試體長徑比與抗壓強度更正因數之關係

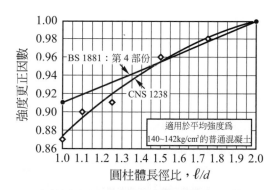

圖 6-11　ℓ/d 小於 2.0 的圓柱體的更正因數

　　破壞性試驗亦即試驗時會損壞結構體，試驗可以標準製作之圓柱試體或鑽心試體經切割而成。抗壓試驗時須注意試體的形狀及尺寸、試體含水量、溫度、受壓面的平整狀況及加壓載重方式，務必符合規範規定，表 6-3 指出相應檢驗項目、規範依據及品質意義。

表 6-3　硬固混凝土品質檢驗項目及依據(破壞性試驗)

項目	依據之 ASTM 規範試體準備方式	基本要求及注意事項	品質意義
硬固混凝土強度試驗	取樣：(1)C 31 或 C 192 新拌混凝土製作試體；(2) C 42 鑽心試體試驗；(3) C 873 場鑄圓柱模。 試驗：C39 抗壓、C78 抗彎(三分點)、C293 抗彎(中央)、C496 劈裂能力。	試體直徑必須為最大骨材粒徑之三倍；高度為二倍直徑，若為 0.95 直徑則棄置。取樣時不可擾動水泥砂漿與組骨材之黏結力。試體表面應平整。	結構品質之評估。
含氣量	C457 新拌混凝土製作之試體或鑽心試體。	表面必須磨光，並以顯微鏡觀測。	決定不同摻料之影響及搗實澆置方式對氣泡系統之影響。本試驗可獲得輸氣量，比青面積及間距因子。
密度、比重、吸水率和孔隙	C642 或 C1041 核子密度測定。	將試驗泡水 48hr，然後決定空氣中及水中重。	(1)評估混凝土強度佳或耐久性不佳之原因。 (2)礦物摻料的存在可顯示出。
水泥含量	C8S 和 C1084 或蘋果酸或其它非標準方法。	注意某些摻料及骨材種類可能改變測定之結果。	決定礦物摻料及有機摻料之種類及可能含量。
礦物摻料和有機摻料含量	C856 岩相學技術(礦物摻料)、紅外線譜儀(有機摻料)		測定及控制鋼筋腐蝕之可容許含氣量。
氯含量	FHWARD-77-85 C114， AASHTO T260。		(1)決定混凝土組成、品質、有害性質、惡化。 (2)預估未來之行為結構物安全。 (3)可看出水泥漿、骨材、礦物摻料、含氣量、抗凍及抗硫、鹼骨材反應、水化程度及水灰比、泌水、火害、爆開等。
岩相分析	C856 硬固混凝土岩相檢測。		乾燥收縮、化學反應、及載重下之變化。了解加入新配料之不良影響。
體積及長度變化	C157(水及空氣儲存法)、C827(早期乾縮)、C512(潛變)、C469(波松比或彈性試驗)、C215(動彈性分析)。		碳化的種類及深度。
碳化	C856 岩相分析技術，酚液指示劑。	觀測碳酸鈣，測 pH 值。	測定抵抗外界環境劣化之程度及能力 確保符合計劃要求 鑑定耐久性，決定某些成份對耐久性能之影響。
耐久性	C666，C671，C682 凍融抵抗；C672 卻冰鹽抵抗；C876 鋼筋銹蝕保護及活性；C227 鹼骨材反應；C289，C342，C441 礦物摻料抑制鹼矽反應之效能；C586 鹼碳反應；C452；C1O12 硫酸鹽侵蝕；C415(噴砂)，C779(壓輪)，C944(旋刀法)測抗磨。		決定混凝土是否足夠乾燥，而可以塗上塗膜材料。

表6-3　硬固混凝土品質檢驗項目及依據(破壞性試驗)(續)

項目	依據之 ASTM 規範試體準備方式	基本要求及注意事項	品質意義
含水量	將試體切出置100℃烘乾決定其含水量，或以4呎平方之 PE 紙貼面上，24～48hr 若無水份凝結即已乾燥。	試體必須保恃濕度不變。	決定滲透性。
滲透性	ASTM正擬定之，混凝土表面上以氯化物溶液，然後測定滲入(AASSHTO T259)以 AASHTO T277 電阻快速測定。		測定抵抗外界環境劣化之程度及能力 確保符合計劃要求 鑑定耐久性，決定某些成份對耐久性能之影響。

2.　非破壞性試驗

　　爲能快速、準確的檢測結構體品質，在破壞性試驗先行非破壞性試驗及預估。傳統上，硬固混凝土品質的優劣及是否維修，常由維護單位工程人員至現場，直接以目測或簡易照相工具，進行調查並攝影存證。通常各工程單位大都有獨立作業制度，或檢查表可供應用。此種定性式記錄常有主觀認知的缺陷，而目測及照相，得知潛存於混凝土內部裂縫或缺陷。往往是造成結構體惡化或銹蝕之主因，有必要加以精密量化，但如果利用傳統鑽心試驗分析，又將耗時費錢，而失去全面檢查的意義。因此引用迅速準確，且能大量節省人力的「非破壞性檢測」技術，輔助定點式及少量勞力密集的安全檢測工作，可迅速及早期診斷病變原因，並以最經濟又時效方式達成保固之目的。

　　目前應用於混凝土結構體之非破壞性檢測方法非常多，可歸納如表6-4所示。各種不同種類的檢測方法皆有其適用範圍及優缺點，使用者可加以評估選用。

三、混凝土的品質保證

　　混凝土品質保證試驗，必須由材料供應商、預拌混凝土業者、混凝土泵送者、工地品管人員等共同分別執行、並採取相互查核方式，通力

合作才能夠將品質完成反應出來，而且不斷的針對問題，分析出癥結所在，共同解決混凝土施工上的問題。而混凝土在規劃時，應明確可行的指示「安全性、耐久性、工作性、經濟性及生態性」的達成方式，並且將PDCA觀念適當引入品質保證中，必須由材料準備、配比設計及試體試拌、澆注、脫模及養護，寫出所需之品質依據，試驗方法及頻率，見表6-4所示，及檢測資料之處理分析，如圖6-12所示即為典型混凝土材料品質檢驗之流程。

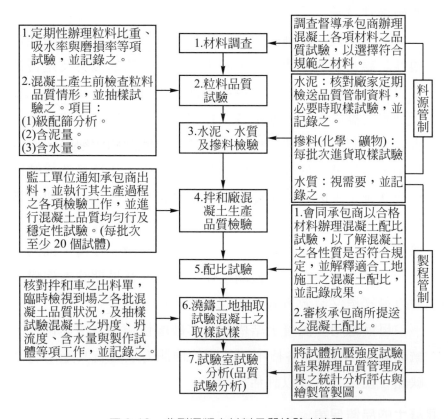

圖6-12　典型混凝土材料品質檢驗之流程

表 6-4　結構體之非破壞性檢測方法

種類		ASTM	測定內容	適用範圍	特長	缺點
打擊法	表面硬度法：落下式錘法、彈簧式錘法、手鎚網球打擊法		打擊混凝土表面、測定凹摶之深度	推算抗壓強度	比較容易測定、適用範圍與被測策應物之形狀、尺寸無關	測定部位限於混凝土之表層部份、無法再適用於同一處所
	反彈法：史密特衝錘法	C805	打擊混凝土表面、測定其反彈度	推算抗壓強度	測定簡便、適用範圍與被測策應物之形狀、尺寸無關	測定部位限於混凝土之表層部份、無法再適用於同一處所
振動法	共振法：縱句共振法、撓度共振法、轉動共振法	C597	特定形狀、尺寸之混凝土試體、測定其共振振動數及對數表衰率等	動力特性(動彈性係數、動剪彈性係數、動波松比等)與凍融抵抗性之測定及抗壓強度之推估	測定較簡便、可反覆適用於同一試體	被測物之形狀、尺寸有限制、動力特性待
	音速法：超音波法、衝擊波法、位相法		測定超音波速(縱波)之傳播速度、測定衝擊波速度、橫波之傳播速度、測定表面波之傳播速度	測定混凝土之厚度、推估混凝土之內部缺陷、動彈性係數之測定並、抗壓強度之推估	被測定物之形狀、尺寸、無幾多大限制可反覆適用於同一處所	使用中週波數愈高、指向性愈佳、惟音波之衰減愈大、單獨使用時推估強度之精度未未理想
複合法	音速、史密特衝錘法	C805	測定超音波速率及史密特反彈度	抗壓強度之推估	比音速法、史密特衝錘法、各單衝推估精度較高	強度推算式尚未確定
	音速、音波衰減法		超音波之音速與衰減率之測定	抗壓強度之推估	比單用音速率、強度之推估精度較高	衰減率之測定困難
	動彈性係數、對數衰率法	C597	動彈性係數及對數衰減率之測定	抗壓強度之推估	比單用動彈係數、度之推估精度較高	被測定物之形狀、尺寸有限
局部破壞法	貫入法：溫度貫入針	C803	測定貫入深度	抗壓強度之推估	比較容易測定	用火藥有危險、試驗後需補修
	拉脫法：釘子或螺栓等之拉拔法	C900	測定埋入混凝土中的釘子或螺栓等之拉拔耐力	抗壓強度之推估	強度之推估精度較佳	須於混凝土澆築前準備、試驗後需補修
	局部壓縮法		測定15mm鋼板之局部抗壓耐力	抗壓強度之推估	強度之推估精度較佳	實施稍有困難、實驗後需補修

表 6-4 結構體之非破壞性檢測方法(續)

種類		測定內容	ASTM	適用範圍	特長	缺點
電磁氣法	電氣法（電氣抵抗法、誘電率法、自然電極電位法）	測定電氣抵抗、測定誘電率、測定自然電極電位		混凝土厚度、密度、含水率等測定、混凝土中之鋼筋腐蝕狀況之推估	比較容易測定可反覆適用於同一處所	測定精度不很理想
	磁氣法	因鋼筋之存在所生磁氣之變化		探測鋼筋	比較容易測定、可反覆適用於同一處所	鋼筋過多時難以探測、保護層較厚之鋼筋難以適用
放射線、中性子法	放射線法（X線法、γ線照像術法、γ線放射計法）	放射線透過狀況之攝影	C597	內部缺陷及鋼筋之探測	可直接觀察混凝土內部之狀況	有放射線之危險
	中性子之法（中性子含水量測定法、中性子活性化分析法）	中性子減水狀況之測定	C1040	混凝土含水量之推估、單位水泥量之推估	測定精度較佳	有工作性危險、裝置大
其他	微波吸收法	波長 0.3～300mm 微波之衰減率測定		混凝土含水量之測定	比較容易測定	推估精度未必良好
	表面吸水法	測定貼於混凝土表面的水（水深約 200mm）之吸水量		由孔隙率推估凍融抵抗性	勿須特殊機器	僅能適用於水平靖材之上面
	水化程度、空隙率法	依水銀壓入法測定孔隙率、化學分析法測定水化程度		抗壓強度之推估	有道混凝土時可推估強度、強度之推估精度佳	測定困難
	音響放射	計測隨加載所生混凝土內部裂痕之聲跡		混凝土品質之推估、加載速率之推估	有道混凝土利用 Kayger 效果、可推估該混凝土過去之加載歷史	測定困難、測定設備貴
	紅外線熱像分析法	利用紅外線輸入、探測相異材料陷處不同鈍態相	D4788	混凝土橋樑鋪面混凝土內部斷層、牆裂成長及孔洞(隙)	快速大面積偵測、費用較為適宜、成果正確性高	須特殊設備及費長、表面溫度影響甚大
	透地雷達法	利用磁波、探測相異材料介面位置		探測混凝土橋樑、舖面內部孔隙、斷面位置、舖面一表面量測厚度量測	偵測任何深度鋼筋及孔隙位置、適用單一表面量測	設備昂貴、結果受鋼筋影響甚大

表 6-5　檢測資料之處理分析

品質項目		試驗頻率	標準規範及失誤率
粒料料源及混凝土配比設計	級配	視需要	
	比重及吸水率	每三個月及必要時	CNS 487,488、AASHTO T84
	健性試驗	每六個月及必要時	CNS 1167、AASHTO T104,5 循環不超過 12 %(粗粒料)及 10 %(細粒料)
	小於試驗篩#200 材料	視需要	CNS 491 粗粒料須小於 1.0 %，細粒料須小於 5 %
	粗粒料磨損率	每六個月及必要時	CNS 490,3480、AASHTO T96 500 轉不大於 40 %
	黏土料含煤量	視需要	粗粒料須小於 0.25 %；細粒料需小於 0.5 %
	細粒料含煤量	視需要	CNS 1172 須小於 1.0 %
	細粒料有機物	視需要	CNS 1164、AASHTO T21 不得較標準色深
	粗粒料扁長率	視需要	需小於 10 %
	粗細骨材鹼性反應	料源變動	CNS 1240，(ASTM C239、C227)
	混凝土配比設計	料源變動	—
拌合廠	粒料級配	每批次進料	—
	粒料小於#200 材料	每批次進料	CNS 491、ASTM C33 粗粒料需小於 10 %；細粒料需小於 5.0 %
	水泥品質	視需要	CNS 61
	水質品質	水源變動	CNS 1237pH 值介於 4.5～8.5
	水泥溫度	視需要	不高於 50℃
	摻料濃度	每日一次	—

表 6-5　檢測資料之處理分析(續)

品質項目		試驗頻率	標準規範及失誤率
拌合廠	混凝土含氣量	視需要	CNS 3090,1176 坍度介於 50～100mm，誤差值±1.5 %
	混凝土坍度	隨時	CNS 3039,1176 坍度介於 50～100mm，誤差 值±25mm；坍 度 大 於 100mm，誤 差值±38mm
	磅秤校正	每三個月及必要時	—
	計量精度	隨時	CNS 3090 靜載重測試準確度為其最大容量之±0.4 %
	拌合時間	隨時	CNS 3090 小於 0.75m³時間為 1 分鐘，美增加 0.76m³，則時間增加 1.5 秒
	拌合片磨損	每一個月及必要時	不得大於 20mm
澆築工地	混凝土坍度	隨時	CNS 3090,1176
	混凝土溫度	每日至少一次及必要時	CNS 3090 10℃至 32℃間
	含氣量	視需要	CNS 9661,9662；AASHTO-152
	試體製作及抗壓強度試驗	依規範辦理	CNS 1231,1232；AASHTO T22,T126
	摻料品質	每批	CNS 12283,3091；AASHTO T24
	混凝土鑽心	視需要	CNS 1238,1241；AASHTO T24
	混凝土養護劑	視需要	CNS 2178；AASHTO M148
	飛灰添加試驗	1000 公噸	CNS 3036 A2040
	爐石添加試驗		CNS 11826,12223,12549

表 6-5　檢測資料之處理分析(續)

品質項目		試驗頻率	標準規範及失誤率
澆築工地	混凝土初終凝試驗	視需要	AASHTO T187
	混凝土彈性模數及包生比	視需要	CNS 1239, ASTM C-496
註：粒料即爲骨材			

學後評量

一、選擇題

( )1. 下列何者不是硬固混凝土試驗的重要性之一？　(A)可確保混凝土配比的合適性　(B)可知道混凝土中材料之內容　(C)可顯示材料或環境改變的特性　(D)可輔助查出結構體發生問題之部位。

( )2. 何者經常用來作爲品質管制的標準，亦是混凝土結構設計之重要依據？　(A)混凝土抗拉強度　(B)混凝上抗彎強度　(C)混凝土抗壓強度　(D)其他。

( )3. 在圓柱體抗壓試驗中，何者是取決於製作圓柱體的目的？　(A)模具　(B)材料品質的好壞　(C)養護　(D)日期。

( )4. 抗壓試驗中，何種形狀試體較不常使用？　(A)稜柱體　(B)立方體　(C)三角體　(D)圓柱體。

( )5. 標準圓杜體的長徑比(長度與直徑比)爲　(A)2.0　(B)1.5　(C)2.5　(D)3.0。

( )6. 規範容許鑽心試驗強度爲設計混凝土強度的　(A)80 ％　(B)85 ％ (C)90 ％　(D)75 ％。

( )7. 在許多加速法中，只有三種方法納入標準法，下列何者為非？ (A)自熱法 (B)熱水法 (C)沸水法 (D)冷水法。

( )8. 下列何者為硬固混凝土試驗最主要之目的？ (A)材料品管認證 (B)製程品管認證 (C)成品品管認證 (D)使用品管認證。

( )9. 烘乾之試體強度較潮濕試體強度增加多少？ (A)5 %～10 % (B)10 %～15 % (C)20 %～25 % (D)30 %～35 %。

( )10. 鑽心試體強度與下列何者有關？ (A)材料品質 (B)施工品質 (C)在結構物之位置 (D)器材優異。

( )11. 下列何者不是混凝土圓柱試體受壓時的典型破壞模式？ (A)握裹破壞 (B)劈裂破壞 (C)剪切破壞 (D)剪切及劈裂複合破壞。

( )12. 下列何者對於非破壞試驗來說，不是非常的有用？ (A)檢測NDT (B)確定脫模時間 (C)評估NDE (D)正確測定出混凝土強度。

( )13. 下列何者是結構體非破壞性之方法？ (A)反彈硬度法 (B)表面硬度法 (C)拉脫法 (D)以上皆是。

( )14. 下列何者非抗壓強度測定值之影響因素？ (A)試體應力分佈 (B)幾何形狀 (C)含氣量 (D)加載速率。

( )15. 一般用劈裂試驗所得到的抗拉強度值，比直接拉伸試驗所得到的值高出多少？ (A)10 % (B)15 % (C)20 % (D)25 %。

( )16. 鑽心試體與圓柱試體強度，兩者強度比值隨混凝土強度的增加而減少，下列何者為其範圍？ (A)1.2～0.9 (B)0.7～0.4 (C)0.9～0.6 (D)1～0.7。

( )17. 下圖為何種載重型態？ (A)中心點載重 (B)端點載重 (C)四分點載重 (D)三分點載重。

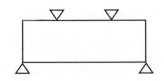

二、問答題

1. 混凝土之新拌性質有那些？
2. 混凝土之硬固性質有那些？
3. 請述鋼筋混凝土中鋼筋之腐蝕機理與行為。
4. 請述鋼筋混凝土中鋼筋之防蝕方法有那些？
5. 混凝土之非破壞檢測方法有那些？

本章參考文獻

1. 黃兆龍，混凝土性質與行為，詹氏書局，1999。
2. 黃士元等編著，近代混凝土技術，陝西科學技術出版社，1998。
3. Neville A. M., 混凝土性能，李國泮、馬吳勇譯，第三版，中國建築工業出版社，1983。
4. 王和源，超高層泵送高性能混凝土的施工品質，第三屆建築生產及管理技術研討會論文集，第171～179頁，1998。
5. 沈永年、黃火烈、黃兆龍，高性能混凝土工地現場泵送特性的評估，高性能混凝土研發實務研討會，王和源與黃兆龍主編，第105～130頁，1996。
6. Tattersall G. H., "The Worlsahiling of Fresh Concrete", Coment & Concrete Association, London, 1976.
7. Powers T. C., "What resulte from basic research studies", Influence of Coment Characteristion on brovt resistance of Concrete, PCA.Chicago,1951.

7

混凝土種類與新技術

學習目標

★高強度混凝土特性與性質。

★高性能混凝土特性與性質。

★優生高性能混凝土特性與性質。

★流動化混凝土特性與性質。

★結構輕質混凝土特性與性質。

★其他特殊混凝土特性與性質。

⇨ 7-1 HSC、HPC 與 EHPC

一、高強度混凝土

　　高強度混凝土(High Strength Concrete；HSC)，被定義爲抗壓強度大於 420kg/cm^2 之混凝土(ACI 363-83)。目前國外已有建築物使用1400kg/cm^2 之高強度混凝土來施工的，其抗壓強度爲 56 天或 90 天齡期試驗結果，主要原因爲一般高層建築物實際結構使用時機係在齡期 1 年以上。又高強度混凝土之水灰比(W/C)甚低，導致坍度小而不容易在現場施工，一般係使用在預鑄構件或預力混凝土上。後來由於「高性能減水劑(強塑劑)」的發展成功，目前已經可以將高強度混凝土製作成具有高工作性之性能。高強度混凝土在台灣先被應用於預力混凝土樑上，到1987 年以後才被逐漸應用於高層建築物上，典型的例子爲台北「世貿中國大樓」及「凱悅飯店」。1991 年高流動化(坍度大於 230mm)的高強度混凝土，才被應用於台北「遠企中心大樓」，此爲本土化台灣高性能混凝土的前身。

　　高強度混凝土骨材之級配與含泥量，必須依據規範規定嚴格加以篩選清洗。砂(細骨材)通常採取 FM ＝ 2.8 之粗砂，以降低骨材之總表面積，減少水泥漿量之需求性。若採用細度模數 FM 介於 2.5 至 2.7 之細骨材，將導致混凝土變爲較黏稠，而易產生強度較差、易龜裂與施工性較差之問題。其原因係高強度混凝土採用低 W/C，在水泥用量較多的狀況下，如果砂過細，則因表面水大量被砂吸附，使砂與水泥相互爭取水量，導致混凝土變爲較黏稠而降低施工性。

二、高性能混凝土

　　從 1992 年開始，世界各國逐漸採用同時添加卜作嵐材料及強塑劑的方法，改善高強度混凝土之工作性。並且混凝土之抗壓強度係依據水

膠比(W/B)來加以訂定,即以水加上液態摻料之重量與水泥(C)加上卜作嵐材料(P)重量之比值,即為水膠比。1995 年美國混凝土學會之結構混凝土規範(ACI318-95),採用水膠比W/B的耐久性設計觀念,已接近高性能混凝土的含義。台灣地區之高性能混凝土(High Performance Concrete;HPC)於 1992 年初期發展,初始之定義為「高強度及高流動化混凝土」,著重於「安全性及工作性」。1996 年再改變成符合「耐久性、安全性、工作性、經濟性、生態性」的優生高性能混凝土。高性能混凝土配比材料的二項主要法寶,即為卜作嵐礦物材料與強塑劑化學摻料。而高性能混凝土所使用材料之性質要求,與高強度混凝土相同。除了要求高品質的混凝土組成材料外,並強調能發揮材料特質,而達到「物盡其用」之目的。又水泥建議採用較細的顆粒,其目的在於增進水化反應,使水泥能充分發揮功能。而使用卜作嵐材料目的包括減少水化熱、降低溫度裂縫的產生機率;並且將水泥中之鹼性物質,譬如氫氧化鈣、氫氧化鈉、氫氧化鉀等,轉換成穩定性之水化產物與膠體,以改善骨材與水泥漿之界面性質而增加鏈結強度、增加混凝土之緻密性、減少水泥用量、增進混凝土工作性與增加混凝土耐久性質等等。又使用強塑劑的目的,旨在減少拌合水量,因拌和水量過多對混凝土耐久性是相當不利的。在保持相同工作性下減少拌合水量,就可以相對的減少水泥用量,而達成耐久性及經濟性的雙重目的。高性能混凝土之安全性即指強度,除了 28 天外亦可以 56 天為要求設計強度齡期,而水膠比(W/B)為高性能混凝土材料強度之指標依據。為確保高性能混凝土品質,嚴格的材料與施工品質保證制度,必須被確實執行成功。由上述可知,高性能混凝土的品質是經由選擇製造出來的,而不是偶然得到的。即 HPC is made by choice not by chance,and HPC as the concrete which meets special performance and durability requirements。

二、優生高性能混凝土

由高強度混凝土及高性能混凝土的配比設計中，可發覺二者均有趨向於低水灰比(W/C)，並且有高漿量的問題產生。雖然高漿量混凝土之早期水化反應快速，可獲較高之早期強度。但由於水泥用量高，相對混凝土中氫氧化鈣及鹼性物質總含量會較高，這對混凝土長期耐久性質，尤其是鹼骨材反應是非常不利的。若在混凝土設計時又採用較高的拌合水量，則因混凝土中總漿量體積增加，相對地會降低骨材用量，即混凝土會產生較大的乾縮量與較低的彈性模數，與其他混凝土物理與化學的劣化病症的後果。若水灰比(W/C)小於 0.32 時，亦會產生「自體乾縮」的問題，故如何考量設計混凝土，以達到安全性及耐久性是非常重要的。又混凝土為了避免施工不當造成蜂窩的弊害，故新拌混凝土需具有適宜的工作性。為避免傳統混凝土以拌合水量來控制混凝土的坍度，需考慮利用骨材級配與混合骨材，達到緻密單位重，使混凝土在固定工作性下，使用最少的水泥漿量。如同世界各國，在台灣地區，混凝土經濟性的考量是非常重要的，應儘量利用本土材料，譬如添加大量卜作嵐材料填塞孔隙及減少水量，是獲取經濟性的重要策略。優生高性能混凝土(Eugenic High Performance Concrete; EHPC)強調以「提高水泥強度效益」來提昇混凝土的經濟性，由高雄 85 國際廣場案例經驗，國內混凝土之水泥強度效益，由傳統之 $0.74 kg/cm^2$/每 kg 水泥增至 $3.0 kg/cm^2$/每 kg 水泥。並且為提高工程構造物之生命週期，所以要求混凝土 56 天之電阻係數小於 $200 K\Omega\text{-}cm$，使鋼筋混凝土不致有腐蝕之虞。為達到混凝土的生態性考量，使用本土化工業副產品譬如爐石與飛灰，並減少混凝土之水泥用量，這些都是優生高性能混凝土的重要準則，表 7-1 為優生高性能混凝土與傳統混凝土及高性能混凝土在配比設計考量上不同之處。

表 7-1　傳統混凝土、高性能混凝土與優生高性能混凝土

<table>
<tr><th></th><th></th><th>傳統／高強度混凝土</th><th>高性能混凝土</th><th>優生高性能混凝土</th></tr>
<tr><td rowspan="5">配比設計準則</td><td>安全性</td><td>控制W/C、水泥強度效率低</td><td>控制W/C</td><td>早期強度控制W/C，中長期強度控制W/B及長期強度限制$W/S<0.08$。</td></tr>
<tr><td>耐久性</td><td>降低W/C、添加卜作嵐材料、增加水密性</td><td>降低W/C、添加卜作嵐材料、增加水密性</td><td>降低用水量≦0.08。(固態材料)，降低水泥用量≦f'_c/1.4 混凝土，降低W/B，控制W/C≧0.42 及$W/S<0.08$，添加卜作嵐材料，增加電阻係數$>20K\Omega$-cm，增加水密性，增加裂縫自癒功能。</td></tr>
<tr><td>工作性</td><td>增加水量，調整級配，小於 150 mm</td><td>適當加水、添加強塑劑、調整級配</td><td>緻密級配，控制砂 FM > 2.8，添加卜作嵐摻料，添加強塑劑、確保45 或 60 分鐘仍有適宜之工作性。</td></tr>
<tr><td>經濟性</td><td>採用與好級配、添加水、飛灰取代部份水泥</td><td>採用良好級配、減少施工成本</td><td>採用「緻密配比法」，緻密級配提高水泥強度效率$> 1.4kg/cm^2/kg$ 水泥，增加施工度，降低生命週期成本。</td></tr>
<tr><td>生態性</td><td>－</td><td>－</td><td>添加礦粉摻料，提高水泥強度效率，減少水泥用量，降低CO_2的排放量，利用再生固體廢料，增加工程品質，延長生命週期。</td></tr>
<tr><td rowspan="4">新拌混凝土</td><td>溫度上昇</td><td>加冰水</td><td>減水水泥</td><td>減少水泥用量，添加卜作嵐、降低強度，減少龜裂。</td></tr>
<tr><td>塑性收縮</td><td>控制環境</td><td>減少水泥漿量</td><td>減少水泥用量。</td></tr>
<tr><td>坍／坍流度</td><td>一般小於 150mm</td><td>250±20mm</td><td>依工程需求，坍度 0～280mm/流度 0～650mm，45 分鐘坍度及坍流度仍俱初拌之最低要求。</td></tr>
<tr><td>凝結時間</td><td>一般性</td><td>初凝較長</td><td>依需求控制，控制水泥漿量。</td></tr>
<tr><td rowspan="2">硬固混凝土</td><td>體積穩定性</td><td>－</td><td>－</td><td>控制$W/S<0.08$，低水泥量，低用水量，孔隙少收縮少，骨材體積穩定。</td></tr>
<tr><td>長期耐久性</td><td>降低 W/C，採卜作嵐材料</td><td>大量應用卜作嵐材料，降低W/B</td><td>控制$W/S<0.08$，使用大量卜作嵐材料，減少水量，減少水泥量，強化界面弱帶。</td></tr>
</table>

⇨ 7-2　流動化混凝土、水中混凝土與結構輕質混凝土

一、流動化混凝土

流動化混凝土(Flowing Concrete; FC)於 1980 年就彼提出，定義為「具流動性之混凝土，其坍度由 180～230mm範圍」，此種混凝土可以少量振動搗實或不用振動搗實，混凝土不會有泌水及析離的問題產生。流動化混凝土係添加高性能減水劑(CNS 122S3F 型或 G 型)或流動化劑(CNS 12833)，又稱「強塑劑化混凝土」，而達到良好工作性之效果。使用流動化混凝土可減少勞力需求、降低振動能量，快速施工且泵送容易，產生均勻性品質之混凝土外觀，無泌水蜂窩缺陷問題，特別適合於鋼筋量過密的區城，尤其適合於台灣地區耐震設計之鋼筋混凝土構造物。傳統 F 型強塑劑的坍度，在天氣炎熱及水泥量過高的狀況下，於短期間內坍度就損失了，故須以分段添加的方式來加以修正，但此將造成施工上之困難。目前緩凝G型強塑劑的生產，可使混凝土坍度的損失較慢，提高了強塑劑的使用價值，也加速「流動化混凝土」的廣泛應用。但目前已有被考慮更周詳的優生高性能混凝土取代之趨勢。

二、水中混凝土

土木營建工程建設中有時常需使用到水中混凝土(Under-water Concrete; UC)，譬如港灣工程之圍堰、沉箱或基礎工程之場鑄基樁、地下連續壁等場合。傳統的水中混凝土施工技術可分為以下兩種：一種是通過修築圍堰後進行排水，形成無水或少水的施工環境，再依陸地施工方法進澆灌混凝上。此種施工方法的問題是：先期工程量大、工程造價高、工期長。另一種則是研發專用施工機具，此種專用施工機具有良

好的密封性，把混凝土與環境水隔離，將新拌混凝土直接發送至水下工程部位。所採用的方法包括：特密管法、導管法、底開容器法、預填集料灌漿法、泵送法等。基本上這些施工方法原理，係將新拌混凝土直接向水中澆灌時，使混凝土與水的接觸維持在最小的範圍內，以減少由於水的影響使混凝土產生分離或水泥流失，而降低混凝土的強度與品質。水中混凝土的組成材料，包括水泥、水、粒料與強塑劑。使用強塑劑可提高混凝土的保水性，使新拌混凝土在水中具有優良的抗分散性，減少產生泌水或浮漿現象，並具有很好的自流性和填充性。

三、結構輕質混凝土

　　結構輕質混凝土之抗壓強度範圍與普通混凝土相同，但混凝土重量較輕，其單位重為 $1360 \sim 1840 kg/m^3$。主要差異在於使用「輕質骨材」，或「輕質骨材與一般骨材的混合骨材」。使用結構輕質混凝土的主要目的，在於減輕高樓結構物的靜載重，但不會影響結構的安全性。結構輕質骨材，通常以製程的不同而區分為數類，所製造出之混凝土強度範圍由 $210 \sim 350 kg/cm^2$，但更高的強度(至 $560 kg/cm^2$)亦可獲得，其技巧主要為控制水膠比(W/B)。結構輕質混凝土為了使施工不致產生泌水及骨材上浮析離的緣故，通常加入輸氣劑以產生 4.5 至 9 ％之含氣量，透過輸氣可以吸附水分，增加黏性使骨材不致上浮。日前更有採用添加飛灰之方式，除了有如同輸氣劑之效果外，亦可獲得界面增強之效果，使混凝土強度更佳。國內輕質混凝土採用緻密配比法，以克服傳統骨材上浮的問題，也能製造出高流動化之輕質混凝土，使未來輕質骨材混凝土的應用更有寬廣的發展空間。結構輕質混凝土拌和前，須將經質骨材充分潤濕，然後加水及強塑劑拌和以獲得需求的坍度為主，坍度可在 $76 \sim 270mm$ 範圍，流度亦可至 500mm 以上，結構輕質混凝土的養護時機，一般較普通混凝土早，養護的方法則相同，而且必須注意至少 5 天以上。

⇨ 7-3 纖維混凝土、聚合物混凝土與低密度中強度混凝土

一、纖維混凝土

纖維混凝土係混凝土在拌和時添加纖維，以增進混凝土之韌性。纖維種類包括鋼纖維、塑膠纖維、玻璃纖維及天然纖維和其它材料製成，其形狀有圓型、平扁型、摺皺型與竹節型等。長度由 6 至 76mm，厚度則為 0.005 至 0.762mm。鋼纖維能有效地增進混凝土的撓曲強度、衝擊強度、韌性、疲勞強度，和抗裂能力，不同的纖維則有不同的結果。纖維含量多寡，對工作性有相當影響，這也是傳統纖維混凝土最大的限制，纖維量多則易絞纏，影響混凝土工作性。但是纖維含量愈多，則韌性表現愈佳，一般以1～2％體積用量纖維較常用。但若為了特殊軍事用途，則纖維用量則可更高，而提高纖維混凝土之強韌特性。纖維混凝土的施工方法，可採用傳統的方式譬如泵送機等施工機械，亦有利用灌漿的方法來達成施工目的。鋼纖維加強混凝土主要使用在剛性路面、水工結構物、薄殼結構物與預鑄產品。玻璃纖維一般用在噴灑薄版成為GFRC板。在台灣，鋼纖維混凝土已成功地應用於中國鋼鐵公司之廠區運輸軌道之預力軌枕上，以及承受高載重與反覆載重。採用緻密配比的技術，纖維混凝土可以是具流動化的，此高流動化高性能纖維加強混凝土亦被應用於自動化生產之低放射線核廢料儲存桶上。

二、聚合物混凝土

聚合物混凝土為高分子混凝土之一種，其種類涵蓋甚廣，凡是以聚合物為膠結材料的混凝土皆屬之。本節僅說明聚合物改良的水泥混凝

土，而不包括環氧樹脂砂漿、瀝青混凝土等。表 7-2 為典型聚合物混凝土之種類與特性。

　　聚合物混凝土可分為聚合水泥混凝土(Polymer Cement Concrete：PCC)、樹酯混凝土(Polymer Concrete；PC)與聚合物浸漬混凝土(Polymer Impregnated Concrete；PIC)等三類，如圖 7-1 所示。這三類聚合物混凝土的組成不同，生產工法不同，物理力學性能也不同。聚合物浸漬混凝土又稱注膠混凝土(PIC)，係以一般方法先準備好混凝土，經過養護後將混凝土中所含水份除去，引導產生孔隙，再將聚合物「單體」注入孔隙內；或注入裂隙內，經高溫或放射線聚合作用，即可固化成注膠混凝土。注膠方式又可為完全、部份或表面注膠，依所需求性質而定。並且注膠混凝土(PIC)之性質，與原始混凝土強度無關，一般注膠混凝土(PIC)須依經濟性觀點來決定注膠之程度。注膠混凝土之技術，對復原火害混凝土非常經濟有用，但台灣地區並未考慮此種技術來維修，使復原後混凝土較原來混凝土性質更佳。

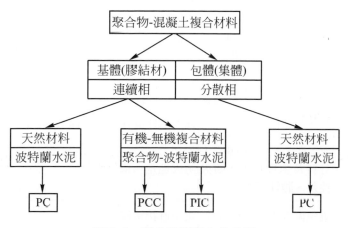

圖 7-1　聚合物混凝土的分類

表 7-2　聚合物混凝土之典型特性

聚合物混凝土類型	注膠混凝土(PIC)	聚合物水泥混凝土(PCC)		
單體要求性質	低黏滯性、較高的沸點、低毒性、聚合容易、成本低、單體供應量充裕	乾煉能形成凝聚眾性膜、乳液穩定性佳(聚合物顆粒須細小 $0.01\sim1\mu m$，且不易沉澱)、在混凝土中穩定佳(不易水解)		
單體材料種類	1. 甲基丙稀酸甲酯 2. 苯乙稀	熱塑性 1. 聚醋酸乙稀 2. 絲龍(PVC共聚物) 3. 聚丙稀酸共聚物 4. 聚酯乙稀	橡膠性 1. 苯乙稀-丁二稀共聚物 2. 丙稀睛-丁二稀共聚物 3. 天然橡膠	熱硬性 環氧劑
聚合化方式	1. 伽瑪射線 2. 催化劑 3. 熱催化	1. 乾燥 2. 濕硬化-乾硬化		
一般應用	橋面版固化、混凝土污水管、預鑄版、構件、隧道襯砌版、礦坑支柱、鐵路軌枕、預鑄樁、其他需要耐久性之構築物	黏結劑 修補及舖面 修補	修補及舖面	黏結劑 修補
優點	耐久性佳、透水性低、潛變與收縮低、耐磨性好、強度佳	強度佳(剪力、結合力、拉力、撓曲力)、耐久性佳、黏著性佳、抗凍融性佳、耐磨性佳、耐衝性佳、工作度佳、施工簡易(適合工地使用)		
缺點	成本高、工地技術缺乏、材料及處理特殊、防火性差、脆性反應	防火性差、價格貴		
注意事項	避免傷害人體、俱毒性	避免直接接觸人體		

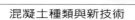

三、低密度混凝土

「低密度混凝土」又稱「絕緣混凝土」，也是輕質混凝土的一種，其單位重甚至低於 $800kg/m^3$，抗壓強度當然也比較低，一般介於 $7\sim70kg/cm^2$ 間。中強度輕質混凝土，則較低密度混凝土有較高之單位重，約 $800\text{-}1920kg/m^3$，強度相對也較高，約 70 至 $175kg/cm^2$，細胞型混凝土亦可按此策略，調製低密度和中強度輕質混凝土，此類型混凝土常用在隔熱板上，其隔熱效能隨密度而異。

低密度和中強度輕質混凝土的配比中，含氣量通常在 25％至 35％範圍，其目的與結構輕質混凝土類似。出於有大量空氣，故工作性非常好，如同製作蛋糕般，拌和時仍必須防止過度輸氣，近代的拌和設備可以有效及均勻分佈輕質骨材，達到良好的品質，更可依據緻密配比法調配低漿而流動化之配比。骨材析離在此種混凝土上甚少發生，施工時常用泵送機輸送。混凝土澆鑄完成後儘量減少過度粉飾，利用刮板處理作業，即應足夠平整。低密度混凝土和中強度輕質混凝土，常使用為隔熱或填築工程，使用時必須注意其可能過度乾縮行為，通常乾縮量為 $0.1\sim0.6％$，若缺乏適度控制可能會發生翹曲或龜裂的現象。使用在屋頂上，因為太陽直射膨脹的關係，必須製作 25.4mm 的膨脹縫，其距離至少每 30 公尺一條，以調整膨脹的應力。在台灣地區由於炎熱潮濕的氣候，更應注意防水處理以免隔熱效應因水滲入裂縫而降低。

四、重質混凝土

重質混凝土，係以特殊重質骨材製作而成，其密度高達 $6400kg/m^3$，此類混凝土主要用在遮障 X 射線、伽瑪射線與中子輻射的高輻射能射線，當然也可用在平衡載重及其它需要高密度的用途，譬如輻射遮障混凝土。重質混凝上遮障輻射能的效果與其密度有關，密度愈大則遮障效

率愈佳。為水中之氫提供非常有效的「沖淡作用」，若骨材中所含高量固定型「氫水」的量愈多，則可有效地隔離或沖淡伽瑪射線及沖淡中子射線。硼的添加物亦常用來增加對中子的遮障效能。

重質混凝土的性質，除了重量較普通混凝土重外，其餘均非常相似，故其配比過程均相似，惟在拌和過程因為骨材甚重，故不應有超載的現象，否則容易損壞拌和機，通常拌和量應減半，以防止攪拌葉片過度磨損，有時重質混凝土的澆置作業係似「預壘骨材」的方式，然後以壓力澆注水泥漿填充孔隙，若利用泵送機壓送混凝土，則其距離應縮短，因為泵送能力會因單位重太大而減低，以厚度大於 50mm 水泥砂漿舖築後，再覆上骨材，然後採用振實的搗泥法，惟須注意應確保骨材均勻分佈。

⇨ 7-4　其他特殊混凝土

一、高早強混凝土

高早強混凝土指混凝土早期即可獲得指定強度，其強度出現時間比普通混凝土更短，有時甚至短到至數小時即可獲得傳統 28 天之強度。高早強混凝土可以利用傳統混凝土材料和方法來獲得，或可採用下列單項或組合多項策略而得到。

1.　第 III 型早強水泥。

2.　高水泥含最：每 m³ 混凝土含 356～593kg 水泥量。

3.　低水灰比(0.2～0.45)：惟應注意「自體乾縮」，宜採用低水膠比(W/B)。

4.　高的新拌混凝土溫度：應注意蒸發及溫差裂縫。

5.　高養護溫度：應注意內部裂縫。

6. 化學摻料：應注意對微結構的影響。

7. 蒸氣或高溫高壓鍋：應注意內部裂縫。

8. 矽灰、爐石粉、稻殼灰：應注意早期性質可能的影響。

9. 絕緣以保持水化熱不過高。

10. 調凝水泥或其它特殊水泥。

使用高早強混凝土的目的，主要為提供預力混凝土，使能提早施加預力，促使預鑄混凝土能快速製造生產，加速模板的再利用率，冷天施工，快速修護以減少交通影響，快速舖面，和其它需要早期強度之用途。

二、巨積混凝土

依據 ACI 116 巨積混凝土之定義，為「任何場鑄大體積之混凝土，其尺寸過大而必須克服產生之溫度，或伴隨水化溫度作用而產生之體積變化，避免產生裂縫者」，所以巨積混凝土不僅包括低水泥量的大壩混凝土，和其它大體積混凝土，亦包括中量及高量水泥之結構混凝土。目前更明確定義巨積混凝土尺寸的標準尚不存在。對於巨積混凝土為避免龜裂之產生，大壩及其它無筋混凝土結構物等較低抗壓強度者，並不容許溫度上昇差異值超過人氣溫度的 11～14℃。在 1950 年代後期配比的原則，係以低水泥量、低水量、低初始溫度及低水化熱為設計精神。降低內部溫度上昇率常採取的方式為：

1. 低水泥含量 119～267kg/m^3，含高量粗骨材(80％)，較大骨材粒徑(75-150mm)。

2. 低熱水泥或混合水泥(水泥摻加大量飛灰或稻殼灰)。

3. 卜作嵐材料：摻加卜作嵐取代部份水泥，其水化熱大約可降為純水泥水化熱的 25 至 50％。

4. 減低混凝土初始溫度至 10℃ 左右。

5. 利用埋入之冷卻管以冷卻混凝土。

6. 鋼模以加速熱量散失。

7. 水養護。

8. 澆置升層較低＜127mm。

三、預壘混凝土

　　預壘混凝土係將骨材預先排置在模板內，然後以水泥砂漿，通常摻加卜作嵐及強塑劑摻料，灌入骨材之空隙內所造成之混凝土。預壘混凝土與傳統混凝土的性質相似，惟熱量及乾縮量會因為骨材間相互接觸而降低水泥漿量而減小乾縮量。預壘混凝土之粗骨材，須符合 CNS 6299「混凝土用碎石」或 CNS 3691「結構混凝土之輕質粒料」之規定，有些規定限制骨材粒徑最大為76mm至最小為12.7mm，同時級配應含35至41％的空隙，灌漿用的砂需全數過16號篩，且細度模數介於1.2至2.0。此種混凝土主要用在修復工作、反應爐之施工、橋墩、水下結構物、或需要建築外觀特性之混凝土。

四、無坍度混凝土

　　依 ACI 116 定義，無坍度混凝土為坍度小於6.4mm以下的混凝土。這種混凝土是非常乾稠，故需要有特殊的振動工作能量才足以澆鑄搗實混凝土，並且要利用機械方可施工。此種混凝土之工作度依據ACI 211.3之建議，有三種方法來量測，分別為 Vebe 測定儀(BS 1881)、搗實因子試驗(BS1881)和 Thaulow 桌。當耐久性必須考慮時，通常建議加入輸氣劑，其輸氣量因混凝土乾硬以致於較普通混凝土來得低，但輸氣效果則相仿。無坍度混凝土配比設計亦可依據緻密配比法則加以設計，以掌握耐久性、經濟性及適度工作性。

五、滾壓混凝土

滾壓混凝土(Roller Compacted Concrete, RCC)是一種「貧配比」又無坍度，且幾乎乾燥的混凝土。滾壓混凝土之施工法係以「土工振動滾壓機」或「平板搗實儀器」來加以搗實的。這種混凝土的組成材料為骨材、水泥、水和卜作嵐材料，水泥用量由56至156kg/m³，拌和方法採傳統拌和機，連續拌和機或快速傾卸的車載式拌和機。滾壓混凝土施工非常快速並且經濟，適用於大型重力壩、貨櫃儲運場舖面、木材分類場、機場停機坪、鄉村道路與傳統公路及街道舖面的底層等等。其抗壓強度性質，由大壩之70～315kg/cm²，至高速公路舖面設計的350～700kg/cm²。為了確保滾壓混凝土的品質，混凝土的舖築層次，每層厚度必須儘量薄，以使振動滾壓機能夠充分搗實為主，通常建議每層厚度203～305mm為主，而品質管制作業主要控制使混凝土均勻散舖，並且能充分滾壓搗實，相關資料可參考 ACI207.5。在台灣滾壓混凝土曾被用在機堡防護層、大壩溢洪道及搶修維護道路上。

六、土壤-水泥混凝土

土壤-水泥混凝土，係一種「粉末化土壤或粒狀材料、水泥與水的混合物」，又稱為「水泥處理底層(Lean Concrete Sub-base；LCB)」、「水泥穩定層」、「水泥改良土壤」或「水泥處理骨材」。這種混合料先被搗實至高密度，然後待水泥水化後，此種混合材料即變的非常硬實及耐久。土壤-水泥混凝土主要用在道路、街道、機場和停車場的基層、瀝青或卜特蘭水泥混凝土磨擦層之覆蓋面上。土壤-水泥混凝土亦用在填土和上堤、水庫和溝渠面之斜坡保護及基礎穩定上。這種混合料之要求非常寬鬆，土壤可以是砂、粉土、黏土、和卵石或碎石等之組合物，當然地域性粒狀材料，如爐石、石灰岩、鐵渣，加上工業廢料，如煤

渣、飛灰、和礦場及卵石場的過濾物等亦可用來製造土壤-水泥，老舊碎石路之再生材，亦可用來製造之土壤-水泥。土壤-水泥的水泥用量由 77 至 255kg/m³，拌和作業係在中央拌和廠進行，然後再以傳統道路施工機械輾壓至 96～100 ％之最大密度。此種土壤-水泥混凝土之 7 天強度通常為 21～56kg/cm²，而數年後之強度有高達 175kg/cm² 之記錄。

七、噴凝土

噴凝土(Shot Concrete)係以氣壓方式，將水泥砂漿或混凝土，以高速率噴至施工面的一種混凝土施工技術。相當乾燥的混合物，利用衝擊力搗實，因此可噴至垂直面或水平面上，而無過量材料垂流落下的發生。噴凝土被應用在新施工或維修工作上，特別適合具有曲率斷面，和薄層混凝土結構及薄淺的修補作業。噴凝土的工程性質，與施工作業手之技術及品管有相當密切關係。其性質近似普通混凝土或高強度混凝土，又噴凝土骨材的容許最大尺寸為 19mm。噴凝土的施工作業，可分為「乾式」及「濕式」二種，其主要差異為拌合水之添加位置與先後次序。噴凝土在台灣常被用在隧道工程之襯砌與開挖面穩定作業上及山坡地之邊坡穩定作業上。

八、無收縮混凝土

無收縮混凝土，係使用膨脹水泥或摻加膨脹性添加料至卜特蘭水泥中，以使混凝土凝結和硬固，其過程產生相當於或稍大於普通混凝土預測乾縮量的膨脹量，用以補償往後乾縮所造成的縮短現象，或收縮引發的龜裂。這類混凝土被用在混凝土樓板、舖面、結構體、和修補作業上，其性質類似普通混凝土。在台灣常用在逆打施工法，上下柱接頭部份，或鋼構基礎按裝之灌漿作業上。

九、透水性混凝土

透水性混凝土，係指混凝土含有狹窄級配的粗骨材、微量或無細骨材，並且無足量之水泥漿，無法完全充滿粗骨材空隙之混凝土。這種混凝土之水灰比低、坍度低，粗骨材主要在接觸點以水泥漿黏結，其孔隙體積由 20 至 35 ％，具高透水性，容許水量快速流過。空隙混凝土大都使用在水工結構物，當作透水介層、停車場、舖面及機場跑道，以減輕暴雨浸溢，亦可用在網球場及溫室樓板。當建築物考慮隔熱時，亦可使用之。

十、著色混凝土

1. 白色混凝土

白色卜特蘭水泥，使用來製造白色混凝土，以供建築美觀功能之使用，如水泥砂漿、膠泥漿、灰泥、洗石子和卜特蘭水泥塗料。白水泥之製造，須符合 CNS 61 之性能要求。白色混凝土必須使用不會影響混凝土顏色的骨材與拌合水，白色或淺色的骨材可被採用，但必須注意以防止工具及機械銹斑之污染，當然包裹混凝土的養護劑亦應避免之。

2. 著色混凝土

著色混凝上，可以利用著色的骨材或添加色料(ASTM C979)，或同時使用此二種材料。採用著色骨材通常均暴露在混凝土外面，其處理製造方式如同露骨材混凝土一般。著色用色料必須是純氧化礦物，經細磨至比水泥還細，且不能溶於不含鹽和酸之水，在陽光下不褪色，能抵抗鹼或弱酸之侵蝕，並且不含有硫酸鈣等成分，著色混凝土中之色料用量，不超過 10 ％的水泥重，其色調深淺視用量之多寡而定。為了確保顏色的均勻一致，配比必須嚴加控制，且以重量為主，拌和時間要比普通混凝土長。對

於平板型，如樓板和預鑄板的作業，有時著色採用乾撒的方式來塗佈色料，乾撒的材料包括氧化礦物色料、白卜特蘭水泥、特殊級配的細砂，和其它細骨材。樓板整平後，將 2/3 的乾色料以手撒佈表面上，即進行表面修飾，隨後應立即養護，並防止可能有的污染及褪色影響。

十一、鋼絲網混凝土

鋼絲網混凝土是一極特殊的強化混凝土，由水泥砂漿及埋置其中的數層密接連續的薄金屬，或非金屬網和金屬絲共同組成。其鑄造係將鋼絲網製成雛形，然後將水泥一砂漿用手塗抹、噴凝土、或層壓入新拌水泥砂漿、或者組合上述方法而達成。採用之水泥砂漿配比，通常砂-水泥比為 1.5～2.5，其水灰比為 0.35～0.5，鋼筋大約佔鋼絲網的 5～6％體積，有時可加入纖維和摻料以增加水泥砂漿的品質，高分子或水泥基覆面料，經常應用在完成表面以減少空隙率。鋼絲網混凝土非常容易造成各種形狀及尺寸，為一種勞力密集的混凝土。通常用來建造薄殼屋頂、游泳池、隧道襯砌、圓儲倉、儲藏槽、預鑄房屋、浮塢、船殼、雕塑品、和薄版或厚度小於 25mm 以下之單元。

至於鋼纖維混凝土(Steel Fiber Reinforced Concrete；SFRC)是在脆性易裂的混凝土基體中摻入亂向分布的短鋼纖維所形成的一種新型、多相、多組分水泥複合材料。它不但保持混凝土自身優點，更重要的是因鋼纖維的摻入。對混凝土產生了增強、增韌和阻裂效應，從而極其顯著地提高了混凝土的抗拉、抗彎強度，阻裂、限縮能力，抗衝擊、耐疲勞性能，大幅度提高了混凝土的韌性，改變了混凝土脆性易裂的破壞形態，在荷載、凍融等疲勞因素作用下，因其阻裂能力的提高，明顯延長了其使用壽命。如表 7-3 所示，當在普通混凝土中摻入鋼纖維後，與普通混凝土相比，除抗壓強度與彈性模數外，其他各項物理、力學與耐久

表 7-3　鋼纖維混凝土與普通混凝土性能比較

性能	與普通混凝土相比
抗彎初裂強度	1.4～1.8
抗彎極限強度	1.5～2.0
抗拉強度	1.3～1.7
抗剪強度	2.4～2.8
抗壓強度	1～1.15
抗彎韌性	15～25
極限延伸率	25～40
破壞衝擊次數	13～14
疲勞強度	3～3.5
收縮率	0.4～0.5
拉伸徐變	0.5～0.6
凍融循環次數	2～3
彈性模數	1～1.1
耐磨耗	0.3～0.35
耐熱性	良好

性指標均有顯著提高。由於鋼纖維混凝土的優點特性，它已成為世界上研究最多，應用極廣的纖維增強水泥複合材料。鋼纖維混凝土強度等級有普通鋼纖維混凝土，其抗壓強度等級小於 40MPa；鋼纖維高強混凝土 (Steel Fiber Reinforced High Strength Concrete；SFRHSC)，其抗壓強度等級為 50 至 100MPa；高性能鋼纖維混凝土，其抗壓強度等級大於

100MPa。按纖維體積率(V_f)分有低摻量鋼纖維混凝凝土(V_f= 0.6％～1％)；中摻量鋼纖維混凝土(V_f= 1％～3％)；高摻量鋼纖維混凝土(V_f= 4％～25％)，最有代表性的高摻量鋼纖維混凝土是 SIFRC(Slurry Infiltrated Fiber Reinforced Concrete)，這種灌漿鋼纖維混凝土，不但鋼纖維體積率(V_f)高，而且長徑比(L_f/d_f)可達 100～200，從而與普通鋼纖維混凝土相比，其各項力學性能指標，均以數量級增長。由於鋼纖維混凝土的優點特性，它已廣泛地用在公路路面、機場路面、橋面、防水屋面、工業地面工程，水工、港口、海洋工程，隧道、涵洞工程。而鋼纖維混凝土的經濟性(成本)如何，將直接關係到其在實際工程中的推廣和應用。從傳統的、靜止的觀點來看，每立方米鋼纖維混凝土的造價確實比普通混凝土高，但是需注意到這一點不是全面的。在考慮了從材料到設計、施工、維修等多方面的因素後，鋼纖維混凝土使用的綜合成本並不比普通混凝土的高，甚至於有明顯的降低。但至今還未有關鋼纖維混凝土綜合經濟效益評價的成熟方法。

十二、膨脹混凝土的特性

膨脹混凝土具有不同於普通混凝土的膨脹性能。而膨脹混凝土的各項特性除了與原材料、配合比和製作條件有關外，並隨限制程度的不同而程度不同。如前所述，在小限制條件下，建立0.2～0.7MPa自應力值的膨脹混凝土，稱之為補償收縮混凝土。由於其膨脹因素可以填充和封閉混凝土的孔隙，改善孔結構，具有自密作用，所以它不但可以提高抗滲性，避免或減少裂縫，而且還可以使混凝土強度比自由膨脹下提高10％～20％。如果膨脹能加大，限制程度加大，所建立的自應力值在2～7MPa或更高，就稱為自應力混凝土。

十三、鋼管混凝土

鋼管混凝土是將混凝土灌注於空鋼管中，可採用不同的施工工法使之密實而形成鋼管與混凝土在外荷載作用下，能共同承受的一種組合結構材料。此種組合結構材料具有優點的結構性能，其承受壓載的能力超過了鋼管截面與混凝土截面分別承載能力之和，而且還相應地大幅度提高了變形性能，使鋼管內的混凝土的受壓破壞特徵由脆性轉變爲塑性破壞。

其基本原理是由於鋼管中的混凝土在受到軸向壓荷載後，混凝土的橫向變形受到了在其外圍的鋼管的約束，使混凝土處於三向應力狀態下工作，從而延緩了混凝土內部原始微裂縫的擴展，大幅度地提高了混凝土的抗壓承載能力。因此，鋼管混凝土也可稱之爲 "約束混凝土" 或 "套箍混凝土"，其學名可稱之爲 "三向應力混凝土"。

世界上最早在工程上採用鋼管混凝土結合的是英國，於 1879 年建成的賽文(Severn)鐵路橋的橋墩。當時在空鋼管中灌注混凝土的目的僅僅是爲了防銹，而並未考慮可大幅度提高承載能力。鋼管混凝土的理論基礎建立在混凝土受壓破損的機理上。強度是工程材料的一項最重要的性能，而抗壓強度又是混凝土最主要的力學性能指標，混凝土強度的其他性能指標，如抗拉強度、抗彎強度、抗剪強度等等，往往都以抗壓強度值的百分數來表示，而混凝土的耐疲勞性能、變形性和耐久性等也都與混凝土的抗壓強度有較密切的關係。故在鋼筋混凝土結構設計和工程施工控制中，往往也以混凝土的抗壓強度作爲首要的依據或質量評定指標。

十四、飛灰混凝土

飛灰大量用於塡方、道路的墊層，這是經濟效益較低的利用。飛灰作爲活性混合材料摻入水泥或混凝土中，則能充分發揮火山灰活性，效

益較高。飛灰可作爲水泥生產用的混合材料,也可作爲各混凝土的一種成份,生產飛灰混凝土。這兩種利用途徑和工程雖有不同,但基本原理是相同的。因爲飛灰是發電廠「排放的固體廢棄物,煤的平均灰份爲30％左右,因此飛灰的排放量很大。在建設發電廠時必須建設占地面積很大的儲灰場,避免飛灰污染環境及向江海排放時則堵塞航道。解決工業廢料飛灰的再利用問題成爲改善環境的一個重要課題。

飛灰混凝土的配製和應用是我國混凝土領域 80 年代的新技術,不僅能節約能源和保護環境,還能改善混凝土的某些性能。任何一種材料都有其特性,包括優點和缺點。某些優點本身同時也帶來缺點,粉煤灰混凝土即是一例。飛灰水泥漿體孔的細化帶來後期強度高及抗離擴散性好的優點。

十五、冬季施工混凝土

混凝土在低溫下強度發展很慢。在-5℃以下的溫度,不摻加防凍劑的混凝土水化幾乎停止,強度不會成長。因此在寒冷季澆築混凝土時,必須採取特殊措施,以防止混凝土因早期結冰造成的破壞性膨脹;並保證混凝土達到規定的拆模強度時才能拆模。因冬季施工混凝土沒有達到要求的強度,即拆模或加上荷載,而造成質量事故甚至人員傷亡事故。

在混凝土冬季施工的學術觀點上,歐美國家與蘇聯學者有很大的差異。前者用現代混凝土技術如採用純熟料水泥、高效減水劑、輸氣劑等使混凝土在正溫下在最短的時間內達到要求的安全拆模強度。後者用摻防凍劑使混凝土在負溫下保持不同液相而水化,在相當長的時間內達到要求的拆模強度。歐美學者對摻大量鹽類的混凝土的長期耐久性抱有疑慮。

⇨ 7-5 實際施工案例

一、低強度高流動性混凝土於管道回填工程之應用

1. 前言

　　台灣地區道路施工常令民眾詬病者,爲因地下管道埋設、維修及遷移等工程,對既有道路進行挖掘後,因回填施工作業不確實致路面形成凹凸不平,非但降低道路原設計之服務水準,更影響行車安全,且對政府施政形象傷害極大。而目前各單位對管道挖掘及回填作業,尚無統一之設計及施工標準作業規範,但地下管線(如自來水、瓦斯、電力及電信等管線)已成民生不可或缺之需求。國內各道路主管機關對於管線埋設工程,均依規定標準收取「代辦挖掘路面修護費」,此修護費用係用於日後道路若因管道挖掘後產生破壞修護之用途,但並非修護一次即可確保不再損壞。故爲改善道路施工品質,維護政府形象,應制定管道挖掘回填設計及施工標準作業規範。爲解決此問題,國外作法係以可控制低強度材料(Controlled Low-Strength Material;CLSM),其抗壓強度不超過300psi(21kg/cm^2),來取代傳統回填工程之級配料[1,2,3,4]。本研究探討目標爲 28 天抗壓強度不超過 1000psi(70kg/cm^2)之高流動性低強度混凝土,除考慮具可再開挖性外,更須確保路基穩定性,並及早開放通車以維交通順暢。

2. 低強度高流動性混凝土材料性質

(1) 流動性與抗析離性

　　高流動性低強度混凝土應具有良好流動性質,以填充開挖後塌陷空隙,解決於狹窄管溝中無法充份使用夯實機械之作業問題。即高流動性低強度混凝土須具備工作性佳、施工快速與

穩定性等優點[5,6]。又流動性可視工程目的需求加以調整，目前測流動性方法包括混凝土標準坍度試驗(CNS 1176)，流度試驗(ASTM C230)及使用 7.5cm × 15cm圓柱體之修正流度試驗法(ASTM P6103-97)。高流動性標準係指坍度值需大於 18cm。當配比使用過量的拌合水時，雖能達到相當高之流動性，亦會造成析離。為達到高流動性而不產生析離，高流動性低強度混凝土必須添加適量之卜作嵐材料以提供足夠凝聚性。使用飛灰與爐石粉之卜作嵐材料，於水化作用後可釋放出鹼性物質，產生卜作嵐作用以增加混凝土水化產物與強度，故使用適量卜作嵐材料可達到降低水化熱並兼具經濟效益。在混凝土施工規範中，規定地下工程混凝土之飛灰使用量上限，為混凝土膠結材料之 25 ％[7]。即在高流動性低強度混凝土宜使用適量卜作嵐材料，但飛灰若使用過量則會導致凝結時間延長，故須視情形決定飛灰使用量[8,9,10]。

(2) 硬固時間與沉陷性

① 高流動性低強度混凝土從澆置後至硬固狀態之時間，受到下列因素影響[1,3]。

② 黏結材料種類與使用量。

③ 與高流動性低強度混凝土相接觸周圍土壤之滲透性及飽和度。

④ 高流動性低強度混凝土之流動性與配比成份。

⑤ 拌合溫度、環境溫度與回填深度。

高流動性低強度混凝土之硬固時間約需 3 至 5 小時，其抗壓強度約為 3 至 7 kg/cm^2。若為特殊需求，可增加適量之化學摻料(早強劑或速凝劑)，以縮短其硬固時間，通常可依 ASTM C403 貫入試驗法，量測硬固時間及承載力。貫入值須為 500

至 1500 psi，以提供足夠承載力。若工地現場無量測儀器設備時，可以目視將 1500 psi 之重物放置其上以測定之。高流動性低強度混凝土若體積減少就會發生沉陷量，經由壓密作用使多餘水份或空氣排出，則被表面周圍土壤吸收或變成游離水在表面形成泌水狀態，大部份的沉陷現象發生在澆置時，其沉陷程度視被釋放出游離水含量而定，在高用水量(220 kg/cm³)下，其沉陷量約 1.0～2.0 cm/m，若使用較低拌合水量，則會發現有較少的沉陷量或不會發生沉陷。

(3) 滲透性、單位重與生態性

高流動性低強度混凝土的滲透係數約在 10^{-4}～10^{-5} cm/sec，隨著黏結材料的減少而增加，亦會隨著骨材用量而增加(尤其是骨材用量超過 80 %時)，若為了降低其滲透性而使用具有膨脹性黏土或矽藻土為回填材料時，將會影響其他性質，故使用前須經過詳細的配比試驗程序才可。澆置後高流動性低強度混凝土單位重可達 2150～2350kg/cm³，較傳統碎石級配料夯實至 95～98 %密度值約 2100～2200kg/cm³ 為高。高流動性低強度混凝土之基本材料為水泥、飛灰(爐石粉)、骨材與水，其中飛灰為燃煤電廠之生產廢料，爐石粉為煉鋼作業之副產品；而骨材亦可利路基開挖之土石方或建築物拆除之混凝土等。即使用高流動性低強度混凝土，不但可利用廢棄物，進而減少廢棄物對環境之衝擊，而具有環保性。

(4) 抗壓強度與再開挖性

高流動性低強度混凝土之抗壓強度，視工程需要及再開挖需求程度而設定。就管線埋設工程而言，以 20 至 70kg/cm² 最為適當，但某些配比在初期階段(28 天齡期)產生可接受抗壓強

度，但晚期強度則會超過預期要求，而影響再開挖性，此爲採用高流動性低強度混凝土必須特別考慮事項[1,8]。抗壓強度在 50 至 100 psi(3.5 至 7kg/cm²)之高流動性低強度混凝土，與具有優良夯實性之土壤抗壓強度相當。高流動性低強度混凝土與傳統混凝土最大差別，在於抗壓強度低具有再開挖性。通常抗壓強度低於 50 psi (3.5Kg/cm²)，僅需以人工方式即可完成開挖，抗壓強度介於 100 至 200 psi (7 至 14kg/cm²)，可使用小型挖土機完成開挖。對於添加高量細骨材或僅添加卜作嵐材料之高流動性低強度混凝土，即使抗壓強度高至 300psi(21 kg/cm²)，亦可使用小型挖土機完成開挖，且經試驗發現，只要抗壓強度低於 80 kg/cm²者，均能以挖土機進行開挖。

3. 試驗計劃及試辦案例分析

研究期間，新世紀資通股份有限公司爲佈設基地台線路，須於道路埋設管線，經該公司及協力廠商「遠鴻工程顧問公司」支持下，選定台一線枋寮大橋下側車道及銜接沿山公路處路段試辦(約 1.3 公里)，其配比材料與實地試驗結果如表 1 與圖 7-2 至圖

圖 7-2　管路埋設作業

圖 7-3　高流動性低強度混凝土澆置距路面 5cm 處

圖 7-4　一個月後路面舖面現況

7-4 所示，顯示使用高流動性低強度混凝土取代回填級配，具有良好成效。

4. 成果檢討

(1) 第一區段配比因混凝土預拌廠以一般混凝土拌合，第二區段改以表 1 所列配比拌合，結果以第二區段配比設計較為理想。其混凝土單價為 960 元/m³，再另擇側車道路段，利用原有路基挖除料以現場拌合方式試辦之，即為第三段試辦路段，其成本

表 7-4　台一線桁寮大橋下車道及銜接沿山公路管道回填工程配比與試驗結果

區段	配比材料(kg/m³)						初凝時間 hr	硬固時間 hr	坍度 cm	流度 cm	抗壓強度(kg/cm²)				單位重 kg/m³	備註
	水泥	爐石粉	飛灰	粗骨材	細骨材	水					3天	7天	28天	60天		
一	55	40	60	781	1174	184	2	4	16	32	4	21	62	76	2320	粗骨材最大粒徑2cm
二	60	60	40	1050	750	200	1.5	3.5	18	36	12	28	65	72	2180	粗骨材最大粒徑2cm
三	80	60	60	1800		200	10	15	19	40	不顯著	5	22	38	2230	原路基土石方

表 7-5　高楠公路橋頭至民族華夏路口管道回填工程

施工日期	配比材料(kg/m³)						初凝時間 hr	硬固時間 hr	坍度 cm	流度 cm	抗壓強度(kg/cm²)				備註
	水泥	爐石粉	飛灰	粗骨材	細骨材	水					3天	7天	28天	60天	
90.1.5 至 90.3.8	60	80	20	1050	750	200	1.5	2.5	19	38	19	38	56	68	粗骨材最大粒徑為1in

雖僅為 480 元/m³，惟因其硬固時間極長，且至第三天強度仍未顯著，故僅適用於無需即時開放通車路段。

(2) 本次試驗案例發現管線單位因顧慮管線保護問題，於管頂至底部處灌置 140kg/cm² 之混凝土保護管線之觀念似有偏差，此施工方式非但降低工作度，且以 140kg/cm² 混凝土其坍度約為 9～12cm，其流填開挖後會有空隙存在，故建議如僅為保護管路之作用，則可於管路上方約 30 cm 處放置警示帶，並於警示帶表面增列「距管頂30cm之字樣」以提醒開挖作業之施工人員。

(3) 試辦過程之相關試驗作業，曾嘗試以現場灌注抗壓試体及鑽心取樣以便作比較，因現場鑽心試體無法完整取樣，故僅能以預鑄之抗壓試体追蹤其後續之抗壓強度，故如需現場印證工程，可能需以現場貫入式試驗求得結果。

(4) 本案例於九十年十月二十日試驗至今，經持續追蹤道路完成面之狀況，發現在高荷重之交通流量衝擊及豪雨沖刷後，路面仍維持平整，印證以高流動性低強度混凝土取代傳統回填工法確為可行之途徑。

　　枋寮大橋下側車道之試辦案例過程中，因為高流動性低強度混凝土特性之再開挖性、沉陷性及硬固後負載荷重等未加以測定，故在獲得高雄市政府養護工程處管線科支持下，另於高楠公路橋頭至高雄市民族華夏路口管道工程以高流動性低強度混凝土試辦之，茲將本試驗案例配比與成果分析如表 7-5 所示。

(1) 本次試辦案例於施作過程針對其沉陷量加以觀察，發現拌合水在200kg/m³以下者，無顯著沉陷變化，且於表面硬固後即可開放行人通行並無沉陷現象，印證高流動性低強度混凝土具有無沉陷之特性。

表 7-6　高流動性低強度混凝土與現行傳統明挖回填工法及推進工法比較

高流動性低強度混凝土		傳統明挖回填工法		推進工法	
優點	缺點	優點	缺點	優點	缺點
1. 工作性高，流動性大可節省工時人力，可自我填充空隙，應用範圍廣，凡施工機具不易夯實之回填工程均適用。 2. 符合環保觀念，對工業生產廢料，如飛灰爐石及路基剩餘土方均可加以利用及處理，並可節省既有資源。 3. 具可塑性可依工程需要製定配比，且易於拌合，穩定性高品質易掌控，試驗容易具再開挖性，不致於影響管線維修作業。 4. 沉陷量低且易掌控。 5. 硬固時間短，可於短時間恢復通車。	1. 目前仍無施工規範可遵循，完全以試驗理論推斷，故未經驗證無法確定實際效益。 2. 受天候因素雨天無法施工。	開挖及維修容易。	1. 不易施工且受時間，空間及施工機械無法有效利用等因素限制。 2. 回填作業無法落實，致結構遭受破壞而產生凹陷變行，危及行車安全。 3. 浪費行政資源及社會成本且成效不佳。 4. 承攬商偷工減料影響施工品質亦削弱國家競爭力。 5. 開挖廢棄土方增加處理成本且易造成環境污染。 6. 試驗過程繁雜費時。	1. 無開挖土方處理之困擾。 2. 施工期間進出機具較少，佔用道路空間較小，對現成道路破壞較小。	1. 成本較高，約為MORS之4～5倍。 2. 易造成地下設施破壞，甚至引起公安事故。 3. 不可預測因素較多，工作進度不易掌控，施工期長，間接影響交通流暢降低道路服務水準。 4. 因局部破壞(僅工作井位置)，故不易進行修護，且對整體路容美觀較不易維持。

(2) 施工作業考量為維持春節假期之行車通暢，故回填部份先灌至與路面平齊，並於九十年三月十五日進行刨除工作(刨除 10 cm 深度)，發現其與刨除AC面層作業方式並無差異，由此證確實高流動性低強度混凝土具有再開挖特性。

(3) 本次現場試辦結果，確定配比設計通則為黏著材小於 160kg/m^3，骨材含量為1800kg/m^3以內，拌合水 200kg/m^3以內，可到達一般要求目標。

4. 現行管線工程施工法比較

(1) 工法比較

目前各道路主管機關受理管道埋設工程時，大都採用推進工法及明挖工法兩大類，市區街道原則上以推進工法為主，省縣道工程則以明挖工法施工為主。茲將傳統明挖工法與推進工法及高流動性低強度混凝土之優缺點加以比較，如表7-6所示。

(2) 經濟成本分析

茲比較傳統回填工法與高流動性低強度混凝土回填工法之單價分析如表7-7與表7-8所示。

表7-7　傳統回填工法單價分析表

工程項目	單位	工料項目	單位	使用量	單價(元)	複價(元)	備註
回填方及夯實處理	m^3	碎石級配料	m^3	1.25	380	475	以鬆方計算
		水車	m^3	1	36	36	
		夯實機械	m^3	1	84	84	分層夯壓
		配合工資	m^3	1	85	85	
		合計	—	—	—	680	

註：級配料單價均含料源區至工地運費，每天工作量以 100M，平均回填深度 1.2M，寬度 0.8M，計96M^3。

表7-8 高流動性低強度混凝土回填工法單價分析表

工程項目	單位	工料項目	單位	使用量	單價(元)	複價(元)	備註
高流動性低強度混凝土回填處理	m³	水泥	kg	60	1.8	108	
		粗骨材	m³	0.6	380	228	以鬆方計
		細骨材	m³	0.5	450	225	以鬆方計
		爐石粉	kg	60	0.8	48	
		飛灰	kg	40	0.4	16	
		拌合工資	m³	1	85	85	含澆置費
		運費	m³	1	150	150	30公里內
		配合工資	m³	1	10	10	
		合計	—	—	—	870	

註：每天工作量長150M，深1.2M，寬0.8M，計144M³，約為傳統工法1.5倍。

5. 結論與建議

(1) 結論

高流動性低強度混凝土具有流動性、施工容易快速、可再開挖、無沉陷量與經濟性等優點，可解決傳統回填工法所產生問題。本研究結論如下：

① 高流動性低強度混凝土配比材料為：水泥用量在40至60kg/m³，卜作嵐材料(爐石粉或飛灰)用量約100kg/m³，骨材用量約1650至1900kg/m³，用水量約180至220kg/m³。

② 高流動性低強度混凝土具流動性、施工容易快速。

③ 高流動性低強度混凝土之應用，無沉陷量產生，路面可以維持平整。

④　使用高流動性低強度混凝土，其成本雖較傳統回填工法貴些，但具有短時間即可開放通車；及無日後因路面沉陷不平整之問題與再維修處理費用，故具有經濟性。

⑤　高流動性低強度混凝土具有可再開挖特性。

(2)　建議

①　政府單位宜儘快訂定出高流動性低強度混凝土之使用規範，以便加以推廣應用之。

②　使用土壤穩定劑，以改善管線工程回填土壤級配料回填不實之問題，為另一良好解決方案，值得開發研究。

③　高流動性低強度混凝土之應用，目前仍無規範可遵循，為避免受限於行政規章約束，降低各單位使用意願，建議採用較寬鬆規定值，譬如就工程地點、交通流量及維持行車順暢等需求而定，予以限制施工時限為 8 至 24 小時內須完成舖面開放行車，及規定其坍度值、流度值及 28 天抗壓強度不得超過規定值。

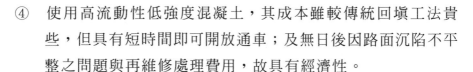
學後評量

一、選擇題

(　) 1. 高性能混凝土澆置應注意程序與方法，是為了避免　(A)蜂窩　(B)冷縫　(C)析離　(D)以上皆是。

(　) 2. 下列敘述何者有誤？　(A)HPC品質管制要求標準，依據CNS14001規定，由「材源管制」、「製程管制」至「成品管制」之系列管制確保混凝土結構物品質　(B)為確保 HPC 品質符合工程合約之要求，HPC 施工期間承包商須按品質管制計劃執行管制　(C)品質管制得由承包商自行辦理或委託具 HPC 品質管制能力之相關

學術機構或工程顧問公司代辦　(D)「HPC 品質管制計劃書」應隨時開會檢討，有任何更動時不須經任務小組書面核可。

( )3. 下列敘述何者有誤？　(A)凡對 HPC 品質有任何影響之作業，均應建立書面之品質管制程序並使其制度化　(B)品質管制的作業人員，須經訓練合格或經過 HPC 專案計劃之訓練合格者　(C)各項品資料應妥善編號，建檔保存並編碼索引，工程師得隨時查閱或登錄　(D)承包商應隨時彙集 HPC 施工各項品質管制資料，繪製管制圖並作評估，發現異常時不必作任何處理。

( )4. 下列敘述何者有誤？　(A)HPC 品質檢驗工作在確保製程之正確性，然而品質合格之認定標準，建立在結構混凝土品質之均勻性及穩定性和符合設計圖說　(B)核對承包商所提供之配比設計，確認是否符合工程圖說之要求及滿足「耐久性」、「安全性」、「工作性」、「經濟性」及「生態性」之準則　(C)工程進行中，自拌和廠或存料堆中抽取材料樣品，核對是否符合標準規範之規定　(D)材料或混凝土，試驗或檢查結果不符合規範要求亦無關緊要。

( )5. 下列何者不屬於聚合物混凝土？　(A)注膠混凝土　(B)乳液改良混凝土　(C)噴凝土　(D)樹脂混凝土。

( )6. 解決道路施工管線回填作業不確實所產生之路面凹陷，可採用下列何者？　(A)水中混凝土　(B)噴凝土　(C)輕質混凝土　(D)低強度高流動化混凝土。

二、問答題

1. 何謂高強度混凝土(High Strength Concrete；HSC)？

2. 何謂高性能混凝土(High Performance Concrete；HPC)？

3. 何謂優生高性能混凝土(Eugenic High Performance Concrete；EHPC)？

4.　何謂水中混凝土(Under-Water Concrete；UC)？

5.　何謂結構輕質混凝土？

6.　何謂纖維混凝土？

7.　何謂低強度高流動性混凝土？其應具有那些需求特性？

8.　何謂膨脹性混凝土？

9.　優生高性能混凝土與高性能混凝土及高強度混凝土之間有何不同？

本章參考文獻

1.　ACI Committee 229(1994), Controlled Low-Strength Materials (CLSM)(ACI 229R-94), Concrete International, V.16, No.7 July, pp.58~64.

2.　Grassman S. L., C. E. Pierce and A. J. Schroeder(2001), Effects of Prolonged Mixing and Retempering on Properties of Controlled Low-Strength Maternal (CLSM), ACI Material Journal, V.98 No.2,pp.194~199.

3.　Webb, M. C., Mccrath, T. J., and Selig, E. T. (1998), Field Test of Buried Pipe with CLSM Backfill, The Design and Application of Controlled Low-Strength Materials (Flowable Fill), ASTM STP 1331, A. K. Howard and J.L. Hitch, eds., ASTM, West Conshohocken, Pa., pp. 237~254.

4.　Riggs, E. H., and Keek. R.H.(1998), "Specifications and Use of Controlled Low-Strength Material by State Transportation Agencies," the Design and Application of Controlled Low-Strength Materials (Flowable Fill), ASTM STP 1331, A. K. Howard and J. L. Hitch, eds., ASTM, West Conshohocken,Pa., pp.296~305.

5. Ravina, D.(1996), Effect of Prolonged Mixing on Compressive Strength of Concrete With and Without Fly Ash and/or Chemical Admixtures, ACI Materials Journal, V.93, No.5, Sept.-Oct., pp. 451～456.

6. 林志棟(1997)，公共設施管線工程挖掘道路回填工地驗證及實驗，國立中央大學土木工程研究所報告。

7. 中國土木水利工程學會(2000)，混凝土工程施工規範與解說（土木402-88），P.3-2,& P15-2 科技圖書公司，台北。

8. 沈永年(2001)，混凝土技術，國立高雄應用科技大學土木系講義，pp.155～160。

9. 柴希文(1999)，協助傳統工業技術升級計劃高性能低強度材料之開發與輔導，財團法人台灣營建研究院報告，pp.5～8。

10. 林柄炎(1993)，飛灰、矽灰、高爐爐石應用在混凝土中，三民書局，pp.275～281。

8

混凝土品質管制

學習目標

★品質管制觀念。

★隨機抽樣及資料整理。

★統計圖與標準差。

★常態分佈與品質管制圖。

⇨ 8-1 品質管制觀念

為確保混凝土工程品質能符合工程合約與圖說之要求，應實施混凝土工程品質管制。混凝土工程品質係以符合工程合約及工程圖說之品質要求為目標，品質管制(簡稱：品管)為用以達成品質要求之作業技術與活動，其目的在於監控施工過程及消除品質環圈中各階段不良績效之原因，以符合經濟效益。品質管制之中，經濟性為非常重要之考量，此經濟性考量常為追求最低總成本(為施工成本與品質不良所引發成本之總和)。品質管制應由全面品質管制(Tatal Quality Control；TQC)導入，工程從設計、進料、施工、驗收，乃至使用期間均需要有相當之品質管制活動，才能確保工程品質符合使用者需求。

工程品質管制依階段可分為設計管制、進料管制、製程管制與驗收管制等四個項目。並且品質管制應考量工程規模與重要性，建立適當品質管制制度。按行政院所頒布之「公共工程施工品質管理制度」規定：「為達成工程品質目標，應由承包商建立施工品質管理制度系統。於開工前承包商應依工程之特性與合約要求，擬定施工計畫，製作施工圖，訂定施工作業要領，提出品管計畫，設立品管組織，訂定各項工程品質管理標準、材料及施工檢驗程序、自主檢查表，以及建立文件紀錄管理系統等，俾便各級施工人員熟習圖說規範與各項品管作業規定，以落實品質管制。」，此項規定適用於行政院所屬各政府機關所經辦之公共工程。

品管組織可視工程規模適當編制，承包商在公司設有「品管課」或類似之常設單位，在各工務所之工地主任下設「品管組」，品管組設組長一人，品管工程師與試驗技術員等若干人。其相關職掌如下：

品管組長：負責品管計劃之擬定與執行。

　　品管工程師：負責品管自主檢查、品質資料之分析與研判，並提出建議。

　　品管技術員：負責各項材料取樣、試驗與計算。

　　又 ISO 9001(CNS 12681)及 ISO 9002(CNS 12682)對於品管組織之權責規定如下：

　　「對於影響品質之管理、執行及查證工作人員，其職責、權限與互相關係均應加以明文規定。特別是對於那些需要組織賦予其自由與授權，以進行下列工作之人員：

1. 發起措施以防止有關產品、製程及品質系統有任何不符合情事之發生。
2. 鑑別並記錄任何有關產品、製程及品質系統的問題。
3. 經由規定管道發起、建議或提出解決辦法。
4. 查證解決措施之執行情況。
5. 在缺陷或不滿意狀況被矯正前，管制不合格被進一步加工、交貨或安裝。

　　品管組織之位階爲何常有爭議，部分人士提倡品管組長之地位應與工地主任平行。就實務上而言，工地主任應負工程施工之全責(通常包括：成本、進度、品質、安衛及環保)，包括工程之品質責任，故品管組長設爲工地主任之幕僚較妥，但品管組就品管業務應獨立客觀作業。品管人員應具適當之工程及品管專長，依行政院公共工程委員會所頒「公共工程施工品質管理作業要點」規定：

　　「承包商品管負責人及品管工程師均應完成本會或本會指定訓練機構辦理之品管工程師專業基礎訓練，並取得本會頒發之品管工程師結業證書」。行政院公共工程委員會委託營建相關訓練機構代辦品管工程師訓練，內容分品管政策與法規、品質規劃與控制、及品質技術與方法等

三單元，共計九十小時。國內亦有品質管理相關組織(譬如品管學會、生產力中心等)辦理 ISO 9000 系列之品質管理訓練課程，可培訓品管組長及品管工程師等級之品管人員，品管技術員可參加學校或國家實驗室認證體系(CNLA)所開辦之訓練課程，或由營建專家試驗室代訓。

　　混凝土品質受到材料(Materials)、作業人員(Men)、施工機具(Machines)及方法(Methods)等因素之影響，其品質不可能絕對均勻，例如：不同批混凝土之強度會有差異，由同一批混凝土之不同部位取樣測得之強度也會不同，同一次取樣所澆製之各試體也各有不同強度。這種不均勻性是隨時存在的，可以說是一種無法避免的自然現象。由於工程品質有不可避免的不均勻性，引發許多品質管理上的不確定性問題。傳統上，工程師多憑經驗或主觀處理不確定性問題(例如將規定強度$f'c$提高 15 ％作為配比目標強度$f'cr$)，若有欠當，再加以修正，以試誤法逐漸找到一適當值。目前，工程規模龐大、施工要求快速、品質要求高等因素，已不允許用傳統試誤法慢慢試，必須採用科學之品質管制方法，以幫助工程師在許多不確定性條件下作最佳決定。

一、統計品管在混凝土工程之應用

　　混凝土工程上採用之統計品管作業，包括下列各項目：

1. 決定檢驗樣本。
2. 整理檢驗結果。
3. 評定品質水準。
4. 估計品質合格率。
5. 訂定混凝土配比目標強度($f'cr$)。
6. 偵測混凝土製程之變化。

二、混凝土工程推行統計品管的步驟

混凝土品管作業應採取PDCA(Plan－Do－Check－Action)循環，持續改進混凝土工程品質。配合PDCA循環混凝土工程應採用統計品管作業方法，其實施步驟如下：

1. 混凝土製程分析：以流程圖顯示混凝土產製流程。
2. 選取管制點：由混凝土產製流程圖中選取適當之管制點。
3. 選取管制項目：由各管制點選取適當之管制項目。
4. 選取統計技術：選取適當之統計技術作各管制項目之統計分析。
5. 抽樣檢驗：以隨機抽樣法在管制點抽驗管制項目。
6. 繪製管制圖並作判讀：須作管制圖項目，將抽驗結果繪入管制圖，並即判讀，若有異常應即研判原因，並謀對策。
7. 定期作分析檢討：對特定項目作定期分析及檢討，若不符理想，應研判原因並謀解決對策。
8. 落實混凝土品質改善對策。

⇨ 8-2　隨機抽樣與資料整理

一、隨機抽樣

執行混凝土之品質管制，必須先抽樣檢驗以獲得品質數據資料。但在工程實務上，因為檢驗具破壞性與成本考量，故無法作100％全面檢驗，一般係採用抽樣檢驗方法。抽樣方法又分立意抽樣(Purposive Sampling)與隨機抽樣(Random Sampling)兩類，立意抽樣係由抽樣者主觀決定樣本，隨機抽樣係以隨機方法決定樣本，為客觀選定樣本的方法。統計學所指之抽樣蓋指隨機抽樣，目前工程施工規範大多規定以隨機抽樣選定樣本，「抽籤決定」即為一種「隨機抽樣」。

抽樣進行前，應先將母體(Population)分成適當個體，每一個體構成一個樣本單位(Sample Unit)。例如某一天將產製240m³混凝土，分成40輛攪拌車送抵工地，則可將此40輛攪拌車混凝土視為母體，每一輛攪拌車視作為一個樣本單位，由此母體中抽取若干件樣本進行檢驗。在統計品管上以N表示批量(Lot Size；抽樣檢驗上將母體稱作批)，批量(N)宜選用性質相近者，會如同一天所產之同一規格混凝土；並以n表示樣本大小(Sample Size)，樣本大小(n)應視統計分析需要(n愈大抽樣誤差愈小，檢驗成本愈高)，工程實務上須依該工程契約所指定施工規範之要求。依預拌混凝土(CNS 3090)規定：以強度為混凝土接納基準時，標準試樣應以CNS 1231【工地混凝土試體之製作及養護法】之規定製作及養護。每種混凝土每120m³至少試驗一次，並每天每種混凝土至少進行強度試驗一次。又土木水利工程學會(土木402－88)【混凝土工程施工規範與解說】規定：混凝土強度試驗同一日澆置之各種配比混凝土，以每100m³或每450m³澆置面積為一批，每批至少應進行一組強度試驗。

1. 隨機數

工程實務上，常利用隨機數來進行隨機抽樣。隨機數(Random Number)又稱「亂數」，為一組非常亂，亂到沒有任何規則的數，但其中每一個數字出現的機率必須相等。譬如連續投擲一顆均勻的六面骰子，將出現由1到6點所組成的隨機數，因為每次投擲所出現的點數排列無任何規則，而1到6之出現機率相同，各為六分之一。工程品管之抽樣常用由0.001、0.002、……、1.000所組成之三位隨機數。

2. 自製隨機數

　　準備十枚相同的紙卡等，各分別標上 0 到 9 共十個數字，將該紙卡放入一容器，充份拌勻，隨機抽出一枚登錄其上數字，在置回容器，重複前述步驟直至獲得所需數量為止，以連續三數組成一隨機數，若有重號則捨棄後者重抽補實。

【例】請以數字卡片製作四個三位隨機數

解：

步驟1.以 0 到 9 共十個數字之自製數字卡片隨機抽得 15 個數值，按抽得順序排列如下：

　　　8 3 2 9 0 0 4 6 3 2 1 0

步驟2.依序每三數組成一隨機數，以小數表示：

　　　0.832、0.900、0.463、0.210

3. 隨機數表

　　一般品管統計書籍附有隨機數表依供採用。譬如 ASTM D3665 【營建工程材料隨機抽樣法】所附的隨機數表，如表 8-1 係為由 0.001、0.002、……1.000 的 1000 個數所組成。使用時，先以適當隨機方法選定一起點，然後依序取出所需個數之隨機數。

【例】請以 ASTM D3665 所附的隨機數表查取五個隨機數。

步驟1.以數字卡片抽出一個三位隨機數，作為起點指標，以前二號代表列號，第三號代表行號。

　　　若抽得之三位隨機數為「279」，代表取用隨機數起點之座標為第 27 列第 8 行(註：若隨機數為 000，代表第 100 列第 0 行)

步驟2.由第 27 列第 9 行起連續查取五個隨機數如下：

　　　0.477 0.078 0.444 0.178 0.651

4. 計算機之隨機數功能

工程用掌上型計算機大多具隨機數產生鍵，每按此鍵(或數鍵之組合)即可顯示一個由 0.001 到 1.000 間之隨機數。

【例】試以工程用掌上型計算機產生五個隨機數。

解：

(1) CASIO fx − 991 及 CASIO fx − 3600P：

每按 INV 鍵及小數點 · (RAN#)鍵一次可產生一個隨機數，重複五次得以下五個隨機數：

0.939、0.877、0.768、0.533、0.066

(2) CASIO fx − 4500P 及 CASIO fx − 5500L：

先按 SHIFT 鍵及小數點 · (RAN#)鍵一次啟動隨機數功能，再每按一次 EXE 鍵可得一個隨機數，重複五次得以下五個隨機數。

0.543、0.229、0.807、0.400、0.714

表 8-1　隨機變數表

	0	1	2	3	4	5	6	7	8	9
1	0.272	0.519	0.098	0.459	1.000	0.554	0.250	0.246	0.736	0.432
2	0.994	0.978	0.693	0.593	0.690	0.028	0.831	0.319	0.073	0.268
3	0.039	0.449	0.737	0.501	0.960	0.254	0.239	0.474	0.031	0.720
4	0.144	0.695	0.339	0.621	0.128	0.032	0.413	0.617	0.764	0.257
5	0.312	0.138	0.670	0.894	0.682	0.061	0.832	0.765	0.226	0.745
6	0.871	0.838	0.595	0.576	0.096	0.581	0.245	0.786	0.412	0.867
7	0.783	0.874	0.795	0.430	0.265	0.059	0.260	0.563	0.632	0.394
8	0.358	0.424	0.684	0.074	0.019	0.345	0.618	0.176	0.352	0.748
9	0.494	0.839	0.337	0.325	0.669	0.083	0.043	0.809	0.981	0.499
10	0.642	0.514	0.297	0.869	0.744	0.824	0.524	0.656	0.608	0.408
11	0.485	0.240	0.292	0.335	0.088	0.589	0.127	0.396	0.401	0.407
12	0.728	0.819	0.557	0.050	0.152	0.816	0.404	0.079	0.703	0.493
13	0.029	0.262	0.558	0.159	0.767	0.175	0.979	0.521	0.781	0.843
14	0.918	0.348	0.311	0.232	0.797	0.921	0.995	0.225	0.397	0.356
15	0.641	0.013	0.780	0.478	0.529	0.520	0.093	0.426	0.323	0.504
16	0.208	0.468	0.045	0.798	0.065	0.315	0.318	0.742	0.597	0.080
17	0.346	0.429	0.537	0.469	0.697	0.124	0.541	0.525	0.281	0.962
18	0.900	0.206	0.539	0.308	0.480	0.293	0.448	0.010	0.836	0.233
19	0.228	0.396	0.513	0.762	0.952	0.856	0.574	0.158	0.689	0.579
20	0.746	0.170	0.974	0.306	0.145	0.139	0.417	0.195	0.338	0.901
21	0.363	0.103	0.931	0.389	0.199	0.488	0.915	0.067	0.878	0.640
22	0.663	0.942	0.278	0.785	0.638	0.002	0.989	0.462	0.927	0.186
23	0.545	0.185	0.054	0.198	0.717	0.247	0.913	0.975	0.555	0.559
24	0.360	0.349	0.569	0.910	0.420	0.492	0.914	0.115	0.881	0.452
25	0.789	0.815	0.464	0.484	0.020	0.007	0.547	0.941	0.365	0.261
26	0.279	0.609	0.086	0.852	0.890	0.108	0.076	0.089	0.662	0.607
27	0.680	0.235	0.706	0.827	0.572	0.769	0.310	0.036	0.329	0.477
28	0.078	0.444	0.178	0.651	0.423	0.672	0.571	0.660	0.657	0.972
29	0.676	0.830	0.531	0.888	0.305	0.421	0.307	0.502	0.112	0.808
30	0.861	0.899	0.643	0.771	0.037	0.241	0.582	0.578	0.634	0.077
31	0.111	0.364	0.970	0.669	0.548	0.687	0.639	0.510	0.105	0.549
32	0.289	0.857	0.948	0.980	0.132	0.094	0.298	0.870	0.309	0.441
33	0.961	0.893	0.392	0.377	0.864	0.472	0.009	0.946	0.766	0.287
34	0.637	0.986	0.753	0.566	0.213	0.807	0.017	0.460	0.515	0.630
35	0.834	0.121	0.255	0.453	0.376	0.583	0.422	0.371	0.399	0.366
36	0.284	0.490	0.402	0.151	0.044	0.436	0.747	0.694	0.136	0.585
37	0.038	0.814	0.594	0.911	0.324	0.322	0.895	0.411	0.160	0.367
38	0.351	0.283	0.027	0.220	0.685	0.527	0.943	0.556	0.853	0.612
39	0.143	0.384	0.645	0.479	0.489	0.052	0.187	0.990	0.912	0.750
40	0.152	0.056	0.018	0.122	0.303	0.803	0.553	0.729	0.205	0.925
41	0.296	0.705	0.156	0.616	0.534	0.168	0.564	0.866	0.739	0.850
42	0.451	0.536	0.768	0.513	0.481	0.880	0.835	0.734	0.427	0.847
43	0.837	0.405	0.591	0.370	0.104	0.848	0.004	0.414	0.354	0.707
44	0.724	0.153	0.841	0.829	0.470	0.391	0.388	0.163	0.817	0.790
45	0.665	0.825	0.671	0.623	0.770	0.400	0.068	0.440	0.019	0.944
46	0.573	0.716	0.266	0.456	0.434	0.467	0.603	0.169	0.721	0.779
47	0.332	0.702	0.300	0.570	0.945	0.968	0.649	0.097	0.118	0.242
48	0.755	0.951	0.937	0.550	0.879	0.162	0.791	0.810	0.625	0.674
49	0.439	0.491	0.855	0.446	0.773	0.542	0.416	0.350	0.957	0.419
50	0.700	0.877	0.442	0.286	0.256	0.071	0.154	0.988	0.333	0.626

二、隨機抽樣技術

混凝土工程品管作業上可採用以下三種隨機抽樣技術：

1. 簡單隨機抽樣(Simple Random Sampling)

將母體中之每一樣本單位分別編號，利用前述方法產生所需的隨機數，換算出每一隨機數所對應的樣本單位編號，即可依此取樣。此法簡單，但樣本可能過於集中，故工程實務上較少用。

2. 分層抽樣(Straitified Sampling)

將母體按預定樣本大小均分為若干層(又稱小批(Sublot))，然後從每一層中，以簡單隨機抽樣法各抽出一件樣本。此法可確保在每一小批內一定可抽取一件，工程實務上較常用。

3. 系統抽樣(System Sampling)

將 N 除以 n，在 N／n 件樣本單位中，以隨機抽樣法抽出一件樣本，然後每隔與 N／n 同長處抽取一件。此法簡單，取樣本大小(n)很大時宜用。但母體成週期性變化或抽樣時機被預知會影響結果時應避免採用。

【例】某混凝土工程依混凝土施工規範規定以一天之混凝土澆置量為一檢驗批量，又混凝土每連續澆置 $100m^3$ 應隨機抽樣一次製作抗壓強度試驗。若某日預定澆置 $400m^3$，以攪拌車送抵工地，每攪拌車送 $6m^3$，請以隨機抽樣法決定需在那幾車作抽樣檢驗工作。

解：

以前述三種抽樣法分別計算抽樣車號。

$400 \div 100 = 4$，應抽驗 4 次。又查表得隨機數：0.165、0.532、0.431、0.341

(1) 簡單隨機抽樣

NO	(1) 批量	(2) 隨機數	(3) 抽驗m³數 (1)×(2)	(4) 計算車號 (3)÷6	(5) 抽驗車號 由(4)無條件進位
1	400	0.165	66.0	11.0	11
2	400	0.532	212.8	35.5	36
3	400	0.431	172.4	28.7	29
4	400	0.341	136.4	22.7	23

(2) 分層隨機抽樣

NO	(1) 批量	(2) 隨機數	(3) 抽驗m³數 (1)×(2)	(4) 抽驗m³數 (3)＋小批起點	(5) 計算車號 (4)÷6	(6) 抽驗車號 由(5)無條件進位
1	100	0.165	16.5	16.5	2.8	3
2	100	0.532	53.2	153.2	25.5	26
3	100	0.431	43.1	243.1	40.5	41
4	100	0.341	34.1	334.1	55.7	56

(3) 系統隨機抽樣

批量 $N = 400$，$n = 4$，$N／n = 400／4 = 100$

採用第一個隨機數 $= 0.165$

第一個抽驗m³數：$100×0.165 = 16.5$

以後每100m³抽驗一次，計算如下：

NO	(1) 抽驗m³數	(2) 計算車號 (1)÷6	(3) 抽驗車號 由(2)四捨五入
1	16.5	2.8	3
2	16.5+100 = 116.5	19.4	19
3	116.5+100 = 216.5	36.1	36
4	216.5+100 = 316.5	52.8	53

三、隨機抽樣之資料整理

　　表 8-2 為某混凝土工程之 28 天齡期圓柱試體抗壓強度檢驗數據，設計強度 $f'c = 210$ kgf／cm²，每次檢驗以二只圓柱試體抗壓強度之平均值作為該次之檢驗結果。由表 8-2 得知檢驗結果之最大值為 305(No.18)，最小值為 178(No.10)，此 20 次檢驗結果之抗壓強度值介於 178 至 305 kgf／cm²之間。又當原始數據量龐大時，可依數值大小加以分組，以瞭解其分配狀況，並供繪製直方圖之用。

表 8-2　混凝土抗壓強度抽樣檢驗結果

(1) NO	(2) 樣品代號	(3) 試體 1	(4) 試體 2	(5) 試體結果
1	A5-1	246	250	248
2	A5-2	260	249	255
3	A7-1	255	272	264
4	A7-2	294	275	285
5	A3-1	305	290	298
6	B3-2	266	268	267
7	B4-1	224	242	233
8	B4-1	225	204	215
9	B6-1	198	210	204
10	B6-2	187	169	178(min)
11	B1-1	209	231	220
12	B1-2	236	214	225
13	C1-1	257	243	250
14	C1-2	260	280	270
15	C1-3	226	252	239
16	D8-1	286	271	279
17	D8-2	274	273	274
18	D8-3	303	307	305(max)
19	D3-1	243	248	246
20	D3-2	194	201	199
備註	試驗結果為抗壓強度(kgf／cm²)			

【例】請以表8-2抽樣檢驗結果製作次數分配表

解：

步驟1.計算全距。

全距＝最大值－最小值＝305－178＝127

步驟2.計算組數。

通常先依經驗估計組數，再以直方圖辨別組數是否恰當，若數據過於集中少數組，表示組數太少；反之，數據過於分散，每組僅出現少數數據，表示組數太少。今採用數學家史特吉斯(Sturges)之經驗公式概估組數，如下：

$$k = 1 + 3.32 \times \log(n) \tag{8-1}$$

式中　k＝組數

　　　n＝數據總數

亦可參考表8-3或採用$k = \sqrt{n}$概估組數(k)

表8-3　組數概估表

n	k
50～100	6～10
100～250	7～14
250以上	10～12

本例：$n = 20$，則$k = 1 + 3.32 \times \log(20) = 5.3$，可試用分6組。

步驟 3.計算組距

組距＝全距／組數＝ 127 ／ 6 ＝ 21.2

考量計算及製圖方便性，常取用 5 之倍數。又考量各分組不重疊，常取用奇數(因為奇數除以 2 會比原數據往下多一位有效數，參考步驟 6)。本例經以上考慮及以試誤法，組距決定採用 15。

步驟 4.計算第一組之組中點。

第一組之組中點≦最小值＋組距／ 2 ＝ 178 ＋ 15 ／ 2 ＝ 185.5

考量計算方便性，常取用整數及 5 之倍數，故採用 180。

步驟 5.計算其餘各組中點。

組中點＝前一組之組中點＋組距

本例： 180 ＋ 15 ＝ 195， 195 ＋ 15 ＝ 210，…….。

步驟 6.計算各組界線

下組界限＝組中點－組距／ 2

上組界限＝組中點＋組距／ 2

本例第一組：下組界限＝ 180 － 15 ／ 2 ＝ 172.5

上組界限＝ 180 ＋ 15 ／ 2 ＝ 187.5

【註】：第一組上組界限與第二組下組界限同為 187.5，因原數據僅記至個位數，不會有 187.5 出現，故此二組不會重疊。

步驟 7.登錄畫記及計算次數。

將表 8-2 第(5)欄「試驗結果」依所屬組範圍登錄畫記於表 8-4 之第(3)欄，依序寫成正字(如開票作業)，登錄完成後再計算各組次數如表 8-4 之第(4)欄並計算總數。本例第一數據 253，位於 247.5 ～262..5 間，故在該組劃一筆，其餘類推。

本例總數＝ 20。

步驟 8.計算各組佔總數之百分比。

　　　　各組佔總數之百分比＝各組次數×100／20

由本例次數分配表結果顯示：

(1)　　大部份在210至300之間。

(2)　　因為比255高及低之次數分別為8及9，所求得平均值為249。

表 8-4　　混凝土抗壓強度之次數分配表

(1) 組範圍	(2) 組中點	(3) 畫記	(4) 次數	(5) 百分比
172.5~187.5	180	一	1	5
187.5~202.5	195	一	1	5
202.5~217.5	210	丁	2	10
217.5~232.5	225	丁	2	10
232.5~247.5	240	下	3	15
247.5~262.5	255	下	3	15
262.5~277.5	270	止	4	20
277.5~292.5	285	丁	2	10
292.5~307.5	300	丁	2	10
307.5~322.5	315	0	0	10
合計			20	100

⇨ 8-3　統計圖與標準差

一、直方圖

　　由 8-2 節之統計資料可繪成直方圖(Histogram)，直方圖之製作以表 8-4 之第(2)欄「組中點」為橫座標，第(4)欄「次數」或第(5)欄「百分比」為縱座標，將其相應資料以長方形表示，繪成直方圖(見圖 8-1)。

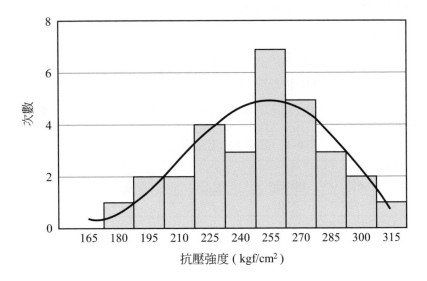

圖 8-1 混凝土抗壓強度直方圖

　　直方圖可用於初步分析或簡報資料之用，因直方圖顯示出數據之分配狀況，譬如由圖 8-1 呈現接近左右對稱的山形，近似常態分配，可判定此批材料屬正常變化；由左右面積之對稱中心之橫座標，可估計此批混凝土之平均抗壓強度約為 255kgf/cm²；由小於 210 之面積約佔總面積的七分之一，估計抗壓強度小於 210 kgf/cm² 之百分比約為 15 ％。

　　直方圖通常有六種基本型態如圖 8-2 所示，其中 2 至 6 屬異常狀況，應檢討改進製程施工品管或加強檢驗作業：

1. 正常型：製程作業正常。
2. 偏離型：平均值往一側偏，超出規格界限過多，應調整平均值。
3. 扁平型：分佈過廣，品質不穩定，應調整平均度。
4. 峭壁型：樣品檢驗前經篩選或檢驗數據有人為修正，應追查改正。
5. 雙峰型：混有兩個母體資料，宜採層別分析。
6. 離島型：製程異常或檢驗異常，應追查改正。

　　除以上介紹之直方圖外，尚有許多種統計圖常被採用，例如以 Microsofr Excel 可以輕易產生各種統計圖，每種圖還可細分二到七個式樣，對於資料展示及研判頗為方便，讀者可多試用。其中直條圖可用於繪製直方圖，XY 散佈圖則可用於繪製管制圖。

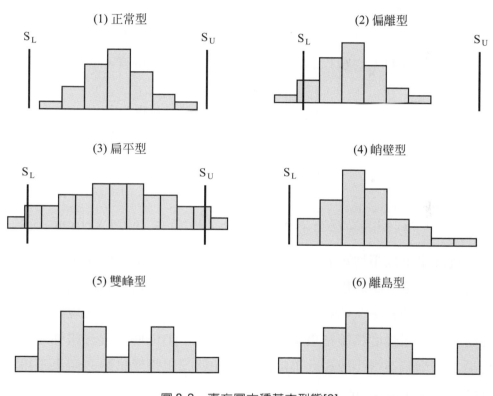

(1) 正常型　　　　(2) 偏離型

(3) 扁平型　　　　(4) 峭壁型

(5) 雙峰型　　　　(6) 離島型

圖 8-2　直方圖六種基本型態[2]

二、標準差

1. 算術平均數

　　　　統計學上有數種平均數(Mean)，未特別指明時平均數即指算術平均數(Arithmetic Mean)，假設由一母體抽取n個樣本，其個別值分別為X_1，X_2，……，X_n，其算術平均數計算如下：

$$\bar{x} = \frac{1}{n}(x_1 + x_2 + \cdots\cdots + x_n) = \frac{1}{n}\sum_{i=1}^{n} x_i \qquad (8\text{-}2)$$

式中，$\bar{x}$＝算術平均數

　　　x_i＝數據個別值，$i = 1 \sim n$

　　　n＝樣本大小(數據個數)

　　算術平均值$\bar{x}$，係由樣本數據求得，稱為「樣本平均數」簡稱「平均數」。而母體平均數以μ表示，母體平均數為未知值，一般以樣本平均數視之。

【例】請計算表8-2前五次混凝土抗壓強度試驗結果之平均數：

　　　$x_i = 243, 257, 266, 287, 294 \ \mathrm{kgf/cm^2}$

解：

　　　$\bar{x} = (243 + 257 + 266 + 287 + 294)/5 = 269.4 \ \mathrm{kgf/cm^2}$

　　統計學上以平均數表示一群不確定數值之中間值，譬如平均身高、平均抗壓強度。試驗規範常規定每次試若干試體，取各試體之平均值作為該次之試驗結果。CNS 3090 規範規定：為符合本標準之規定，每種混凝土之全部強度試驗結果須滿足下列規定：(1)任何連續三組強度試驗結果之平均值不得小於設計強度f'_c。(2)任何一組強度試驗之結果不得低於f'_c值超過$35\mathrm{kgf/cm^2}$。

　　又混凝土工程品管上也常取連續若干次之移動平均數($\overline{X_m}$)，以表示品質之變動趨勢。移動平均數係由起點起連續取指定個別值之平均數，然後逐次往下推進。例如以下五數值（243,257,266,287,294）之三數移動平均值如下：

X_i	243	257	266	287	294
X_m			255.3	270	282.3

說明： （243+257+266）/3 = 255.3
（257+266+287）/3 = 270
（266+287+294）/3 = 282.3

以上兩項符合CNS 3090規範要求可用下列二式表示：

$$\overline{x_m} \geq f'_c$$
$$x \geq f'_c - 35\text{kgf/cm}^2$$

2. 標準差

標準差(Standard Deviation)s用於表示資料之離散程度，若由母體中抽取n個樣本，其值分別為x_1，x_2，……，x_n，其樣本標準差計算如下：

$$s = \sqrt{\frac{\Sigma(x_i - \overline{x})^2}{n-1}} \tag{8-3}$$

式中，s＝樣本標準差

x_i＝數據個別值，$i = 1 \sim n$

$\overline{x}$＝平均數

n＝樣本大小

標準差係由樣本數據求得，稱為『樣本標準差』簡稱「標準差」。因為工程實務上無法作100％檢驗，故母體標準差(σ)無法得知，必須採用抽樣檢驗來計算樣本標準差s，再利用樣本標準差估計母體標準差(σ)。標準差表示一群數據之離散程度，標準差愈大表示品質愈不均勻。

【例】請計算五次混凝土抗壓強度試驗結果之標準差。

$$X_i = 243，257，266，287，294 \text{kgf/cm}^2$$

解：

得知$\bar{x} = 269.4$，如表 8-5 所示：

表 8-5　標準差計算範例

X_i	$x_i - \bar{x}$	$(x_i - \bar{x})^2$
243	-26.4	696.96
257	-12.4	153.76
266	-3.4	11.56
287	17.6	309.76
294	24.6	605.16
$\sum(x_i - \bar{x})^2$		1777.2
1777.2 / (5-1) =		444.3
$s = \sqrt{444.3}$ =		21.1

又 CNS 12891 對於混凝土抗壓強度標準差計算規定如下：

(1) 標準差必須由混凝土預拌廠已有之試驗記錄求得。

(2) 所代表之材料，品控步驟與條件須與預定之工作相似，而此試驗記錄中，其材料與配比改變之限制條件不應較預定工作之限制嚴格。

(3) 試驗記錄之混凝土強度應在預定設計強度$f'c \pm 70 \text{kgf/cm}^2$之間。

(4) 包括至少一種連續 30 組試體或二種連續試驗其總數至少 30 組之資料。

若爲一種連續 30 組以上之試驗資料，其標準差以下式計算：

$$s = \sqrt{\frac{\Sigma(x_i - \bar{x})^2}{n-1}}$$

式中，s＝樣本標準差

　　x_i＝數據個別值，$i = 1 \sim n$

　　$\bar{x}$＝平均數

　　n＝樣本大小

若爲二種連續試驗，其總數至少 30 組時，其標準差應依下式計算：

$$\bar{s} = \sqrt{\frac{(n_1-1)(s_1)^2 + (n_2-1)(s_2)^2}{n_1 + n_2 - 2}} \qquad (8\text{-}4)$$

式中，$\bar{s}$＝二種試驗資料統計上之平均標準差，(kgf/cm^2)

　　s_1，s_2＝由二種試驗記錄，分別算出之標準差。

　　$n_1 \cdot n_2$＝每種試驗各別之組數。

(5)　若不符(4)規定，但有 15 至 29 組連續試驗之記錄，且符合(2)及(3)之規定，其連續之個別試驗，涵蓋時間不少於 45 天時，其標準差應作修正，而爲計算所得標準差與修正係數之乘積，其修正係數如表 8-6 所示。

表 8-6　試驗組數少於 30 組時標準差之修正係數

試驗組數	標準差修正係數
15	1.16
20	1.08
25	1.03
30 以上	1.00

註：試驗組數介於表內數字間之者，可以內插法計算之

3. 變異係數

變異係數(Coefficient of Variation)V，爲標準差對平均數之比值。

$$V = \frac{s}{\bar{x}} \times 100\% \qquad\qquad (8\text{-}5)$$

式中，V＝變異係數

　　　　s＝標準差

　　　　$\bar{x}$＝平均數

【例】計算以下數據之變異係數。

$$X_i = 243, 257, 266, 287, 294 \text{kgf/cm}^2$$

解：

由前例已求得$s = 21.1 \text{kgf/cm}^2$，$\bar{x} = 269.4 \text{kgf/cm}^2$

故$V = \dfrac{21.1}{269.4} = 0.0782 = 7.82\%$

工程品管上常以標準差或變異係數，表示工程品質之不均勻性，其值愈大表示愈不均勻。至於採用標準差或變異係數表示，需視所應用之情況下何者較能反應品質水準而定；標準差可視爲離散之絕對值，而變異係數則爲離散對平均數之相對值，若變異係數保持一定，平均數大者其相對應之標準差亦大。

表8-7爲ACI 214【4】建議評估混凝土抗壓強度之變異準則如下：

⑴ 全面變異(Overall Variation)係以標準差表示，用於評估混凝土品質之均勻性，其標準差愈小，表示混凝土品質愈均勻。

⑵ 試驗內變異(Within-test Variation)以變異係數表示，用以評估試驗之精密度(Percision)，即同一組試體間之相互差異程度，其變異係數由於各試體之製作、養護及試驗等差異而引起，試

驗內變異與試驗操作及試驗儀器穩定性有關，但與混凝土品質無關。

⑶　全面變異之標準差以各次之試驗結果以(3.2)式計算得之。

⑷　試驗內之變異係數需先計算試驗內之標準差，因一組試體之數量不多，不能用(8-2)式計算標準差，需以(8-4)式估算之。

表 8-7　ACI 214 混凝土抗壓強度評估準則

方法	全面雙異				
	標準差 s，psi（kgf/cm²）				
品管等級 試驗種類	最佳（Excellent）	很好（Very Good）	可以（Good）	尚可（Fair）	不良（Poor）
工地試驗	< 400（< 28.1）	400~500（28.1~35.2）	500~600（35.2~42.2）	600~700（42.2~49.2）	> 700（> 49.2）
試驗室試拌	< 200（< 14.1）	200~250（14.1~17.6）	250~300（17.6~21.1）	300~350（21.1~24.6）	> 350（> 24.6）
方法	試驗內雙異				
	雙異係數 V，%				
品管等級 試驗種類	最佳（Excellent）	很好（Very Good）	可以（Good）	尚可（Fair）	不良（Poor）
工地試驗	< 3.0	3.0~4.0	4.0~5.0	5.0~6.0	> 6.0
試驗室試拌	< 2.0	2.0~3.0	3.0~4.0	4.0~5.0	> 5.0

統計分析雖可獲得客觀證據，但品管等級標準則賴人為制定，其制定應考慮生產能力及消費者滿意度，我國尚無正式之混凝土抗壓強度評估準則，表8-7品管等級係引用土木水利學會之混凝土工程施工規範第3.7節之解說(土木402-88)【3】。茲計算表8-2之20次試驗結果之標準差為34.2kgf/cm²，對照表8-7可判定該工程之施工水準屬「很好」等級。

4. 全距

全距(Range)R為數據中最大值與最小值之差。

$$R = X_{max} - X_{min} \qquad (8\text{-}6)$$

式中，R＝全距

X_{max}＝最大值

X_{min}＝最小值

【例】請計算下列五次混凝土抗壓強度試驗結果之全距

$$X_i = 243，257，266，287，294kgf/cm^2$$

解：

$$R = 294 - 243 = 51kgf/cm^2$$

全距用於表示數據之離散程度，因為計算容易故日常生活及品管實務上(譬如：管制圖)，常用以表示品質之離散程度。

標準差和平均全距($\overline{R}$)有相當良好的統計關係，在樣本較少情況下，常用樣本之平均全距來估計母體之標準差，其公式如下：

$$\sigma = \frac{\overline{R}}{d_2} \qquad (8\text{-}7)$$

式中，σ＝母體標準差

$$\overline{R} = \frac{\Sigma R_i}{k} \qquad\qquad (8\text{-}8)$$

k＝樣本組數，通常要求$k \geq 10$，使推估結果較為理想。

R_i＝第i組之全距

d_2＝統計係數，和每組之樣本大小(n)有關，如表8-8所示。

表 8-8　d_2係數

樣本大小（n）	d_2
2	1.128
3	1.693
4	2.059
5	2.326
6	2.534
7	2.704
8	2.847
9	2.970
10	3.078

【例】請以表 8-2 前 10 次之混凝土抗壓強度，計算試驗結果之標準差及變異係數。

解：

組別	X_1	X_2	R
1	246	250	4
2	260	249	11
3	255	272	17
4	294	275	19
5	305	290	15
6	266	268	2
7	224	242	18
8	255	204	51
9	198	210	12
10	187	169	18
ΣR	167		167
$\overline{R}$	167/10		16.7
d_2	查表 8-8，由 n = 2 列得		1.128
σ_1	16.7/1.128		14.8
$\overline{x}$	計算十次試驗之平均		244.7
V_1	14.8/244.7 × 100 =		6.05 %

註：ACI 214 以 σ_1 及 V_1 分別表示試驗內變異之標準及變異係數

對照表 8-7 得知該試驗內變異屬「不良(Poor)水準」(因為 6.05％大於 6.0％)，表示同一次試驗之兩試體強度間相差不大，但需要檢討試驗作業之穩定性與增進試驗精密度。

⇨ 8-4 常態分佈與品質管制圖

一、常態分配

　　繪製直方圖時，如果數據量逐漸增加，則組數(k)亦可增加，組距逐漸變小。所繪之直方圖將逐漸趨近於平滑曲線，當數據量無限多時，品質特性之分配曲線常呈左右對稱之鐘型曲線(如圖 8-3 所示)，稱為常態分配曲線(Normal Distribution Curve)，並可用(8-9)式之常態分配機率密度函數表示：

$$f(x) = \frac{1}{\sqrt{2\pi}\sigma}e^{-\frac{1}{2}\left(\frac{x-\mu}{\delta}\right)^2} \ , \ -\infty \leq x \leq \infty \tag{8-9}$$

式中，x＝變數

　　　μ＝母體平均數

　　　σ＝母體標準差

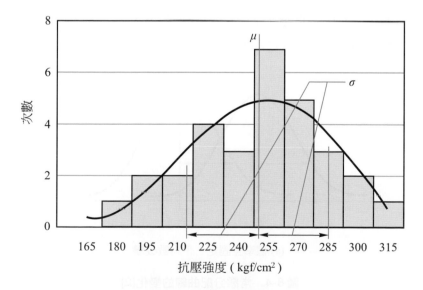

圖 8-3　常態分配曲線

　　工程品質母體實際分配爲人力所無法獲知，實務上常將其假設爲常態分配，以此項假設爲基礎，我們可以設定製程公差、預定製程目標、製作管制圖、建立抽樣檢驗計畫、評估製程能力等，用途廣泛。常態分配曲線有以下性質：

1. 常態分配曲線爲單峰型(外形像鐘，故稱鐘型曲線)峰頂所對應之水平座標值爲母體平均值(μ)。

2. 常態分配曲線爲左右對稱，兩側各有一個反曲點，各反曲點與平均數之水平距離爲一個母體標準差(σ)。

3. 兩側以水平軸爲漸進線，所涵蓋範圍爲 $-\infty \leqq x \leqq \infty$。

4. 常態分配有兩個參數，分別爲平均數和標準差，曲線形狀依此兩參數影響：

(1) 平均數決定常態分配曲線中心線之水平座標；平均數變大時，中心線往右平移；反之，平均數變小時，中心線往左平移(如圖 8-4a)。

(2) 標準差決定曲線分散寬窄；標準差大時，曲線平緩，分布寬闊；反之，標準差小時，曲線尖銳，分布狹窄(如圖 8-4b)。

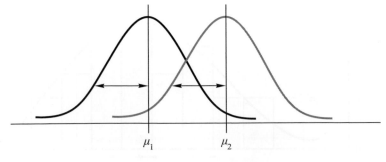

(a) 標準差固定，平均數改變

圖 8-4　常態分配曲線的變化[2]

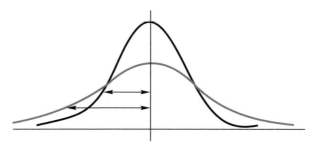

(b) 平均數固定，標準差改變

圖 8-4　常態分配曲線的變化[2](續)

5.　常態分配曲線總覆蓋面積(水平座標由 $-\infty$ 至 ∞)為所有數值之出現機率，設定為 1，水平軸上任何兩座標點所夾曲線面積為此兩座標值間之出現機率。

6.　任何常態分配曲線(【N $(\mu，\sigma^2)$】)代表)均可轉換為 $\mu = 0$、$\sigma = 1$ 之標準常態分配(可用【N(0，1)】代表)(如圖 8-5)。轉換前後之兩組對應座標點所夾曲線面積佔其總面積之比率相同，標準常態分配之面積可查標準常態分配表取得。

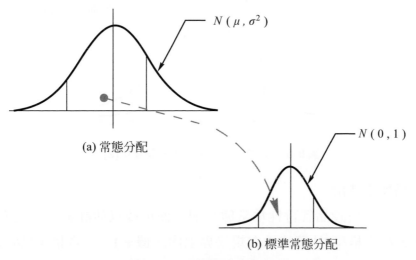

圖 8-5　常態分配標準化[2]

7. 由呈常態分配母體【$N(\mu, \sigma^2)$】中隨機抽取n件樣本，計算其平均數$\bar{x}$，則$\bar{x}$呈常態分配【$N(\mu, \frac{\sigma^2}{n})$】(如圖 8-6)，其平均數和標準差，如(8-2)(8-3)兩式。n愈大時，$\sigma_{\bar{x}}$愈小，故常態分配曲線愈尖銳。工程品管常以平均數($\bar{x}$)作為品質指標，平均數($\bar{x}$)分配與個別值(x)分配之標準差不同，不能混用。

$$\mu_{\bar{x}} = \mu$$
$$\sigma_{\bar{x}} = \frac{\sigma}{\sqrt{n}}$$

式中：μ＝個別值分配之平均數。

$\mu_{\bar{x}}$＝平均數分配之平均值。

σ＝個別值分配之標準差。

$\sigma_{\bar{x}}$＝平均數分配之標準差。

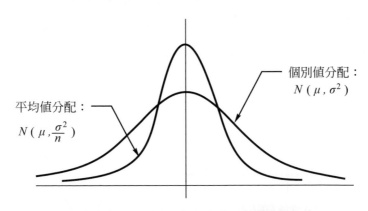

圖 8-6 不同平均數之常態分配變化[2]

二、合格率之估計

品管上常假設品管特性為常態分配，便可據以估計某一定範圍內的機率，譬如合格率(品管特性在規格界限內之機率)、不合格率(品管特性超出規格界限內之機率)等。以常態分配估計機率之方法如下：

(1)　以樣本平均數($\bar{x}$)估計母體平均數(μ)。

(2)　以樣本標準差(s)估計母體標準差(σ)。

(3)　設定所求數值之上下範圍：x_a及x_b。

(4)　分別計算x_a和x_b與平均數(μ)之差距，以標準差(σ)表示：

$$z_a = (x_a - \mu)/\sigma \tag{8-10}$$

$$z_b = (x_b - \mu)/\sigma \tag{8-11}$$

(5)　查標準常態分配表，分別求得由$-\infty$到Z_a與Z_b之累積機率：

$$P\,【Z \leqq z_a】= Z 在 z_a 以下之累積機率$$

$$P\,【Z \leqq z_b】= Z 在 z_b 以下之累積機率$$

(6)　相減二累積機率即可得解(如圖 8-7)。

$$P\,【x_a \leqq x \leqq x_b】= P\,【Z \leqq z_b】- P\,【Z \leqq z_a】 \tag{8-12}$$

$P\,【Z \leqq z】$為標準常態分配之累積機率，可由(8-12)式計算求得之。

$$P\,【Z \leqq z】= F(z) = \int_{-\infty}^{z} \frac{1}{\sqrt{2\pi}} e^{\frac{1}{2}t^2} dt \tag{8-13}$$

式中$F(z)$代表由$-\infty$到z之累積機率，因為常態分配曲線為左右對稱，通常標準常態分配表僅列右半部份($z \geqq 0$部份)，需用$z < 0$部份時，可用(8-13)式計算之。

$$F(-z) = 1 - F(z) \tag{8-14}$$

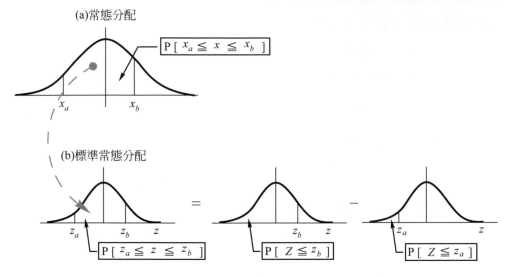

圖 8-7 以常態分配估計機率[2]

三、管制圖概述

工程施工經常歷時甚久,將同一品質特性之每次試驗結果依產生順序標示在一時間座標上,可以連成一高低起伏之折線,明白顯示品質變化狀況,另以統計原理設置上下管制界限,即形成品質管制圖,當有異常跡象時,可以立即採取應變措施。品質管制圖特別適用於大量及連續性產製之材料或施工,混凝土之產製很適合採用品質管制圖。

影響品質變化之因素甚多,以其發生機率及影響程度可分為兩大類:

1. 隨機原因(亦稱機遇原因,Random Causes):如材料在規格範圍內的少許變化、環境(溫度、濕度)略有差異、取樣及試驗之隨機誤差等。其來源很多,對品質影響輕微,要完全徹底消除很不經濟,一般不予追究。工程規範通常會考慮隨機原因所引起之品質變化,而允許若干製程公差(Process Tolerance)。

2. 異常原因(亦稱可究原因，Assignable Causes)：如材料、配比、機械性能、操作、取樣或試驗方法等改變使產品品質產生顯著改變，其發生機會不多，萬一發生時對品質影響嚴重，必須追究原因並採取應變措施。

品質管制圖之用途在於偵測是否有「異常原因之品質變化」，提供品管判斷之依據。管制圖之所謂「異常原因之品質變化」係指製程發生以往少有的變化情況(指與過去之常態不同之意)，不一定變壞也可能變好。例如某預拌廠所用細骨材之No.200篩以下含量(含泥量)，一般要求為 1.6 ± 0.6 ％，若超出此範圍可判斷有「異常原因」存在，其偏高是變壞，偏低則為變好。兩者都應該檢討原因；含泥量偏高為變壞，其原因可能是砂石廠之洗砂機故障，以致砂洗不乾淨；含泥量偏低為變好，其原因可能是砂石廠之洗砂機經過調整，以致砂洗得比以往乾淨，這是好現象，若能將其穩定，則可提高品質。然而，「含泥量偏低為變好」也可能是假象，可能是檢驗改由新手作業，其檢驗作業錯誤或計算錯誤，使得含泥量數據變低而已。

管制圖和其它統計方法一樣，只能提供品質之資訊，其原因仍有賴工程專業研判。良好的品管作業需要有工程技術與管理技術兩者之密切合作。

通常以正常製程平均數之 $\pm 3\sigma$ 作為管制界限(涵蓋機率約99.74％)，惟必要時亦可設置管制界限為 $\pm 2\sigma$ (涵蓋機率約95.44％)，以提高反應靈敏度，但也增加緊張度(因為管制點更容易超出管制界限，可能將隨機原因之變化誤判為異常原因之變化，誤發警訊引起工作人員緊張)，應採若干個標準差需視管制圖靈敏度及工程重要性而定。

　　管制圖之判讀係採用統計檢定原理；以機率推算當製程為正常時，其異常現象之出現機會很低(通常設為 1 %)，如果出現該異常現象，我們就判定製程異常了。

　　一般當有下列現象時，可判定有異常原因存在，應追究改正(參見圖 8-8)。

註：此處所列舉者為最簡易研判規則，更詳細研判規則請參閱品管專書。在引進管制圖初期，先採簡易規則即可產生效果，待有相當經驗可再進一步考慮採用更複雜研判規則。

1. 有任何一點落在管制界限以外(註：採用 $\pm 3\sigma$ 為管制界限，製程正常時，其出現機率小於 1 %)。

2. 連續七點出現在中心線之同側(註：製程正常時，其出現機率約為 1/128)。

3. 連續七點呈上升或下降(註：製程正常時，其出現機率約為 1/128)。

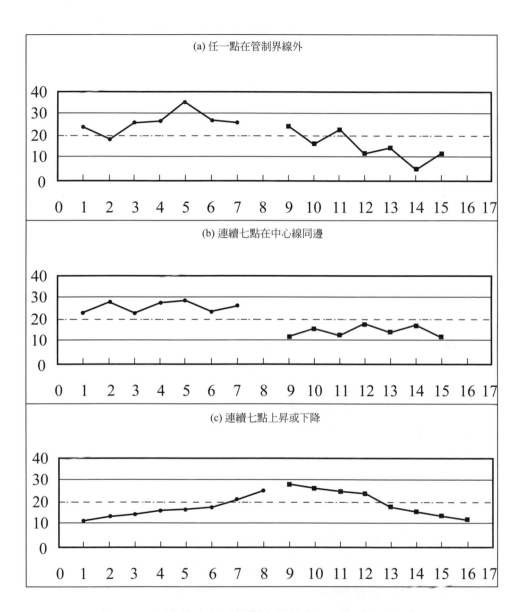

圖 8-8　管制圖三種異常現象(由上而下分別為：上管制
限 UCL、中心線 CL、及下管制限 LCL)[2]

　　管制圖按檢驗方式分計數值管制圖與計量值管制圖兩種，計量值管制圖通常由兩個管制圖並用，常見者如下：

(1)　平均值－標準差管制圖($\bar{x} - \sigma$ Chart)：適用於$n \geq 10$情況。

(2)　平均值－全距管制圖($\bar{x} - R$ Chart)：適用於$1 < n < 10$情況。

(3)　個別值－移動全距管制圖($\bar{x} - R_m$ Chart)：適用於$n = 1$情況。

本課程介紹混凝土製程品管常用之下列三種管制圖：

(1)　平均值－全距管制圖($\bar{x} - R$ Chart)。

(2)　個別值－移動全距管制圖($\bar{x} - R_m$ Chart)。

(3)　ACI混凝土抗壓強度管制圖。

　　管制圖又分「標準已知」和「標準未知」兩類，所謂「已知標準」指由以往之工程經驗已分析推估得品質特性之「平均值」及「標準差」，可據以設定管制界限；所謂「未知標準」指尚未得知品質特性之「平均值」及「標準差」，需分析一段穩定生產期間之檢驗數據，利用此資料設定管制界限，本課程主要介紹未知標準之管制圖製作。

四、ACI混凝土抗壓強度管制圖

　　美國混凝土學會ACI 214委員會建議一種混凝土抗壓強度管制圖，由此以下三個管制圖所組成

(1)　個別值管制圖

　　　　圖中之圓點為試體強度，連結各組試驗結果(同組各試體之平均值)成折線，以顯示試驗結果之高低變化，圖中標有規定強度($f'c$)及配比目標平均強度($f'cr$)。

(2)　移動平均值管制圖

　　　　圖中各點為連續五組試驗結果之移動平均，此圖可顯示強度變化走勢、週期性變化等。至於取連續幾組之移動平均，可視個案需要而定。圖中標有配比目標平均強度($f'cr$)。

(3) 移動平均全距管制圖

　　圖中各點為前連續十組試體強度之移動平均全距，此圖可顯示試驗精密度，作為判斷試驗內變異水準之用。圖中標線係以表 8-6 之試驗內變異為「可以等級」上限($V = 0.05$)所標示，其計算如下：

$$\overline{R}_m = \sigma_1 \cdot d_2 = f'cr \cdot V_1 \cdot d_2$$

式中：$\overline{R}_m$＝移動平均全距。

　　　σ_1＝試驗內標準差。

　　　$f'cr$＝配比目標平均強度。

　　　V_1＝試驗內變異係數，此處設定為 0.05。

　　　d_2＝統計係數，依同組試體數目(n)決定(查表 8-8)。

　　每組兩個試體時，$n = 2$，$d_2 = 1.128$：

$$\overline{R}_m = (0.05)(1.128) \quad f'cr = 0.05640 f'cr$$

　　每組三個試體時，$n = 3$，$d_2 = 1.693$：

$$\overline{R}_m = (0.05)(1.693) \quad f'cr = 0.08465 f'cr$$

【例】混凝土抗壓強度分析表 $f'c = 210 \text{kgf/cm}^2$

　　　平均強度　242kgf/cm² 　　最大容許平均全距　19.29kgf/cm²

　　　標準偏差　7.65kgf/cm² 　　變異係數　3.16 ％

組別	測定值（kgf/cm²）			該組平均	連續三組平均	連續三組全距	該組全距	連續三組平均全距
	X_1	X_2	X_3					
1	239	249	250	246			11	
2	244	235	255	245			20	
3	251	250	260	254	248	9	10	13.67
4	223	230	243	232	243	22	20	16.67
5	228	227	238	231	239	23	11	13.67
6	240	225	233	233	232	2	15	15.33
7	241	240	230	237	234	6	11	12.33
8	259	252	257	256	242	23	7	11.00
9	251	253	244	249	247	19	9	9.00
10	243	240	248	244	250	12	8	8.00
11	250	257	248	252	248	9	9	8.67
12	251	253	246	250	248	8	7	8.00
13	230	242	225	232	245	19	17	11.00
14	221	231	241	231	238	19	20	14.67
15	233	245	241	240	234	9	12	16.33
16	240	238	236	238	236	9	4	12.00
17	234	238	248	240	239	2	14	10.00
18	236	241	235	237	238	3	6	8.00
19	228	239	234	234	237	6	11	10.33
20	229	239	247	238	236	5	18	11.67
21	240	245	250	245	239	11	10	13.00
22	251	253	256	253	246	15	5	11.00
23	247	249	255	250	250	8	8	7.67
24	262	243	257	254	253	4	19	10.67
25	239	240	246	242	249	12	7	11.33
26	233	230	244	236	244	18	14	13.33
27	245	238	231	238	238	6	14	11.67
28	241	245	246	244	239	8	5	11.00
29	236	230	246	237	240	7	16	11.67
30	230	246	237	238	240	7	16	12.33

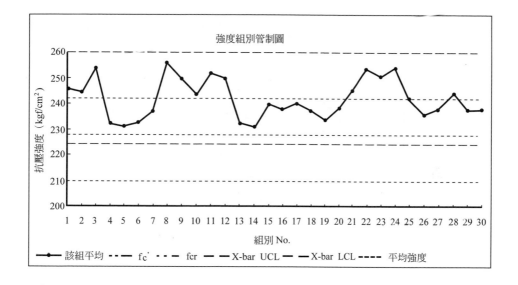

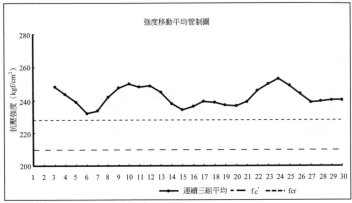

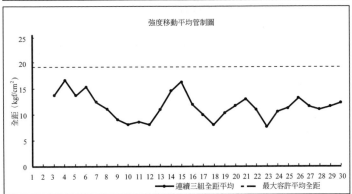

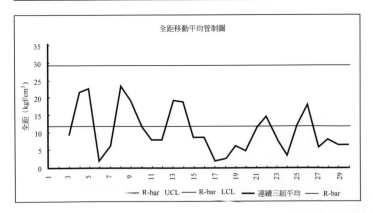

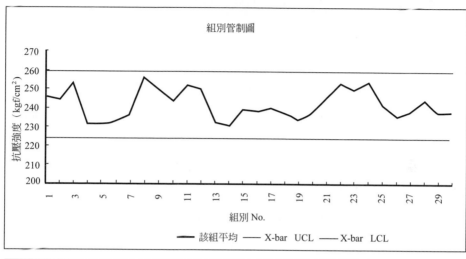

組別管制圖

該組平均 —— X-bar UCL —— X-bar LCL

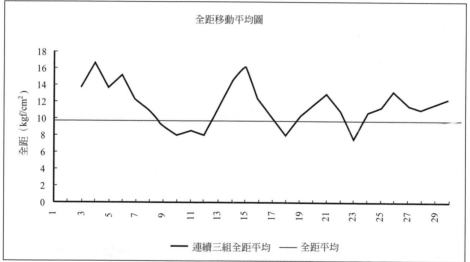

全距移動平均圖

連續三組全距平均 —— 全距平均

⇨ 8-5　混凝土品質評定與驗收

一、檢驗與查驗

　　為確保混凝土工程施工之品質能符合設計水準，工程進行中，監造者必須在施工各階段對使用之材料、施工與成品及時查驗，必要時加以檢驗;並對不當之處加以糾正改善。

　　查驗係指文件核對、目視檢查或簡單量具核對。檢驗係指按規定方法以儀器試驗或檢測。

　　當監造者認為需要時，得進行下列檢驗與查驗:

1. 混凝土拌和及輸送作業之查驗。

2. 於混凝土澆置點取樣及進行指定之試驗。

3. 檢驗每次進場之水泥、鋼筋、預力鋼腱、模板及其他材料之檢驗報告或出廠證明與製造序號，必要時得予複驗。

4. 查核試驗室之試驗。

5. 材料或混凝土因試驗或檢查結果不符合規範要求而須增加額外試驗或檢查。

6. 應承包商之請求變更材料或配比所需增加之試驗及檢查。

7. 其他需要之檢驗或查驗。

　　混凝土工程檢驗與查驗未能及時發現之缺點，於日後發現時仍應由承包商負責做必要之處置，以保證工程品質。為使檢驗與查驗工作順利進行，監造者宜事先擬具計畫，並按計畫執行，承包商應配合之。監造者無法進行之檢驗或查驗，可委託檢驗機構辦理;檢驗機構須經業主與監造者認可。

二、混凝土抗壓試體取樣頻率

1. 同一日澆置之各種配比混凝土，每 120 m^3 或每 450 m^2 澆置面積

為一批，每批至少應進行一組強度試驗。

2. 又同一工程之同一種配比混凝土之總數量在40 m³以下，且有資料可供參考者，得於徵得監造者之同意下，免做強度試驗。

依照混凝土施工規範規定每一種配比混凝土為每天至少進行一組強度試驗，另外按澆置混凝土之體積或面積規定，按體積每120 m³或按面積每450 m²為一批，均應進行一組，若有餘數超過30 m³或100 m²時應增加一組試驗。同一工程同一配比之混凝土至少須有具代表性之五組試驗結果。如果因為數量較少，無法依上述之標準取樣達五組，則應隨機從拌和批次中取樣，若拌和批次少於五次，則應每批次均取樣，取樣方法按CNS 1174之規定。每一組試體應依澆置程序依次編號，並註明所代表該批混凝土的澆置位置。

監造者同意免做試驗時，可參考之資料係指在同一天在相似之條件下，有與本工程類似之其他工程亦採用相同之混凝土且有試驗報告者。

需要評估養護效果或決定拆模時間或決定施預力時機時，需增加試體數量，以供在工地環境條件下進行與結構相同之養護，試體數量及齡期依試驗目的而定。

除另有規定外，混凝土強度試驗每一組為兩個以上試體，於28天齡期時抗壓強度之平均值為該試驗結果。若監造者認為有需要時，每一組可多做試體於較早或較晚齡期進行抗壓試驗，以供參考。為提升施工品質管制功效與供即時做適當修正，可一組做四個試體，其中二個試體於七天或其他齡期進行試驗，作為早期品質之參考。

試體製作及養護應按工地混凝土試體之製作及養護法(CNS 1231)之規定辦理。抗壓試體試驗法應按混凝土圓柱試體抗壓強度之檢驗法(CNS 123)之規定辦理。

早強混凝土或非以 28 天齡期強度設計$f'c$之混凝土應按契約所規定齡期進行試驗。

三、混凝土品質認可

混凝土之品質應包含強度、耐久性、體積穩定性及水密性等，一般情況下，抗壓強度與其他品質特性有密切關係，且混凝土強度較易量測，並對結構安全有絕對之影響，故通常以混凝土強度作為品質評定之指標，惟於驗收時，仍應對混凝土之耐久性加以核驗。

若設計圖說中對強度以外之其他混凝土品質，例如耐久性，體積穩定性及水密性等品質有所要求時，承包商應按混凝土規定，提出相關資料以對混凝土品質予以評定及認可。設計者應對此等品質之評定及認可標準詳加說明，並考慮施工中執行之可能性。

每種配比之混凝土試體至少須有具代表性之五組試驗結果以供評定其品質。每一種配比混凝土強度須同時符合下列兩條件方為合格：

1.　任何連續三組強度之平均值高於規定強度$f'c$。

2.　無任何一組之強度低於規定強度$f'c$之值超過下列規定值：

　　(1)　$f'c$大於 350 kg/cm^{2}者⋯⋯⋯⋯⋯⋯⋯⋯⋯⋯⋯$0.1f'c$。

　　(2)　$f'c$等(小)於 350kg/cm^{2}者⋯⋯⋯⋯⋯⋯⋯⋯35 kg/cm^2。

在施工過程中，接獲混凝土試驗報告時，便可立即對該混凝土之品質加以評定與認可，理論上即使混凝土強度與均勻性均符合需求，混凝土試驗結果不符合上述二項規定之情況也偶而會發生(可能機率約為1％)。因此，為考慮統計上預期之偏差，在決定混凝土強度水準時，應保留容許偏差。但對試驗數目較少之工地，試驗結果低於$f'c$之值超過35kg/cm^{2}之失敗機率已充分適用，例如僅做五次強度試驗之小工程，只要其中有任何一組(兩個圓柱試體之平均)試驗結果低於$f'c$之值超過35kg/cm^2，即可判定不符合規定。

　　由於近年來混凝土工程界有高性能混凝土的發展，並逐漸在普遍應用，使實際使用混凝土之強度有提高之趨勢，為因應此一趨勢，對強度較 350 kg/cm² 高的混凝土，其任何一組試驗之強度容許值改採依其強度的 10 ％應是合理的。

　　混凝土抗壓強度未符合上述合格標準時，應探討其確實原因，並應針對其原因採取改進措施，以防止後續施工再度發生類似現象。

　　當混凝土之品質不符合上述規定時，應立即探討其確實原因，針對其原因擬定改進措施，以提高其後續強度試驗之平均值，並防止類似現象再度發生。若已有 15 組以上之混凝土試驗結果，則可根據這些試驗結果，修改混凝土配比之標準強度f'_c。若是驗結果尚不足 15 組，即使該工程全部試驗數據之平均抗壓強度已超過最初選擇配比時所用之配比目標強度，則仍應進一步考慮提高新配比之目標強度，惟新配比之目標強度至少須等於最初選擇配比時所用之配比目標強度。

　　提高後續強度試驗平均值之措施，依其特殊環境而定，但可包括下列之一或多項：

(1)　增加水泥材料之用量。

(2)　改變混合料配比。

(3)　降低或妥善控制混凝土供應時坍度。

(4)　減少混凝土輸送與澆置時間。

(5)　嚴密控制混凝土之含氣量。

(6)　改善混凝土試驗方法，使確實符合標準試驗程序。

四、鑽心試驗

　　混凝土品質若不符混凝土施工合規範或合約要求時，除應探討強度低落原因並加以改善外，可依混凝土施工規範之規定，對結構物混凝土做鑽心試驗進一步評估之。

　　若混凝土之品質不符合時，顯示施工混凝土品質之不均勻情況超出容許範圍，但因試驗結果為試驗室養護試體之強度，並非結構體上混凝土之強度，故應針對結構體混凝土品質實際狀況加以調查瞭解，採取必要處理措施，即須按混凝土施工規範進行結構體混凝土之檢驗，作進一步之評估。

(一)試體要求

　　鑽心試體直徑不小於混凝土粗粒料標稱最大粒徑之三倍，並且不得小於 5 cm。鑽心試體長度不得小於直徑(最好為直徑二倍)。鑽心試體之鑽取與試驗應按混凝土鑽心試體與切鋸試體抗壓及抗彎強度試驗法(CNS 1238)之規定辦理。

　　依 CNS 1238 規範規定，鑽心試體之直徑不得小於混凝土粗粒料標稱最大粒徑之三倍，但因考慮結構體上取樣有實際之困難，故規定容許最少可採用二倍，但無論如何，不得小於 5 cm。而其長度最好為直徑之二倍，但也有實際之困難，故亦規定試體長度不得小於其直徑。試體之鑽取及試驗應按均應按 CNS 1238 之規定辦理。由於抗壓試驗之結果受試體尺寸之影響，當長度與直徑之比小於 2 時其強度會提高，故應乘以下表之修正係數。下表未列入之值，可藉內插法求得之。

長度/直徑	1.75	1.50	1.25	1.25	1.00
修正係數	0.98	0.96	0.93	0.90	0.87

　　鑽心試體完成鑽取後，應立即拭去表面水分並放置於水密性之袋子或容器中，以便運送與存放。除非經監造者核可，鑽心試體應於鑽取 48 小時以後至七日前，按 CNS 1238 規定進行試驗。

　　為確實呈現鑽心試體於實際混凝土結構體之強度，規定在取出或切鋸後，應立即拭去表面水分，並放入水密性之袋子或容器保存，並在限

定時間內進行試驗，係為防止鑽心試體試驗受環境之影響。

　　混凝土強度可疑處，應取三個代表性試體為一組，由監造者選擇對結構物強度損害最小之位置鑽心取樣。若試驗前發現試體於取出或處理過程中有損壞現象時，應重取試體。

　　鑽心試驗為一種若處理不當具有損害性之試驗，其進行應由結構工程師監督，在適當位置鑽取試體。所謂適當位置乃是對混凝土構材及結構體之強度不造成傷害之處，以牆或版為宜。若在梁中取樣，則以跨度中央附近之中性軸以下部位為宜。選此位置之好處有二，一為在此位置梁斷面主要受正彎矩，剪力最小，而中性軸以下部分之混凝土不利用其抗拉強度，將之鑽出影響較小；二為在此位置之箍筋間距較大，較易鑽取。

　　鑽心試體之鑽取須由專業技術人員負責操作，所鑽取之試體表面應盡量平整無歪曲現象。試體鑽取時並應避免鑽斷或傷害鋼筋，以免造成構材或結構體之傷害。為避免鑽及鋼筋，可採用鋼筋偵測器標定鋼筋之位置。

(二)合格標準

　　鑽心試體合格之標準為同組試體之平均強度不低於規定強度 0.85 $f'c$，且無任一試體強度低於 $0.75 f'c$。

　　鑽心試體抗壓強度合格之標準規定為平均強度不低於 0.85 $f'c$，此規定乃基於實際狀況之考量，因為試驗過程中存在著試體尺寸之效應、鑽心取樣及處理過程等之影響，且工地養護效果常不能達試驗室養護之程度，故鑽心試體無法要求其強度達 $f'c$，即 $0.85 f'c$ 為合理標準。至於個別試體最低強度為 0.75 $f'c$ 亦為對應考量。鑽心殘孔應以低坍度之同等強度混凝土或砂漿填補之。

　　若鑽心試驗結果未符合混凝土施工規範之規定，則可進行結構物強

度評估或拆除。

五、結構混凝土評估

當混凝土發生養護不符合要求或抗壓強度不符合要求時,應進行鑽心試驗,並以其結果為混凝土強度評估之依據。非破壞性試驗法僅能配合鑽心試驗,單獨非破壞性試驗之結果不得直接作為混凝土品質評估、認可或拒收之依據。

當發生試驗室養護試體之強度試驗結果不符合要求,由於結構體混凝土之強度與圓柱試體之強度尚有不同,為對結構體之安全做評估,須以實際強度為依據,故須做結構體混凝土強度之評估。以現有技術而言,鑽心試驗之結果最能代表結構體混凝土之實際強度,故可作為結構混凝土品質評定之依據。非破壞性試驗法因只能顯示混凝土之相對品質,故僅能用在小工地之試驗數據比較,供相對品質均勻性之評估,或配合鑽心試驗決定取樣位置之參考,其試驗結果不得單獨作為混凝土品質評估、認可或拒收之依據。

非破壞性試驗(NDT,Nondestructive Test)得用以測定各部位混凝土之相對強度或品質均勻性,除配合鑽心試驗外,不得單獨作為混凝土品質評估、認可或拒收之依據。非破壞性試驗為目前工業界相當重要之檢測技術,對鋼鐵等均質材料,其使用具簡便、快速、經濟及精確之優點。惟一般混凝土因材質、導電性、感磁性等不均勻,故難利用電磁、放射性及核子等精密之非破壞試驗。目前所能利用之非破壞性試驗法,如反彈錘、脈波、貫入針、拉拔等,尚不足以準確評估混凝土之品質,但仍可作為品質均勻性之參考。混凝土可用之非破壞性試驗標準如下:

1. 硬化混凝土反彈數試驗法(CNS 10732)
2. 脈波穿透混凝土速度試驗法(ASTM C597)
3. 硬化混凝土貫入試驗法(CNS 10733)

4. 硬化混凝土之埋釘拔出試驗法(ASTM C900)

(一)結構物混凝土強度評估

　　鑽心試驗結果若符合混凝土施工規範規定時，可予接受；若不符合規定時，則可進行結構物強度評估，如圖 8-9 所示。即若對結構物或構材之評定認為安全有疑慮時，應遵照土木水利工程學會「混凝土工程設計規範與解說(土木 401-93)」第十四章規定，以分析法或載重試驗法或兼用兩法進行結構物強度評估。

　　當結構物混凝土無法施作鑽心試驗時，或鑽心試驗不符合混凝土施工規範之規定時，則可認定為對結構物安全有所疑慮；由監造者指示承包商按混凝土施工規範之規定辦理。有關結構物強度評估細節請參閱土木水利工程學會「混凝土工程設計規範與解說(土木 401-93)」第十四章。

　　由於施工過程中對材料及施工品質均有完整之紀錄，以分析法評估結構物之強度時，可將結構物做全盤之分析，故以分析法為優先。若無法分析或分析後認為需要時，得以載重試驗法做驗證。

(二)評估後處理方法

　　結構物強度評估結果為安全無慮者，可予接受；否則監造者應依強度評估結果及實際情況採取適當措施。即監造者對結構物強度評估之結果認為安全有虞者，應依據實際情況採取下列措施：

　　(1)　補強：鑽心試驗之結果未符合混凝土施工規範之規定，但經結構物強度評估分析，結果顯示該混凝土之現有強度雖然不符合規定，但對安全之影響可以適當措施加以補救者，則承包商應按指示補強，必要時報請主管機關核准。

　　(2)　重作：若經鑽心試驗結果分析顯示，該混凝土現有強度對安全可靠性有嚴重影響，且無法採用任何施加以補救者，則承包商應按指示將該混凝土所影響之部分拆除重做，必要時報請主管

機關核准。

(3) 限制使用：經業主同意與主管機關核准，限制其使用荷重與範圍。

六、驗收

(一)一般要求

除契約文件另有規定者外，混凝土構造物之驗收應按混凝土施工規範之規定。契約文件及混凝土施工規範未有規定者，按工程慣例驗收。

混凝土構造物驗收主要在確認施工之品質是否符合施工規範之要求，驗收時應依施工規範所訂之標準及程序辦理。施工規範未列部分得依工程慣例辦理驗收。

混凝土構造物之驗收，除應查核其有關品質認可資料文件外，並應按規定核對主要構材尺寸與審視外觀，驗證合格者可予驗收。可於有疑慮部位做適當檢驗以驗證其品質。不符合驗收規定部分，承商應限期改善。

混凝土工程之驗收，承包商應提交下列資料文件以工驗收者查核：

1. 施工過程中提經核可之資料文件，含施工計畫、施工詳圖、變更設計文件即達成協議之文件。

2. 施工所用材料之試驗報告及認可文件。

3. 各階段之施工報表、查驗紀錄及改善紀錄。

4. 有關工程之品質評估與認可證明。

5. 竣工圖。

混凝土工程之施工程序相當複雜，有許多品質特性不易於完工後再行驗證，故須於施工期間就其材料及施工作業等分項及分段驗證，留下紀錄，若有缺失，應提改善紀錄、認可證明等作為驗收時之依據。承包商應提交以上有關之資料文件，以證明該工程之施工品質符合之要求，

以利驗收。

(二)尺寸許可差

　　混凝土構材外型尺寸不符合混凝土施工規範(見表 8-9 所示)要求時，其對強度之影響應按混凝土施工規範之規定辦理。

　　混凝土構材之尺寸偏小不符規定之許可差時，首先應按規範之規定做結構物強度之評估，以確保其安全性。混凝土外形大於規定尺寸，且超過規範之規定者。過大部分之去除不得損及構材之強度，亦不得影響其他功能與外觀。

　　混凝土外形大於規定尺寸，若超過規範之規定者，如顯露於外觀者，過大部分應依監造者同意之方法妥善去除並修整；如非顯露外觀且不影響其他功能者，若經監造者同意，得不必打除。混凝土構材之澆置位置錯誤或偏差不符規定，致使結構物之強度受影響時，應依第十七章規定辦理；影響外觀、功能或干擾他項工作情況嚴重者應打除重做。其情況是否嚴重由監造者根據構材對外觀、安全及使用性之影響程度判定之。

　　混凝土構造物外形除按上述規定進行改善外，其表面修飾仍應照原設計，並按第九章之相關規定修補至符合規定。

　　修飾完成之版面超出規範之許可差時，應整修至符合規定。整修工作不得影響其強度及外觀。整修措施應經許可。版面屬於暴露於外觀且與載重直接接觸之構造物，其外觀及安全至為重要，如超過規範有修飾許可差規定時應加以整修，包括局部磨刨及填平等措施，以符合規範要求。

表 8-9　澆置施工混凝土之尺寸許可差

項　目	許可差
(一)錘線偏離誤差	± 25 mm
1.　高度 30 m 以下者	± 13 mm
(1)　線、表面、稜線	
(2)　外露角柱之外稜線、控制縫凹槽	高度之 1/1000，
2.　高度超過 30 m 者	且不超過±150 mm
(1)　線、表面、稜線	高度之 1/2000，
(2)　外露角柱之外稜線、控制縫凹槽	且不超過±750 mm
(二)位置偏離誤差	
1.　構件	± 25 mm
2.　版開口 30 cm 以下之中心線，較大開口之邊緣	± 13 mm
3.　版中鋸縫、接縫、弱面	± 20 mm
4.　基腳重心	同向基腳寬度之 1/50，
	且不超過±50 mm
(三) 高程誤差	
1.　版頂面	± 20 mm
(1)　地面鋪版之頂面	± 20 mm
(2)　支撐拆除前，版之頂面	± 20 mm
2.　支撐拆除前之各種模鑄面	± 13 mm
3.　楣梁、窗台、胸牆、水平槽及其他可見之線	
(四) 斷面尺寸偏差	
柱、梁、牆厚、版厚、墩	
30 cm 以下	＋ 10 mm；－ 6 mm
大於 30 cm 至 100 cm	＋ 13 mm；－ 10 mm
大於 100 cm	＋ 25 mm；－ 20 mm

(三)外觀

混凝土露面部分若有缺陷,嚴重影響修飾面之外觀,應以經許可之方法修整並經認可。

混凝土露面部分,係指特殊鑄面修飾外之各類露面修飾。所謂缺陷譬如表面蜂窩、不平整、色澤不均及模板油汙染等。處理之方法可參考混凝土施工規範第九章規定,或依監造者認可之方法辦理。

混凝土露面部分若採用特殊鑄面修飾者,若其外觀缺陷不能修補時,應打除重做。

混凝土之非露面部分應平整,表面若有缺陷亦應依混凝土施工規範規定修補之。

(四)結構物強度

在結構物混凝土驗收過程中,若認為結構物之混凝土可能有強度缺失時,可依實際情況按規範之規定辦理鑽心試驗、結構分析或載重試驗。

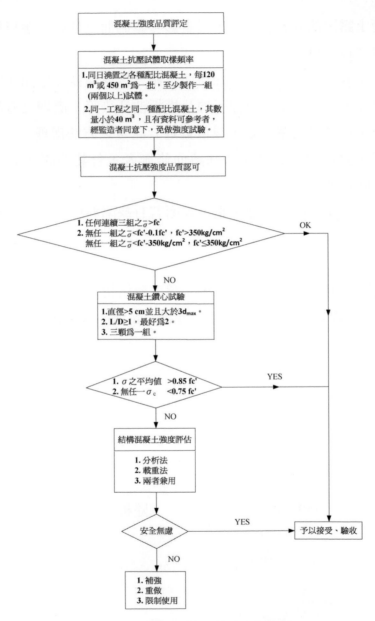

圖 8-9　混凝土強度品質評定流程圖

學後評量

一、選擇題

( ) 1. 處理不確定性問題宜採用下列何種方法？ (A)理論方法 (B)統計方法 (C)主觀方法 (D)經驗方法。

( ) 2. 統計品質管制之英文簡稱為 (A)TQC (B)QCC (C)PDCA (D)SQC。

( ) 3. 採用 SQC 有何優點？ (A)可以客觀的量化顯示品質水準 (B)可以在預定之失誤率下設定品質目標 (C)可以在預定之失誤率下管制品質 (D)以上皆是。

( ) 4. 下列何項混凝土品管作業適用 SQC？ (A)訂定配比目標強度 (B)評定品質水準 (C)偵測混凝土製程變化 (D)以上皆是。

( ) 5. 品管抽樣檢驗應採用下列何種方法選定樣本？ (A)立意抽樣 (B)隨意抽樣 (C)隨機抽樣 (D)隨便抽樣。

( ) 6. 預拌混凝土 CNS 3090 規定每種混凝土每多少立方公尺至少試驗一次強度？ (A)100 (B)110 (C)120 (D)450。

( ) 7. 混凝土施工中採用何種抽樣法會被預測下一次抽樣點？ (A)分層抽樣 (B)簡單隨機抽樣 (C)系統抽樣 (D)立意抽樣。

( ) 8. 某日預計產製 30 車預拌混凝土，若將以分層抽樣法抽驗三車，已取得 0.589、0.235 及 0.856 三個隨機數，其應抽驗之車數為 (A)18、8、27 (B)6、13、29 (C)6、16、26 (D)5、2、8。

( ) 9. 品質管制之直方圖呈扁平型應採何種應變措施？ (A)調整均勻度 (B)調整平均值 (C)調整規格 (D)調整樣本大小。

( ) 10. 直方圖若呈雙峰型應採何種應變措施？ (A)採要因分析 (B)採層別分析 (C)柏拉圖分析 (D)散布圖分析。

( ) 11. 直方圖若呈峭壁型，可能是 (A)樣品檢驗前經篩選或檢驗數據有人爲修正 (B)品質不均勻 (C)組數太少 (D)組數太多。

( ) 12. 統計數據之集中趨勢可用下列何者表示？ (A)變異係數 (B)標準差 (C)全距 (D)平均數。

( ) 13. 統計數據之離散程度不可用下列何者表示？ (A)標準差 (B)全距 (C)變異係數 (D)平均數。

( ) 14. 樣本標準差之分母爲 (A)n (B)$n/2$ (C)$n-1$ (D)$n+1$。

( ) 15. 若以 8、9、10、11 與 12 五數據爲例，則其標準差爲 (A)1.58 (B)1.41 (C)5 (D)10。

( ) 16. 移動平均數用於顯示品質之 (A)離散程度 (B)集中趨勢 (C)變動趨勢 (D)合格率。

( ) 17. 混凝土配比資料設計準則 CNS 12891 規定由一種強度資料計算標準差時，至少應有幾組試體資料？ (A)10 (B)20 (C)30 (D)40。

( ) 18. 某批混凝土強度之平均值爲 240kgf/cm²，標準差爲 30kgf/cm²，則其變異係數爲 (A)210 (B)0.125 (C)8 (D)270。

( ) 19. ACI 214 評估混凝土抗壓強度準則之全面變異係用於評估混凝土品質之 (A)均勻性或品管能力 (B)品質水準 (C)試驗精密度 (D)合格率。

( ) 20. 下列何者不是常態分配之性質？ (A)單峰型， (B)有一個參數，(C)左右對稱，(D)任何常態分配均可轉換爲標準常態分配。

( ) 21. 若混凝土呈常態分配，平均值爲 240kgf/cm²，標準差爲 30kgf/cm²，今任取連續四次強度之平均值，則平均值約爲 (A)15 (B)30 (C)120 (D)240 kgf/cm²。

( )22. CNS 12891 及土木 402 － 88 設定混凝土強度不合格率容許值為 (A)0.1 ％ (B)1 ％ (C)10 ％ (D)15 ％。

( )23. 品質管制圖通常以平均數±若干值作為管制界限？ (A)1σ (B) 2σ (C)3σ (D)4σ。

( )24. 當品質管制圖發生下列何種狀況時可判定為異常？ (A)有任何 一點落在管制界限以外 (B)連續七點呈上升或下降 (C)連續七 點出現在中心線之同側 (D)以上皆是。

( )25. ACI 混凝土抗壓品質管制圖係由何圖組成 (A)移動平均值管制 圖 (B)個別值管制圖 (C)移動平均全距管制圖 (D)以上皆是。

二、問答題

1. ACI 214 以何種參數來評估混凝土強度品管控制之水準？

2. 同一組試體之強度差異很大時是否代表預拌廠之混凝土品管作業 不好？

3. 由強度個別值管制圖可獲得那些混凝土品管之訊息？

4. 由強度移動平均管制圖可獲得那些混凝土品管之訊息？

5. 由強度移動平均全距管制圖可獲得那些混凝土品管之訊息？

6. 當混凝土品質管制圖有那三種異常現象時，須追究改正？

7. 請找出至少兩項導致預拌混凝土強度不穩定之原因，並提出因應 之改善建議？

三、計算題

1. 設某工程混凝土($f'c = 280\text{kg/cm}^2$)之澆置數量為 2000m^3，依據混凝土施工規範之規定需作強度品管試驗，若其中十組之試驗結果如下：

試組編號	1	2	3	4	5	6	7	8	9	10
抗壓強度	285	280	275	289	272	298	301	244	286	305

   此混凝土之抗壓強度品質是否合乎規範之規定？若不符規範之處應如何處理？

2. 如下表所示，請依照「混凝土施工規範」及 ACI 214 之準則，繪製抗壓強度管制圖，並評定目前預拌廠之混凝土強度品管水準，設計強度為 280kgf/cm^2。

   (1) 依「混凝土施工規範」是否合格？

   (2) 依 ACI 214 準則是否合乎品管水準？

   (3) 計算抗壓強度平均值、全距平均值、樣本標準差與變異係數、母體標準差與變異係數。

組數 N	圓柱體抗壓強度 (kgf/cm²)		平均強度		全距 R_i	移動強度(5 組)		移動全距(10 組)	
	X_1	X_2	X_i	$(X_i - X_{bar})^2$		ΣX_i	$\Sigma X_i/5$	ΣR_i	$R_m = \Sigma R_i/10$
1	367	359							
2	373	350							
3	373	365							
4	367	322							
5	350	342							
6	339	350							
7	356	353							
8	325	322							
9	333	356							
10	365	370							
11	373	359							
12	370	367							
13	350	353							
14	356	367							
15	367	339							
16	345	350							
17	339	345							
18	345	348							
19	350	356							
20	350	339							
21	365	350							
22	384	379							
23	390	384							
24	345	362							
25	334	322							

本章參考文獻

1. 台灣營建研究院，混凝土品管，台灣營建研究院叢書(C22)，2002。

2. 土木水利工程學會，混凝土工程施工規範與解說(土木402-88)，1999。

3. 中國國家標準，預拌混凝土(CNS 3090)，1994。

4. 中國國家標準，混凝土配比設計準則(CNS 12891)，1991。

5. ACI 214-77, Recommended Practice for Evaluation of Strength Test Results of Concrete, ACI Manual of Concrete Practice Part 2, 1998.

6. ACI 311, Statistical Concepts for Quality Assurance, ACI Manual of Concrete Inspection Chapter 2, ACI SP-2, 1992.

7. American Society for Testing and Materials, ASTM Manual on Presentation of Data and Control Chart Analysis, ASTM STP-15D, 1976.

8. 陳式毅，統計分析方法，行政院工程會品管訓練班講義，2000。

9. 蕭新祿、封文斌，預拌混凝土配比設計與統計分析技術(下)，台灣區預拌混凝土工業同業公會會刊，p.044~p.048，2003年元月。

10. 沈永年、林志成、楊正邦、周建宏，預拌混凝土品質分析管制與評定，第十一屆鋪面工程學術研討會論文集，pp.119~128，2001。

混凝土未來研究方向

學習目標

★921 大地震 RC 結構物損壞原因與對策。

★混凝土耐久性考量與研究方向。

★混凝土微裂縫控制。

★混凝土水化作用行為模型。

⇨ 9-1 921 大地震 RC 結構物損壞案例及解決對策

一、前言

　　台灣地區位於環太平洋地震帶上，每年發生地震多達數千次，有感地震亦超過百次之多。1999 年 9 月 21 日凌晨台灣中部發生規模 7.3 強烈地震，震央位於南投日月潭西方 12.5 公里處，由於近於南投集集，中央氣象局將其定名為集集大地震(簡稱 921 地震)。921 地震除造成 2432 人死亡，也摧毀或嚴重損傷了九萬餘棟建築物(全倒 49542 戶，半倒 42746 戶)[1]。從倒塌鋼筋混凝土建築物案例中發現震害大多發生於柱，譬如柱之斷裂、移位、混凝土崩落、鋼筋外露、壓彎折斷、箍筋脫落等等破壞現象。其他損壞則包括：梁柱接頭之核心區斜裂、碎裂、鋼筋與混凝土分離、梁斷落；及梁之豎向、橫向與斜向裂縫、斜向錯斷、鋼筋拉脫、大梁與小梁交接處發生近 45 度裂縫；牆發生 45 度裂縫、與梁柱交界處裂縫、窗口與門楣梁出現八字或 X 形裂縫等等。而建築物中版之震害則較輕，一般係於版之四角會出現約 45 度之裂縫或斷裂，或於版面上產生平行於梁的長裂縫或斷裂[2]。其中有關鋼筋混凝土建築物結構設計不良者，則可大概歸類如下：建築物結構系統不良(平面、立面不規則，高寬比太大等等)、建築物部份樓層為軟弱層(使水平剪力無法傳遞，而於該層坍塌損壞)、短柱效應(學校教室窗台將中間柱束制，使柱有效長度變小，迫使柱承受大量剪力而破壞)、柱主筋排列太密、柱中埋置管線過大或偏心……等等。有鑑於此，內政部於 88 年 12 月 29 日修正了「建築技術規則建築構造編之耐震設計規範與解說」，有關「震區水平加速度係數」、「各類地盤水平向正規化加速度反應譜係數與週期之關係」、「垂直地震力」及「鋼筋混凝土構架」等規定與解說，以及台灣地區震區劃分(台灣地區之震區劃分，由四個震區修正為強震區：

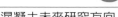

水平加速度係數0.33、工址加速度係數及各種地盤平均加速度反應譜等等[3]。雖然地震是威力巨大的自然災害，但人們應記取教訓並避免無知。因為就鋼筋混凝土建築物而言，材料及施工與結構是有密切的關係，即若無良好的材料及施工，就沒有結構可言；三者必須相輔相成。即有必要藉由此次地震之鋼筋混凝土建築物破壞教訓，檢討在材料與施工部份之缺失，以作為日後建築物的改進方向。本研究係針對材料與施工部份，彙整有關921集集大地震鋼筋混凝土建築物破壞案例，探討其發生破壞原因並提出解決對策，以作為日後鋼筋混凝土建築物規劃設計興建時之參考。期能有助於建造出具耐震能力的結構物，並確保鋼筋混凝土建築物的耐久性與安全性。

二、材料方面損壞案例、原因與對策

在921大地震中鋼筋混凝土建築物之倒塌損壞情形，其中與材料部份(包括混凝土、鋼筋與土壤)有關者，彙整如表 9-1 所示。茲說明其案例、破壞原因及提出解決對策如下：

1. 混凝土材料部份

　(1) 混凝土品質不良強度不足

　　① 案例說明：災區某倒塌建築物混凝土原設計抗壓強度為280kgf/cm²，但現場鑽心試體強度竟然不到原設計抗壓強度的1/3。又從倒塌某建築物取得混凝土試樣，經由酸鹼度指示劑檢驗，試驗結果顯示混凝土鹼性不足，即混凝土品質不良，如圖 9-1 所示[2]。

　　② 原因探討：混凝土可能使用過量的飛灰或爐石粉，且未依規範規定進行配比設計、產製、施工與養護等品管作業，導致混凝土強度不足品質不良。

表 9-1　921 大地震探討建築物之材料損害案例、原因探討與解決對策

材料	損害案例	原因探討	解決對策
混凝土	混凝土實際強度遠低於設計強度	混凝土配比設計、品管、產製與施工不當,導致混凝土強度不足。	應從混凝土配比設計、品管、產製、施工、養護、維護等方面加強考核。
	使用過量飛灰或爐石	只是為省錢而使用過量飛灰或爐石,缺乏正確的飛灰或爐石使用知識。	1. 要有正確的飛灰或爐石使用觀念,而不是為省錢而偷水泥材料而使用飛灰或爐石。 2. 嚴格實施配比設計、試拌與均勻性品管。
	混凝土水泥用量太少	為省錢而使用過少水泥,導致混凝土品質低劣。	同上。
	混凝土中含有雜物	材料品管與施工品管欠佳。	骨材含泥量依規定檢驗,澆置前應清除模板中異物。
	骨材粒徑太大、品質不良	骨材 D_{max} 過大與級配未符合要求。	骨材之 D_{max} 與級配應符合設計圖說與施工規範要求【註 1】。
鋼筋	鋼筋強度不足	使用強度不足之鋼筋。	加強鋼筋材料品質檢驗。
	鋼筋脆性斷裂	鋼筋過脆、延展性不足導致碎性破壞。	應加強鋼筋伸長率與抗彎試驗之品管檢核。
	鋼筋量或箍筋量不足	廠商無職業道德之偷料行為	澆置前檢驗須加強鋼筋檢驗。
	鋼筋銹蝕	保護層厚度不足與缺乏防蝕措施。	足夠保護層與相關鋼筋防蝕措施。
土壤	基礎土質疏鬆不良	基礎土壤屬於飽和疏鬆粉砂層且地下水位高,導致發生土壤液化現象。	採用夯實、化學固結與排水方法改良地盤,或變更基礎型式以提高承載力、降低沉陷量與防止變形。
	基礎地下水位高	建築物因不均勻沉陷產生傾斜、建築物地板噴砂冒水出來現象。	同上。
	基礎地盤處於強震帶上	災區倒塌建物發現有因基礎地盤處於強震帶,導致建築物產生傾斜或拉扯破壞現象。	設計施工前應詳加調查斷層位置,避免基礎位於斷層帶上,以防止災害發生。

註： 1. 骨材 D_{max} 應取下列最小值(1)模板最小寬度 1/5；(2)混凝土版厚 1/3；(3)鋼筋、套管等最小淨間距 3/4；(4)混凝土泵送管內徑 1/4。

圖 9-1　混凝土品質不良(鹼性不足)

③　解決對策：

❶　要有正確的飛灰與爐石使用目的與方法，不是為省錢而偷水泥材料而使用飛灰或爐石[4,5]。

❷　所使用的飛灰與爐石，其品質應符合 CNS 3036 與 CNS 12549 規範要求。

❸　嚴格禁止施工泵送時擅自加水。

❹　依混凝土工程施工規範，落實混凝土配比設計、試拌、施工與養護等品管作業[6]。

(2)　混凝土水泥用量過少

①　案例說明：由倒塌建築物之鋼筋表面很清潔，顯示沒有水泥漿黏裹之痕跡，即混凝土水泥用量過少，導致鋼筋與混凝土間缺乏握裹力。

②　原因探討：推測混凝土水泥用量太少，或混凝土在澆置施工時擅自加水而降低水灰比，導致混凝土握裹力不足。

③　解決對策：同上 1.❶所述。

(3) 混凝土含有雜物

① 案例說明：從破壞斷柱體中，常發現有模板木料、保麗龍便當盒等異物被包夾在混凝土中；甚至有報紙被包在混凝土結構體中。又從倒塌破壞的建築物中，發現混凝土色澤呈灰黃色，經訪查鄰家得知建築物興建時使用山砂石來拌製混凝土；導致混凝土含有過多泥土。

② 原因探討：營造現場作業人員無職業道德或欠缺專業知識。

③ 解決對策：

❶ 骨材含泥量應符合 CNS 1240 與混凝土施工規範規定值。

❷ 混凝土澆置前模板面上之雜物與模板中之異物應清除乾淨。

❸ 營造作業人員的技術知能與職業道德有待加強[4]。

(4) 粗骨材粒徑過大、品質不良

① 案例說明：從災區建築物破碎鋼筋混凝土構件中，發現粗骨材粒徑大小差異極大，並有超過 10cm 粒徑之卵石。亦發現混凝土碎塊中粗骨材偏少，即骨材級配比品質不良，見圖 9-2 [2]。

圖 9-2 骨材級配不良，並有逾 10cm 卵石

② 原因探討：粗骨材粒徑過大及骨材品質不良。

③ 解決對策：

❶ 混凝土骨材標稱最大粒徑應符合混凝土施工規範規定要求。

❷ 骨材級配應符合混凝土施工規範規定與 CNS 1240 規範要求。

2. 鋼筋材料部份

(1) 建築物鋼筋強度不足

① 案例說明：某倒塌大樓設計採用降伏強度為 4,200kgf/cm² 之鋼筋，但經中部某大學取樣作鋼筋抗拉強度之鑑測結果，顯示有些鋼筋試樣之降伏強度僅為 3,627kgf/cm²[2]。

② 原因探討：鋼筋抽樣檢驗之材料品質管制欠佳。

③ 解決對策：鋼筋混凝土建築物除應依照混凝土工程設計規範與解說(土木 401-86)規範設計外[7]，應採用降伏強度符合 CNS 560 規範與設計圖說要求之鋼筋，並做好鋼筋抽樣檢驗之材料品質管制工作。

(2) 鋼筋量不足與箍筋量不足

① 案例說明：災區倒塌建物普遍有柱箍筋量不足或柱主筋量不足、柱主筋錨定或搭接長度不足，甚至有箍筋剪斷現象；此外亦有梁端部上層主筋不足現象。

② 原因探討：鋼筋量不足與箍筋量不足，係由於設計不足、偷工減料或未按圖施工所致。

③ 解決對策：在混凝土澆置前應依混凝土工程施工規範，加強鋼筋檢驗工作。

(3) 鋼筋脆性斷裂

① 案例說明：在災區發現倒塌建物常有鋼筋在彎曲處斷裂情

形，其斷口處明顯整齊，如圖9-3所示[2]，因無鋼筋被拉長及無斷面縮小現象，故屬於鋼筋脆性斷裂。

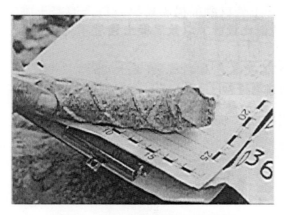

圖9-3　鋼筋脆性斷裂(無延展性)

② 原因探討：採用水淬鋼筋，因鋼筋韌性不足才導致鋼筋產生脆性斷裂。

③ 解決對策：鋼筋除了強度應符合CNS 560規範與設計圖說要求外，應加強鋼筋伸長率與抗彎試驗之品管檢核[4]。

(4) 鋼筋銹蝕

① 案例說明：災區倒塌建物發現從鋼筋混凝土構件露出已生銹鋼筋，見圖 9-4[11]。因鋼筋銹蝕後，將導致鋼筋斷面減少及鋼筋握裏力不足，使混凝土保護層剝落，甚至危及結構物之安全。

② 原因探討：鋼筋保護層厚度不足及未作好鋼筋混凝土構件之鋼筋防銹蝕工作。

③ 解決對策：應有足夠保護層及做好相關鋼筋防蝕措施[4]。

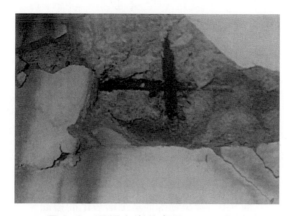

圖9-4 混凝土崩落處露出生銹鋼筋

3. 土壤材料部份

(1) 基礎土質疏鬆不良

① 案例說明：災區倒塌建物發現因土壤產生液化現象，導致建築物傾斜扭曲破壞，如圖9-5與9-6所示[9、12]。

② 原因探討：基礎土壤為飽和疏鬆之不良級配細砂(SP)或粉土質砂土(SM)，因工程性質欠佳易產生土壤液化現象。

圖9-5 典型土壤液化之噴砂現象

圖 9-6 建築物因地基土壤液化而扭曲

③ 解決對策：

❶ 應落實專業技師簽證制度，及確實做好基礎施工之工址調查、鑽探與試驗分析工作。

❷ 採用夯實、化學固結與排水方法改良基礎土壤之工程性質。

❸ 變更基礎型式，採用深基礎以提高承載力，避免基礎發生土壤液化破壞[4]。

(2) 地下水位高

① 案例說明：災區倒塌建物發現有因地下水位高，導致發生土壤液化現象，使建築物地板噴砂冒水出來，產生傾斜破壞現象，如圖 9-7【12】。

② 原因探討：基礎地下水位高，加上基礎土質疏鬆不良。

③ 解決對策：採用排水方法改良地盤，或變更基礎型式採用深基礎以提高承載力、降低沉陷量與防止發生土壤液化破壞。

(3) 基礎地盤處於強震帶上

① 案例說明：災區倒塌建物發現有因基礎地盤處於強震帶，導致建築物產生傾斜或拉扯破壞現象，見圖 9-8 所示[10]。

圖 9-7　建築物地板因土壤液化而開裂沉陷

圖 9-8　建築物位於斷層帶上因地盤錯動而損壞

② 原因探討：基礎地盤處於強震帶上，導致建築物遭受過大的地層應力。

③ 解決對策：設計施工前應詳加調查活動斷層位置，避免基礎位於斷層帶上，以防止災害發生。

三、施工方面損壞案例、原因與對策

在 921 大地震中鋼筋混凝土建築物之倒塌損壞案例中，與施工部份(包括混凝土、鋼筋與基礎土壤)有關者，彙整如表 9-2 所示。茲說明其破壞案例、原因探討及提出解決對策如下：

表 9-2　921 大地震建築物之施工部份損害案例、原因探討與解決對策

項目	損害案例	原因探討	解決對策
混凝土施工	混凝土不當搗實	將振動棒置於鋼筋上搗實，導致喪失混凝土與鋼筋之握裹力	依混凝土施工規範正確搗實施工
	混凝土材料析離	混凝土澆置下料不當或任意加水	1. 依混凝土施工規範正確施工 2. 嚴禁不當加水行為 3. 設計並使用工作性佳之混凝土
	混凝土任意加水	不良施工習性或混凝土工作度不良	1. 嚴禁不當加水行為 2. 設計並使用工作性佳之混凝土
	混凝土有蜂窩孔洞等缺陷	混凝土工作性欠佳	設計並使用工作性佳之流動化混凝土
	混凝土表面有塑性裂縫	混凝土養護作業欠缺或不當	依混凝土施工規範正確養護施工
	混凝土含有雜物	澆置混凝土前雜物未清除	混凝土澆置前模板應清洗潔淨
鋼筋施工	鋼筋加工無法符合耐震要求	墊塊移位使鋼筋偏移或保護層設計不足	正確鋼筋綁紮施工與墊塊檢驗
	鋼筋保護層不足	未按圖施工以致無法符合耐震要求	確實鋼筋彎紮與組立之作業
	主筋位置不正確	鋼筋綁紮施工不當使鋼筋偏移	主筋位置應正確與組立作業
	箍筋彎鉤不足(90 度 or ㄇ型)	偷工或箍筋綁紮施工不當	應作成 135 度彎鉤
	柱心混凝土失去圍束力而壓碎	柱箍筋間距過大，箍筋綁紮施工不當	正確箍筋綁紮施工
	柱箍筋直徑太小(小於 D10)	減料或箍筋綁紮施工錯誤	確實檢查作業(自立檢查表)

表 9-2　921 大地震建築物之施工部份損害案例、原因探討與解決對策(續)

項目	損害案例	原因探討	解決對策
鋼筋施工	無內箍筋	鋼筋綁紮施工不當	大斷面內應確實綁紮內箍筋
	鋼筋續接、接頭不良	接頭處鋼筋續接綁紮施工不當	1. 續接在同一斷面上應依規定錯開 2. 足夠錨定長度
基礎施工	土壤調查不確實	基礎土壤調查不確實	應落實專業技師簽證制度，做好工程基地工址調查、鑽探與試驗分析工作
	基礎土壤夯實不確實	基礎土壤未夯實	基礎土壤應確實夯實施工，使相對密度Dr > 70以上，就不會產生土壤液化現象
	基礎型式施工不當	基礎型式施工不當	正確基礎施工或採用樁基礎或較深筏式基礎

1. 混凝土施工部份

　(1)　混凝土搗實不當

　　　　發現倒塌建築物之混凝土面上，有明顯鋼筋節痕，如圖 9-9 所示。係由於搗實混凝土時，直接將振動器置於鋼筋上所致；亦可能由於混凝土水灰比過大使握裹力不足。

　(2)　混凝土任意加水或粒料析離

　　　　發現部份倒塌建築物之柱底混凝土，有粗骨材鬆散成顆粒狀之析離現象，係澆置混凝土時由柱頂直接瀉落，未控制下料層高；或混凝土任意加水導致粒料析離。

圖 9-9　混凝土有明顯鋼筋節痕(搗實不當)

(3)　施工搗實不良

　　　發現倒塌建築物之混凝土常顯現露筋、蜂窩、孔洞、麻面等缺失。係混凝土配比不當工作性欠佳，加上混凝土施工時搗實不良所致，見圖 9-10[11]。

圖 9-10　混凝土表面有蜂窩、水痕

(4)　澆置後養護不當

　　　發現倒塌建築物之混凝土有塑性裂縫缺陷，係由於澆置後養護不當所造成。

(5) 梁柱接頭處配筋無混凝土

發現倒塌建築物之梁柱接頭處配筋無混凝土。係由於梁柱接頭處配筋較密,加上混凝土工作性欠佳或粗骨材過大,導致混凝土無法自由流動充填整個構件。應採用流動化高性能混凝土,使混凝土澆置工作容易確實。

(6) 混凝土含有雜物

常發現倒塌建築物之混凝土中有木材(如圖 9-11)、飲料罐、便當盒、檳榔盒等雜物。混凝土澆置前,應確實清除模板內之雜物。

圖 9-11　混凝土中摻雜木材;90°彎鉤箍筋脫落

解決對策:以上各種缺失之發生,顯示營造作業人員的技術知能與職業道德有待加強,及混凝土施工時未按混凝土工程施工規範規定實施品質施工管制。故解決對策為:

① 對策應加強營造作業人員的技術知能與職業道德。

② 混凝土施工時應落實混凝土工程施工規範規定,加強實施施工品質管制[4,6]。

2. 鋼筋施工部份

(1) 鋼筋未按圖施工導致耐震度不足

① 案例說明：發現倒塌建築物之鋼筋未按圖施工，導致耐震度不佳而產生破壞。

② 原因探討：因為鋼筋混凝土構材在混凝土工程設計規範中有明確之耐震設計相關要求；在混凝土工程施工規範方面，則要求鋼筋應依設計圖說與規範確實施工。故鋼筋應確實正確彎紮與組立作業，才能確保鋼筋混凝土構件之耐震能力。

③ 解決對策：鋼筋之加工組立應依混凝土工程施工規範第五章鋼筋之規定施作。

(2) 梁柱鋼筋綁紮不當

① 案例說明：發現倒塌建築物之鋼筋未按圖施工導致鋼筋籠偏移；一邊保護層幾乎為零，另一邊卻逾10cm，見圖9-12[2]。

圖9-12 鋼筋之保護層一邊為0，一邊為10cm

② 原因探討：此係鋼筋籠綁紮定位不準確所致。

③ 解決對策：樑柱鋼筋綁紮位置應正確，不可偏移。

(3) 鋼筋保護層不足或過大

   ① 案例說明：發現倒塌建築物之鋼筋保護層不足(見圖9-18)；亦有因鋼筋籠過小，導致保護層厚逾10cm。

   ② 原因探討：係鋼筋籠施工不當導致產生偏移之情形。

   ③ 解決對策：鋼筋綁紮位置應正確。

(4) 鋼筋籠偏移

   ① 案例說明：發現倒塌建築物之鋼筋於施工中被踐踏下沉，影響構件承載力，導致地震時開裂。

   ② 原因探討：若柱之混凝土保護層太厚或鋼筋籠過小，將減少柱有效斷面，降低柱抗壓及抗彎矩之能力。若混凝土保護層太少，在混凝土中性化後鋼筋就易腐蝕。鋼筋籠位置偏移，將使柱彎矩增加，而導致斷裂。

   ③ 解決對策：柱梁主筋位置不正確之為害甚大，故鋼筋組立與架設模板時，位置應正是其精度應符合混凝土施工規範(土木402-88第5.6.11節)之要求。

(5) 箍筋施作不當

   ① 案例說明：發現倒塌建築物之箍筋僅作90°彎鉤(圖9-10)，嚴重的更有ㄇ型箍筋。

   ② 原因探討：若箍筋之彎鉤不足，將導致箍筋脫離、柱心提早壓碎，導致柱產生脆性斷裂破壞。

   ③ 解決對策：箍筋之彎鉤綁紮影響甚大，故箍筋之彎鉤綁紮應符合混凝土施工規範 (土木402-88第5.6.11節)之要求。

(6) 柱箍筋間距過大

   ① 案例說明：發現倒塌建築物之箍筋間距過大，尤其柱頭箍筋間距過大(圖9-15與9-16)。

② 原因探討：若箍筋間距過大，將導致箍筋脫離、柱心提早壓碎，導致柱產生脆性斷裂破壞。

③ 解決對策：箍筋間距影響甚大，故箍筋間距應符合混凝土施工規範(土木 402-88 第 5.6.11 節)之要求。

(7) 柱箍筋過小

① 案例說明：發現倒塌建築物有很多斷裂柱其箍筋過小，即箍筋尺寸未符合應大於 D10 之規範要求。

② 原因探討：若箍筋尺寸過小，將導致箍筋脫離、柱心提早壓碎，使柱產生脆性斷裂破壞。

③ 解決對策：箍筋尺寸應符合大於 D10 之規範要求。

(8) 柱內無箍筋

① 案例說明：發現倒塌建築物有很多大斷面之斷裂柱，僅見外箍筋，未見內箍筋。

② 原因探討：柱主筋應確實被圍束於箍筋內：否則柱受壓外圍混凝土剝落後，主筋易受壓屈曲，柱心混凝土失去圍束力提早壓碎，柱承載力明顯降低而斷裂。

③ 解決對策：箍筋應依設計圖之形式、位置、數量正確施作。

(9) 鋼筋續接不當

① 案例說明：發現倒塌建築物有很多柱主筋之續接在同一斷面上未按規定錯開，造成弱面及鋼筋過密處破壞(圖 9-13 與 9-14 所示)[2、8]。

② 原因探討：鋼筋主筋之續接應按規定錯開，不可位於同一斷面上。

③ 解決對策：鋼筋續接應依混凝土工程施工規範第 5 鋼筋之第 5.4 節規定施作。

圖 9-13　柱同一斷面主筋續接過密未錯開

圖 9-14　鋼筋搭接錯誤與間距不足

圖 9-15　柱箍筋量太少及間距過大

⑽　梁柱接頭鋼筋施工不良

①　案例說明：發現倒塌建築物有很多三、四層建物，其二樓滑落地上，但一樓柱卻留在原位置上，而柱頂鋼筋被拉出。

②　原因探討：接頭處之鋼筋與混凝土握裏力不足。

③　解決對策：應依混凝土工程施工規範第 5 章鋼筋規範規定，使梁柱接頭成爲一體。

以上各種問題之發生，顯示營造作業人員的技術知能與職業道德有待加強，及鋼筋施工時未按施工規範規定來作，故應嚴格落實鋼筋施工品質管制作業。

3.　基礎土壤施工部份

⑴　基礎土壤鑽探調查不確實

①　案例說明：災區倒塌建物發現因土壤產生液化現象，導致建築物傾斜扭曲破壞(圖 9-16)。

②　原因探討：基礎土壤爲飽和疏鬆之不良級配細砂(SP)或粉土質砂土(SM)，因工程性質欠佳易產生土壤液化現象。

圖 9-16　柱頂箍筋量過低與間距過大

圖 9-17　鋼筋位置不當勉強彎入

圖 9-18　鋼筋保護層厚度不足

③　解決對策：

❶　應落實專業技師簽證制度，及確實做好基礎施工之工址調查、鑽探與試驗分析工作。

❷　採用夯實、化學固結與排水方法改良基礎土壤之工程性質。

❸　變更基礎型式，採用深基礎以提高承載力，避免基礎發生土壤液化破壞。

⑵ 基礎土壤夯實施工不確實

① 案例說明：災區倒塌建物發現因土壤產生液化現象，導致建築物傾斜扭曲破壞(圖9-16)。

② 原因探討：基礎土壤為飽和疏鬆之不良級配細砂(SP)或粉土質砂土(SM)，因工程性質欠佳易產生土壤液化現象。

③ 解決對策：

❶ 應落實專業技師簽證制度，及確實做好基礎施工之工址調查、鑽探與試驗分析工作。

❷ 採用夯實、化學固結與排水方法改良基礎土壤之工程性質。

❸ 變更基礎型式，採用深基礎以提高承載力，避免基礎發生土壤液化破壞。

⑶ 基礎型式施工不當

① 案例說明：災區倒塌建物發現因土壤產生液化現象，導致建築物傾斜扭曲破壞(圖9-16)。

② 原因探討：基礎土壤為飽和疏鬆之不良級配細砂(SP)或粉土質砂土(SM)，因工程性質欠佳易產生土壤液化現象。但若加以夯實(使相對密度 $Dr > 70$ 以上)或採用化學固結(譬如灌漿以增加凝聚力(c值)強度)，基礎土壤就不會產生土壤液化現象。

③ 解決對策：

❶ 應落實專業技師簽證制度，及確實做好基礎施工之工址調查、鑽探與試驗分析工作。

❷ 採用夯實、化學固結與排水方法改良基礎土壤之工程性質。

❸ 變更基礎型式，採用深基礎以提高承載力，避免基礎發生土壤液化破壞。

上述情形，可採用樁基礎或較深之筏式基礎，以解決基礎型式不當問題；並應確實做好基礎施工之土壤夯實作業；及應落實專業技師簽證制度，做好工程基地工址調查、鑽探與試驗分析工作。

四、結論與建議

1. 結論

大自然的力量是浩大的，人是渺小的。雖然地震是天然災害，但人類應記取教訓並儘量避免無知再度發生。事實上，鋼筋混凝土建築物若能確實依照「混凝土工程設計規範與解說(土木401-86)」規定加以規劃與設計。並依「混凝土工程施工規範與解說（土木402-88）」規定，對施工材料進行材料進料檢驗與品管、做好混凝土配比設計試拌工作、確實之鋼筋加工與綁紮、不過量添加飛灰或爐石粉、混凝土泵送時不在工地加水、混凝土澆置後做好搗實與養護等工作，將可確保鋼筋混凝土建築物結構體之耐震安全性與耐久性品質，避免地震發生時人員傷亡與財產損失。

2. 建議

(1) 921集集大地震之鋼筋混凝土構造物破壞，很少有如規範設計預期之鋼筋混凝土預警性破壞行為，即鋼筋先到達降伏構件再破壞。故有關鋼筋混凝土在地震力作用下之破壞行為，仍有待進一步研究釐清。

(2) 現行的營造工程中混凝土的產製及輸送由預拌廠負責，但混凝土的泵送與澆置卻由另一廠商負責，導致混凝土品質責任無法分清。建議規定混凝土之產製、輸送、泵送及澆置應由同一單位負責俾明顯責任。新版混凝土工程施工規範(土木402-88)，對於混凝土試體之取樣處改為澆置點，其目的與此相同。

(3) 應落實專業技師簽證制度，做好工程鋼筋混凝土建築物結構規劃設計，與基地工址調查、鑽探與試驗分析工作，及監造施工品質之工作。

⇨ 9-2 混凝土耐久性

美國混凝土學會(ACI)於百年慶(1904～2004)時指出，混凝土材料與技術在二十世紀發生了許多改變與創新。這些改變創新給工程師在混凝土結構物設計與施工上，提供有許多優勢與方便。儘管如此，在應用混凝土的新發展配比與新技術之際，同時也產生了新的混凝土耐久性問題。

一、結構物延長使用年限的需求

由於人口增加、工業化與都市化的需求，及先進混凝土材料與技術的有效利用下，激勵了暴露於各種環境下混凝土結構的應用。使混凝土成為高速鐵路、大眾運輸系統、機場設施、下水道系統、海洋鑽油平台及港灣工程等重要結構物之耐久性結構材料。因為建造這些結構物是相當困難與昂貴，故業主往往會要求較長的使用年限(Service Life)，導致混凝土之耐久性必須加以重點定義。

在五十年前，混凝土結構被要求需具有25年使用年限是很合理的。但到了今天，有很多公共工程結構物被設計成100年的使用年限。如此長久的耐久性需求，就變成混凝土研究的重要的新課題。即混凝土結構物被要求增長使用年限，導致工程師必需更瞭解混凝土材料性質，如此也將促進混凝土技術改革加速有效地實現。

二、混凝土技術的進步

Mehta於1999年提出過去50年混凝土材料與技術之演進與回顧，

並對混凝土耐久性特別加以重視。他提出其中混凝土最重要的發展為配比與耐久性，包括卜特蘭水泥品質之提升、預拌混凝土新技術之改進、輸氣摻料的出現、高性能減水劑(HRWRA)與高強度混凝土(HSC)的產生及礦物摻料的創新等等。

1. 波特蘭水泥

    今天波特蘭水泥的成份與細度，跟 40 年前的波作嵐水泥是不一樣的。由 Price 與 Tennis 的研究[34]，在美國所用 I 型水泥之C_3S含量，從 1950 年的 30 ％；1970 年的 45 ％，增加至 1998 年的 56 ％。同樣的時期，水泥細度也從 $100m^2/kg$ 增加至 $400m^2/kg$。由於較高的C_3S含量及更細的水泥顆粒，使現代的波特蘭水泥水化速率更快速。其結果為，今天的混凝土可使用**較少水泥用量**及**較高的** w/cm，就能達到與 40 年前混凝土一樣於 28 天齡期之強度。但這些水泥品質的改變，並沒有影響到混凝土結構的設計或品質控制之改變。事實上，大家對混凝土強度超過設計需求常有負面的看法。就耐久性規範規定而言，這些水泥的成份與細度改變可，能導致混凝土產生**乾縮**與**過量水化熱**之問題。

2. 預拌混凝土

    1950 年代的美國，於由於快速的混凝土營造施工需求而產生，導致產生了預拌混凝土。對預拌混凝土而言，其輸送與泵送技術需要更佳的工作性。沒有使用減水劑之混凝土，在相同工作性下需要大量的拌合水，如此對混凝土耐久性是不利的。根據波特蘭水泥協會(PCA)的調查報告，1996年美國的預拌混凝土年產量為二億二仟五佰萬立方公尺(225 million m^3)，約為混凝土產量的80％。目前的預拌混凝土，因為使用礦物摻料與化學摻料，故其工作性已可符合規範與實際的需求。

3. 輸氣劑(AEA)

　　輸氣劑對提升混凝土之耐久性帶來革命性的改進與貢獻。在 1930 年代之前由此凍融劣化之損壞，導致混凝土被視爲相當不耐久之材料。由於混凝土鋪面、擋土牆、橋面版等結構物發現凍融破壞，導致大量的修復費用後，混凝土的耐久性就成爲重要的問題。

　　但適當的使用輸氣劑(AEA)，就可在混凝土中形成數以萬計未相連的氣泡，如此就可克服凍融劣化的問題。但若是未能成功的輸氣、摻料未相融及高拌合水量下，則僅是使用輸氣劑是不能完全解決混凝土的凍融破壞。

4. 強塑劑與高強度混凝土

　　在 1918 年初期，Abram 提出降低W/C是製作高強度混凝土(HSC)的關鍵。儘管如此，經過很多年仍無法製作出$W/C < 0.4$而具有工作性之混凝土。其原因爲水泥顆粒無法有效地分散開來，即在使用減水劑情況下。直到 1970 年強塑劑(高性能減水劑；HRWRAS)被研發成功後，才能製造出高強度混凝土。

　　目前使用強塑劑已能製作出$w/cm \doteqdot 0.2$且具有工作性之混凝土。並且 HRWRAS 長鍵顆粒之膠體大小，可阻塞新拌混凝土之水路，因此可避免高坍度混凝土有過度之泌水與析離作用。由於此項研究改革，新的混凝土種類包括高強度混凝土(HSC)、高工作度混凝土及高性能混凝土(HPC)等等，就被研發成功而加以應用。即**更低的 w/cm 與拌合水量，能提供混凝土更高的強度與更低的滲透性**。

5. 礦物摻料

　　在混凝土中，礦物摻料能降低水化熱及增加混凝土之強度、工作度與耐久性；更可減少工業廢料及降低混凝土材料成本。超微粒礦物摻料，譬如矽灰及高活性高嶺土，為最近發展很熱門的混凝土礦物摻料。**配合HRWRA與超微粒礦物摻料的使用，就可製作出低 w/cm 且高強度、低滲透性之混凝土**。這些特效是從下列之機理獲得：包括顆粒堆積效用(Particle-packing Effect)、高卜作嵐反應(High Pozzolanic Reactivity)、成核作用(Nucleation site action)及在骨材與漿體間界面轉換區之增強(痊癒)(The Near Disapperance of The ITZ)。這些機理增加了混凝土之密度，並改善了混凝土之均質性，但也使混凝土變的比傳統混凝土更脆(More Brittle)。由於使用礦物摻料與化學摻料，導致混凝土有很大的變化(與以前之混凝土完全不同)，即混凝土強度與 w/cm 之關係，已跟傳統的混凝土完全不同了。

三、最近研究

　　就混凝土之耐久性而言，耐久性混凝土配比與滲透性及微結構有密切關係，但僅有少數的研究加以探討。最近美國國家科學基金會(National Scientific Foundation；NSF)之先進水泥基材ACBM(Advanced Cenent-Based Materials)執行延續性之研究，來探討這些關係與複雜的交互作用。此研究可提供作為耐久性混凝土配比之設計準則。部份 ACBM 之研究結果，在此文章有敘。

1. 滲透性

　　混凝土為骨材與水泥漿體之複合材料，當在某種 w/cm 與水化程度下，水泥漿體之強度與滲透性可視為常數(因為水泥漿體之孔隙結構可被定義)。故使用具低滲透性之骨材到水泥漿體中

可降低材料的滲透性。儘管如此,滲透性現象並非如此簡單。因為使用骨材到水泥漿體中,就產生了**界面轉換區間**(ITZ;The Interfacial Transition Zone)。使混凝土具有非常複雜的微結構(與水泥漿體比較下),不僅是ITZ的特性還有非常複雜的顆粒幾何排列、長面積界面及缺陷,包括相體積部份(Involving Phase Volume Fractions)、方向、大小、形狀、分佈及結合相等等。最近的ABCM研究報告:四種骨材級配、二種最大骨材粒徑(3/4及3/8in)及三種水膠比(w/cm = 0.38,0.45及0.5),全部共24種配比,被選擇提供大範圍的骨材體積比例(50～80％)及拌合水量(從120kg/m³至240kg/m³)。超過70個試拌用以測定抗壓強度及氯離子滲透性,試驗結果包含試體準備、配比及試驗等變數。圖9-19至圖9-22為研究結果的彙整,提供下列四點說明:

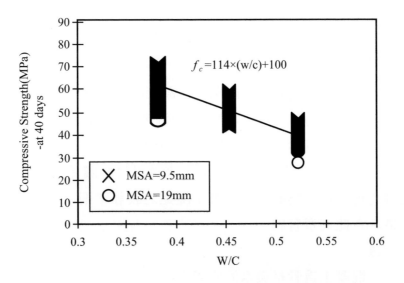

圖9-19 水膠比(w/cm)對混凝土抗壓強度之影響[34]

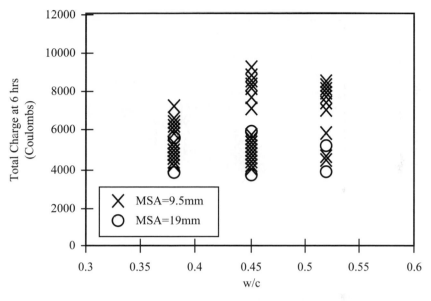

圖 9-20　水膠比(w/cm)對混凝土氯離子滲透性之影響[34]

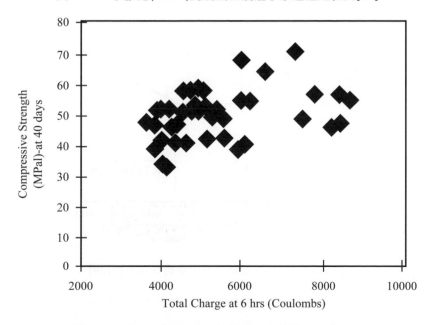

圖 9-21　混凝土抗壓強度與氯離子滲透性之關係[34]

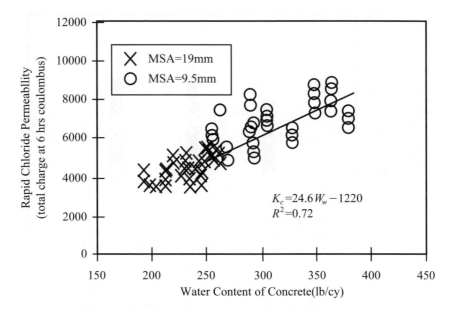

圖 9-22　拌合水量對混凝土氯離子滲透性之影響[34]

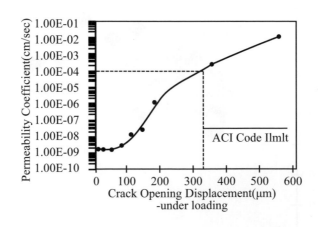

圖 9-23　裂縫寬度對混凝土滲透性之影響[34]

⑴　如同預期，混凝土之**抗壓強度**與w/cm有明顯的反比關係。(在不同最大粗骨材粒徑與骨材含量、不同拌合水量與水泥用量下)

⑵　相反的，**混凝土之氯離子滲透係數則與 w/cm 則沒有明顯關係**(圖 9-20)，某些高強度混凝土卻有較高的氯離子滲透係數；有些低強度混凝土卻較低的的氯離子滲透係數，如圖 9-21 所示。此結果與以前所謂氯離子滲透係數會隨著混凝土強度增加而減少是不同的。

⑶　氯離子滲透係數主要受**拌合水**所支配。圖 9-22 顯示混凝土的拌合水量與最大骨材粒徑有關；較小的D_{max}比較大D_{max}需要更多的拌合水。試驗結果增加混凝土的拌合水量則導致有較高的氯離子滲透性係數(圖 9-22)。注意其線性關係。

⑷　從圖 9-19 與圖 9-21 顯示，D_{max}**較大之混凝土有稍為較小的**σ_c**及**K_{cl-}，σ_c較小可能是由於ITZ的影響所致，K_{cl-}較小則可能主要因為含水量的結果。

這些研究結果，提供證據即 w/cm 是影響混凝土抗壓強度的主要因素；但不是氯離子滲透係數的主要影響因素。K_{cl-}顯示是與混凝土的拌合水量及D_{max}有關，即受混凝土微結構的影響很大。因此某些規範採用σ_c與 w/cm 耐久性配比的準則是不恰當的。

2.　微裂縫(Micro-cracking)

Metha指出**裂縫(Cracks)**是支配混凝土劣化的主要因素。裂縫提供混凝土內部連通的滲流路徑，並增加混凝土的滲透性，且允許更多的水份及有害氯離子滲透到混凝土內。並且使混凝土加速劣化。儘管如此，大部份的研究僅著重於初始滲透性(混凝土未破裂前)，這是由於受到如何描述混凝土的裂縫模式及找出更適合的滲透性測定方法等困難。

　　Wang 等人採用回饋控制的張力試驗，來產生可控制寬度的裂縫(圓柱試體)，以進行混凝土的滲透性研究。混凝土試體的裂縫寬度(Crack Widths)從 $0\sim0.035$in或 $0\sim900\mu m$，並在顯微鏡下觀察裂縫模式及量測水的滲透係數。當試樣承受載重產生小於 50 $\mu m(0.002$in$)$之裂縫時，對滲透性影響很小。裂縫寬度由 $50\mu m$增加至 $200\mu m(0.08$in$)$，滲透性就增加很快；當裂縫寬度大於 200 μm，滲透性之增加速度就呈穩定，見圖9-23所示。1995年之ACI Building Code(318R-90，sec.R10.6.4)建議對內部暴露混凝土，限制裂縫寬度為 $400\mu m(0.016$in；0.4064mm$)$；對外部暴露混凝土則限制裂縫寬度為$330\mu m(0.013$in；0.3302mm$)$。圖9-23說明當混凝土裂縫寬度為$330\mu m(0.013$in$)$時，其滲透性將為原始試體之五倍大。即混凝土原始試體與裂縫試體之滲透性有很大差異。

　　鋼筋或纖維常用於控制混凝土結構之收縮裂縫。雖然鋼筋不能免除乾縮裂縫(Shrinkage Crack)之發生，但它能限制裂縫的寬度。圖9-23顯示當混凝土裂縫寬度大於 $100\mu m(0.004$in$)$時，就提供水之流通路徑，而使裂縫混凝土之滲透性大於原始混凝土。

　　其他有關裂縫混凝土之滲透性研究，包括變數為水泥漿體、砂漿及一般至高強度混凝土。其結果顯示原始混凝土之滲透性與裂縫混凝土是完全不同的。並且高拌合水量配比之混凝土有較高的滲透性。及在裂縫形成後滲透性之差異性就變小了。由此顯示在裂縫形成後，裂縫寬度對滲透性就有很大影響(Rather Than The Mixture Proportion)。

　　這些研究計劃不僅提供工程師對混凝土滲透性與裂縫寬度之關係有更進一步的瞭解。更建議出**控制混凝土裂縫**為確保混凝土耐久性之重要控制因素(項目)。

3. 混凝土早期裂縫(Early-age Cracking)

　　與混凝土耐久性有關之潛在問題是早期之收縮裂縫。有大量表面積之結構物，譬如：高速公路、橋面版、工廠樓板及停車場等，特別會有早期收縮裂縫。

　　過去十年，ACBM 研究水泥材料產生收縮裂縫的的各種原因，包括纖維、抗壓強度及減少收縮摻料(SRAS)等影響。這些研究延伸至發展各種試驗方法來評估抑制(Restraint)方法、水份損失(Moisture Loss Profiles)及理論模式等對裂縫產生的影響。最近的研究顯示發生收縮裂縫的潛能與組成材料有密切關係。為說明此關係，選用 6 種配比(如表 9-3 所示)，為強調膠結材料(Binder)的影響，配比中之骨材種類、數量、及級配均維持不變(詳細資料參考 Ref.20)

　　在表 9-3 之 w/cm 從 0.50 至 0.29。如同預期，w/cm = 0.50 之 $\sigma_{c28天}$ 及氯離子滲透量約為 w/cm = 0.29 之 $\sigma_{c28天}$ 及氯離子滲透量之 2 倍與 1/3 倍。並且不同之w/cm，其自由收縮約差不多在 14 天時量測得到。值得注意的是收縮值依據傳統的 ASTM 方法量測，故自生收縮(Autogenous Shrinkage)在開始的 24 小時無法記錄。最近研究顯示自生收縮在 24 小時內是相當重要的。

四、建議(Recommendations)

　　由以上研究顯示，因為由於骨材的影響降低水泥漿體之 w/cm 並不意味著能降低混凝土的滲透性。雖然大部份的混凝土耐久性問題與水及氯離子之滲入有密切關係，低滲透性及高強度之混凝土並不足以確保混凝土的耐久性(因為可能早期裂縫所致)。謹慎選用混凝土配比，能降低早期裂縫的發生(而不須刻意改變混凝土其他性)。

表 9-3 混凝土配比與材料性質[34]

	w/cm =0.50	w/cm =0.50 2％SRA	w/c =0.29	w/cm =0.29 2％SRA	w/cm =0.29 10％Later	w/cm=0.29 15％ Silica Fume
Cement	1.00	1.00	1.00	1.00	1.00	0.85
Coarse aggregate	2.00	2.00	1.52	1.52	1.74	1.57
Fine aggregate	2.00	2.00	1.52	1.52	1.74	1.57
Water	0.50	0.48	0.29	0.27	0.29	0.29
Superplasticizer(solid)	—	—	0.018	0.018	—	0.026
SRA	—	0.02	—	0.02	—	—
Silica fume (soiid)	—	—	—	—	—	0.15
Latex (solid)	—	—	—	—	0.10	—
w/cm	0.50	0.50	0.29	0.29	0.29	0.29
Water content(lb/yd^3)	～350	～350	～270	～270	～240	～270
Cement content(lb/yd^3)	～700	～700	～930	～930	～830	～930
Aggregate volume(％)	65％	65％	65％	65％	65％	65％
Compressive strength at 28 days (MPa)	30.4	30.5	68.1	59.1	47.2	70.8
Compressive modulus at 28 days (GPa)	22.6	21.8	34.5	32.3	26.4	32.3
Rapid chloride Permeability (Total charge,Coulomb)	11,300	8,800	3,000	2,300	2,500	300
Free shrinkage (from 24 h to 7 days) (from 24 h to 14 days) (from 23 h to 28 days)	274 449 647	93 195 221	360 430 538	168 235 290	170 225 287	306 422 487
Age of the first crack(days)	8.5 to 9.5	32*	4 to 6	＋	25*	3 to 4.5

* Specimen 3 did not crack

＋ No crack was observed during testing(1MPa ＝ 145psi)

　　至少三個基準：**強度(Strength)**、**滲透性(Permeability)**、**抵抗裂縫(Cracking Resistance)**，必須在耐久性混凝土配比中加以考量。其中強度基準係用以確保混凝土能承受設計荷重而不破壞；滲透性準則在確保混凝土具有低滲透性，即在服務年限中不致於受到水及氯離子之侵入攻擊。抵抗裂縫準則則可確保混凝土在環境作用下不會產生裂縫。對耐久性混凝土而言，抵抗裂縫應包括在配比設計之準則中，但更多的研究是必要的。

　　這些討論顯示，混凝土抗壓強度主要受 w/cm 所支配，如同混凝土之滲透性受拌合水量影響一般。故建議在考慮混凝土強度準則時，於選用 w/cm 同時也應同時考量影響混凝土滲透性與工作性之**拌合水量**(作配比設計時)。基於耐久性考量，應該使用更少的拌合水量；並且考量骨材大小與級配之適當性，以獲得**最少拌合水量**之目標。

⇨ 9-3　混凝土水化模型

　　近幾十年來混凝土之發展，均以解決混凝土的缺點為研究目標，譬如為改善混凝土的抗拉強度、多孔性、耐久性及工作性，就研發出 FRC, PIG, LMC, HPC 等混凝土，為提高混凝土之強度重量比，於是發展出輕質骨材混凝土。本節係彙整混凝土材料的發展情形與限制，及混凝土材料新科技研究方法，並提出建立水化動態模型之構想。

一、前言

　　混凝土是世界上使用最為廣泛、普遍的營建材料[13～15]。混凝土具有可塑性、經濟性、耐久性、耐火性、抗壓強度高、節約能源、可現場製造、美觀等優點。在這些利益之中，除了經濟、原料易取得、節約能源外，最重要的是對地球的生態最為有利。因此不僅是過去和現在，

將來更是不可或缺，混凝土仍將是未來營建材料中的主角，必須廣泛大量的採用。當然，混凝土也有抗張力差、韌性差、體積不穩定、強度／重量比低等缺點。因此必須利用科學的原理與方法，來改善混凝土的缺點，使未來的混凝土產品在強度、韌性及體積穩定性上，都比今天更爲優越，以提升人類的生活水準，使人類在混凝土的使用上充滿信心並且獲得滿足。

二、混凝土新趨勢

材料的發展情形與材料在人類文化和生活的發展歷史上，扮演相當重要的角色。歷史學家和考古學家係由材料來印證出時代，故有所謂的石器時代、青銅時代和鐵器時代。處於尖端科技時代的今日，研究人員和工程師的職責與專長，就是要使用材料和能量來滿足人類的需求。有關混凝土新材料的發展，均以解決或改善混凝土的缺點(抗張力差、韌性差、體積不穩定與強度/重量比低等)爲目標，包括使用波索蘭材料，超強塑劑、纖維增強、浸漬系統和各種廢料的利用[16]。因而發展出滾壓混凝土(RCC)，輕質混凝土(LC)，高性能混凝土(HPC)，纖維增強混凝土(FRC)，聚合物混凝土(PC)，乳液改良混凝土(Latex-modified concrete；LMC)等特殊混凝土。表9-4爲混凝土未來發展領域及限制。當然混凝土材料就如人一般，需要給與照顧才能成長，故基本的養護(Curing)工作仍是不可忽略的[22]。並且須藉電腦(Computers)，來輔助配比設計及QC、QA等工作的進行與完成[23]。而混凝土的品管工作更是一種組織工作(Teamwork)[24]，須靠設計者、預拌廠品質人員及現場施工者的通力合作，才能製造出符合與滿足使用者需求的良質混凝土。

三、混凝土材料之新科技研究方法

混凝土爲多孔、孔相的複合材料。有關混凝土的強度與體積穩定性、韌性等性質主要與水泥漿體及骨材間之過渡區有密切關係。因爲材

表 9-4　混凝土未來發展領域與限制

混凝土種類	優點	限制
滾壓混凝土 (RCC)	1.骨材級配要求鬆，水泥用量少(< 200kg/m³)。 2.水化熱少，不須冷卻管措施，體積穩定性佳。 3.機械化分層填築，節省成本並縮短工期。 4.大量使用飛灰，具節約資源與環保優點。	1.配比設計流程，值得以最小孔隙比研發。 2.工作度(VC值)量測方法有待探討改進。
高性能混凝土 (HPC)	1.強度高(40MPa $< f'_c <$ 150MPa)。 2.工作性好(Slump $>$ 25cm)。 3.耐磨性、水密性及耐久性佳。 4.早期強度高、體積穩定性佳。 5.經濟、節源、提高使用空間與耐震能力。	1.良質骨材之缺乏。 2.配比設計能力。 3.預拌廠製造力與品質管制。
輕質混凝土 (LC)	1.密度$<$ 1850kg/m³，$f'_c >$ 17MPa。 2.耐震性良好，基礎費用低。 3.隔熱，能源效用佳。 4.利用工業副產品製造經質骨材，具經濟性。	1.骨材吸水量大，強度低。 2.泵送差易塞管。 3.乾縮潛變較大。
纖維增強混凝土(FRC)	1.纖維阻止微裂縫的擴展，使抗拉與抗彎強度大幅提高。 2.增加韌性，耐衝擊性與抗疲勞強度。 3.彈性模數、乾縮與NSC相近，潛變則較小。	1.工作較差。 2.纖維易腐蝕。
聚合物混凝土 (PC)	1.乳液混凝土(LMC)，可在漿體中形成連續的聚合物膜，具良好黏結能力，使抗壓、抗拉和抗彎強度增加，降低滲透性與提高耐久性。 2.聚物浸漬混凝土(PIC)，藉聚合物填充漿體孔隙，有效地對閉微裂縫和毛細孔而成為不透水。使抗壓、抗拉和抗彎強度增加近4倍。潛變、乾縮減少及使耐久性提高。	1.毒性之檢核。 2.耐火性差。 3.高溫下潛變劇增，強度劇減。

表 9-5　應用於混凝土微結構分析儀器比較表[26～28]

特性＼儀器	光學顯微鏡	X 光繞射儀	電子顯微鏡
質波	可見光	X 光	電子
波長	−5000Å	～1Å	0.037Å(100kV)
介質	空氣	空氣	真空 (＜10^{-4}Torr 至10^{-10}Torr)
鑑別率	−20000Å	X 繞射：10^{-4}Å 直接成像：～μm	
偏折聚焦鏡	光學鏡片	無	電磁透鏡
試片	不限厚度	反射：不限厚度 穿透：～mm	掃瞄式：錦受試片基座大小限制 穿透式：～1000Å
訊號類	表面區域	統計平均	局部微區域
可獲得之資料	表面微細結構	晶體結構、化學組成	晶構結構、微細組織、化學組成、電子分佈情況等
解析度(放大倍率)	0.2μm (1000)	0.2μm (1000)	SEM：10nm(2000) TEM：0.2nm(100000)

註：1. 人眼的解析度為 0.1mm，放大倍率為 1：1，景深無限

　　2. nm ＝10^{-9}m，μm ＝10^{-6}m，Å ＝$l0^{-10}$m

料的「性質」係由其「內部結構」來決定，而材料性質更會影響到在使用時材料的「機能」[23]。同樣地，研究混凝土除了巨觀工程性質的探討外，對於內部的微觀組織結構是不可忽略的[25]。表 9-5 為應用於混凝土微結構分析之儀器比較表[26～28]。茲針對混凝土中水泥漿體，其水化硬固後之微觀組織結構的研究方法加以彙整探討。

1. 水化水泥漿體中之固體

   (1) 水化矽酸鈣(Hydrate Calcium Silicate)

   一般以縮寫C-S-H稱之，在完全水化的波特蘭水泥漿體中約估 50～60 ％的固體體積，故為影響水泥漿體性質之最重要水化產物。事實上，C-S-H為未明確的化合物，其C/S比值約為1.5～2.0，並且其結構水的含量變量也很大。C-S-H的結晶性很差，晶體尺寸約為 $1 \times 0.1 \times 0.01$mm，比重為 2.3～2.6。C-S-H的形貌常變動於結構很差的網狀和纖維組織之間，並且C-S-H膠體常有成簇的傾向，因此只能在電子顯微鏡下才能加以分辨之如圖 9-24(a)所示。以前由於 C-S-H 類似天然礦物托勃莫來石之膠凝體，故又稱為 Tobermarite。C-S-H 為支配水泥漿體的強度與透水性的主要水化產物，如表9-3 所示。有關 C-S-H 之研究，定性的方法包括 X 光繞射分析(如圖 9-25(a))[29]。與掃瞄式電子顯微鏡，定量的分析則有核磁共振(NMR)(如圖 8-25(b)[30]，X 光波長分散光譜儀技術(XWDS)，如表 9-6 所示。

   (2) 氫氧化鈣(Calcium Hydroxite)

   占水泥漿體固體體的 20～25 ％，為具有固定化學組成的化合物$Ca(OH)_2$。氫氧化鈣之結晶顆粒大(0.01～1mm)，具六角稜柱結構特徵，如圖 9-24(b)所示。因為 CH 比 C-S-H 有較高的溶解度，易溶於水而析出，對化學耐久性較不利。氫氧化鈣之研究，定性的方法包括光學顯微鏡(OM)、掃瞄式電子顯微鏡(Scanning Electron Mieroscopy，SEM)及化學滴定分析。

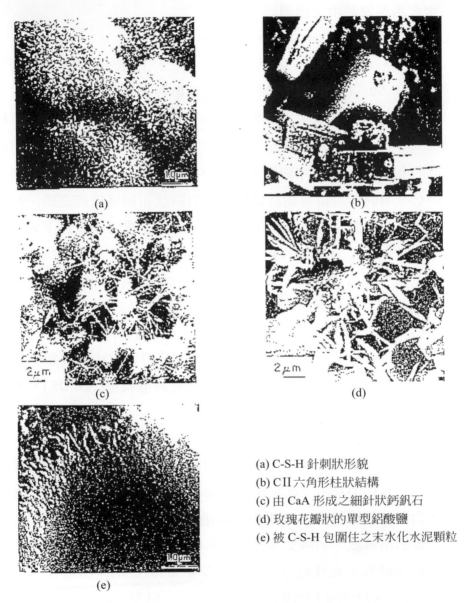

(a) C-S-H 針刺狀形貌
(b) CII 六角形柱狀結構
(c) 由 CaA 形成之細針狀鈣釩石
(d) 玫瑰花瓣狀的單型鋁酸鹽
(e) 被 C-S-H 包圍住之未水化水泥顆粒

圖 9-24　水泥水化產物微觀結構[13]

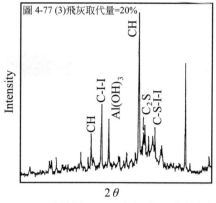

(a) 28 天齡期，0.35 水灰比 X 光繞射圖

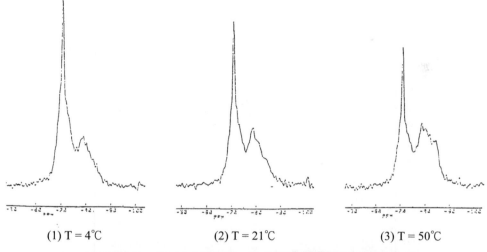

(1) T = 4℃   (2) T = 21℃   (3) T = 50℃

(b) 三天齡期 0.35 水灰比水泥漿體，於不同養護溫度之 NMR 光譜圖

圖 9-25　水泥漿體 X 光繞射與 NMR 光譜圖

表 9-6　波特蘭水泥固相水化產物種類、性質與分析方法

水化產物	體積 (%)	比重	結晶狀況	顆粒大小	微結構形貌	對工程性質之影響			分析方法	
						強度	體積變化	耐久性	定性	定量
C-S-H	50～60	2.3～2.6	很差	$10 \times 0.1 \times 0.01mm$	不定形、刺球狀	+	−	+	X光 SEM	EDAX NMR
CH	20～25	2.24	很好	0.01～0.1mm	六角形條柱狀、無孔結構	+	+	−	OM、X光、SEM	EDAX
AF_t	15～20	1.75	好	$10 \times 0.5\mu m$	球狀	+	−	−	X光、SEM	EDAX
AF_m		1.95	尚好	$1 \times 1 \times 0.1\mu m$	薄、玫瑰花瓣簇狀	+	−	−		
水泥顆粒		3.12	無結晶	1～50μm		+	+	+	SEM	EDAX NMR

(3) 硫鋁酸鈣水化物(Calcium Sulfoaluminate Hydrtes)

硫鋁酸鈣水化物約佔15至20％體積。其中鈣釩石($C_6AS_3H_{32}$，AF_t)，呈針形柱狀晶體，結晶結構良好，如圖 9-19(c)所示，又鈣釩石易轉化為六方板狀(或玫瑰花瓣狀)的單硫型鋁酸鈣水化物(AF_m)如圖 9-22(d)所示。有關硫鋁酸鈣水化物之研究，定性分析包括X光繞射、掃瞄式電子顯微鏡技術，定量的方法則需利用核磁共振(NMR)技術以^{27}Al為核種，加以測定。

(4) 未水化水泥顆粒(Un-hydrated Cement Grain)

水化作用未完全時，在水泥漿體中將殘留未水化水泥顆粒。一般水泥顆粒大小為 1 至 $50\mu m$，隨著水化過程進行，較小的水泥顆粒首先溶解水化，較大的水泥顆粒則粒子逐漸減小。一般而言，水泥漿體中存有未水化核心，對漿體強度有正面效應。有關未水化水泥之研究，定性的方法，有X-ray繞射分析、SEM，定量的方法可使用NMR技術。

2. 水化水泥漿體中之孔隙含量約佔水泥漿體積之 15 ％，而水化水泥漿體中含有多種孔隙，包括氣孔、毛細孔與膠體孔。有關孔隙結構的研究，有下列三個題須加以克服。

(1) 須假設孔隙的形狀為規則圓形，而實際上，自 SEM 的觀察，孔隙的形狀是非常不規則且任意的成形。

(2) 試體均須乾燥處理，可能會使微結構改變。

(3) 通常假設孔隙是彼此連通的，而實際情況中，獨立孔隙的存在是必然的，且大多數連通的孔隙均依賴乾縮所產生的微裂縫(Microcrack)貫通。

表 9-7　波特蘭水泥非固相水化產物種類性質與分析法

水化產物			尺寸大小	性質	對工程性質影響			分析方法	
					強度	透水性	體積變化	定性	定量
孔隙	氣孔	陷入氣孔	3mm	係於澆注中陷入或由輸氣劑引入呈圓型		—	—	水氣吸附法 氮氣吸附法 甲醇吸附法	壓汞法
		引入氣孔	5～200μm						
	毛細孔	大毛細孔	10～50μm	毛細孔多寡與水灰比成正比，形狀不定	—	—	—	水氣吸附法 氮氣吸附法 甲醇吸附法	壓汞法
		中毛細孔	50～10nm						
	膠孔	小毛細孔	10～2.5nm	膠孔存在於 C-S-H 內，與水灰比無關	—	—	—	水氣吸附法 氮氣吸附法 甲醇吸附法 （較不準確）	壓汞法 （較不準確）
		微孔	2.5～0.5nm						
		層間縫	< 0.5nm						
水	毛細管水		5～50nm	自由水失去不會對漿體有影響，但細毛細管水會使漿體乾縮				NMR、氮流技術	DTA、KGA
	吸附水		厚 15Å	影響說縮				無	DTA、KGA
	層間水		氫鍵	影響收縮				無	DTA、KGA
	化學結合水		C-S-H 之結構水	高溫下鍵結被破壞才會失去				無	DTA、KGA

標本大小（n）	d_2
2	1.128
3	1.693
4	2.059
5	2.326
6	2.534
7	2.704
8	2.847
9	2.970
10	3.078

孔隙結構的量測法，最常用的方法有二大類，一是壓汞法 (Mercury Intrusion Prosimetry, MIP)，另一是物理氣體吸附法 (Physical Adsorption of Gas, PAG)，其中PAG又分兩種，即水氣吸附法(Water Vapor Sorption)與氮氣吸附法，其他還有甲醇 (Methanol)吸附法。各種孔隙量測法都有限制，其比較如表 9-8 所示。

表 9-8　水泥漿體孔隙量測方法與限制(13，14，31)

方法	量測範圍	限制
壓汞法	大孔及中孔	只能量測到部份中孔；可能會發生微結構破壞。加壓及除壓量測結果亦不同。
水氣吸附法	中孔及子孔	量測中孔時，會有部份水氣侵入微小孔中，影響結果。吸附及去附時量測的結果不同。
氮氣吸附法	中孔	僅是量測到部份中孔；吸附及去附時所量之結果不同。
甲醇吸附法	大、中孔及部份小孔	僅能量測總孔隙率或體積；不能量測孔隙分配狀態。
小角度 X 光繞射	大、中孔及小孔甚至部份裂隙	僅能量測水漿中固體部份之比表面積。

3.　水化水泥漿體中之水

　　水(H_2O)在水泥漿體中係提供水泥水化反應所需要的水份，因為水是極性分子，故會與氫氧根(OH)產生強烈吸引效應，形成漿體中之氫鍵結合。硬固水泥漿體中之非固相，除孔隙外尚有下列四種狀態的水[13～15]：

⑴ 毛細管水(Capillary Water)

存在孔徑大於50A之孔隙內，為不受固體表面引力影響之重力水。又可分為兩大類：①大於 50mm(0.05μm)孔徑內之水，稱為自由水，即失去這種水不會造成漿體體積的改變。②在5～50nm孔徑內之細毛細管水，失去這些水將致漿體的乾縮。

⑵ 吸附水(Adsorbes Water)

由於固體表面引力及水分子之吸引力作用，吸附於漿體固態物質表面上的水，其厚度約為 15Å。當相對濕度降至 30 ％時，大部份的吸附水將失去，並導致漿體產生收縮(Shrinkage)。

⑶ 層間水(Inter layer Water)

又稱為膠孔水，因其與C-S-H膠體之結構結合在一起。層間水係由於氫鍵之作用存在於C-S-H之層狀間的水層。只有乾燥至11％相對濕度時，才會失去層間水，並使 C-S-H 膠體發生收縮現象。

⑷ 化學結合水(Chemically Combined Water)

化學結合水為水化產物整體的一部份，不會因乾燥而失去。只有在高溫下漿體之鏈結受到破壞才會揮發。用來研究水泥漿體中水的方法，有①差熱分析(DTA)與熱重分析(TGA)②乾燥過程的氮流技術③核磁共振技術[20]。表 9-7 為波特蘭水泥非固相水化產物種類性質與分析方法。又黃兆龍教授以"環境掃瞄電子顯微(ESEM)"，研究出鹽岩(Rock Sale)的自癒(Healing)與固結(Consolidation)機理[21]，加上中研究之「同步幅射加速器」已按裝正式啟用。這些技術若應用至混凝土材料之基礎研究上，必定會有重大的突破與進展。

四、水化動態模型之建立

　　水泥漿體為多孔、多相的複合材料，而巨觀的齡期、抗壓強度與微觀的孔隙、膠體空間比及水化生成物之間，是否存在有相關性的橋樑，這是令人值得思索的問題。而藉由巨微觀性質的量測，並以統計回歸方法及材料組合律之建立，找出水泥漿體之巨微觀相關性，作為建立動態水化模型(DHM)之基礎，這將是未來值得研究的方向。

　　基本上，水泥漿體之孔隙與強度、膠體空間比，均為水灰比、齡期與養護溫度之函數，但三者之間並無直接關係，而是存在著某種函數關係，譬如由陶瓷(Ceramic)的破壞理論而言，材料的孔隙愈少則強度愈高。因為漿體強度S、孔隙體積P與膠體空間比G/S及水化程度α，均為齡期t的函數，齡期愈大則水化程度α增大孔隙體積減小，而膠體空間比與強度均隨之增加。圖 9-26 為水泥漿體材料參數與水化程度、孔隙、膠體空間比及強度之間的互制因果關係。故可先建立水泥漿水化參數與孔隙體積P、膠體空膠比G/S之關係，再出孔隙體積與膠體空間比，演繹出其與漿體抗壓強度之關係式。

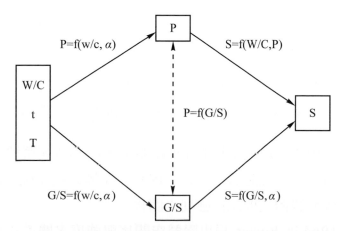

圖 9-26　水泥漿土材料參數與膠體空間比、孔隙及強度之相互因果關係

1. 水泥漿體孔隙結構與強度之關係

　　Mons 及 Osbaeck(1982)年利用多孔鋁合金的 Ryshkewitch 孔隙與強度關係式，及用於石膏的 Schiller 關係式，製作水灰比 0.44，相對濕度 100％、養護溫度 20℃的水泥漿試體，找出應用於水泥漿體的關係式如下：

$$S = 238 \exp(-7.42P) \tag{9-1}$$

　　其實驗數據配合 Ryshkewitch 關係式，得到水泥漿體零孔隙強度 $S_0 = 238\text{MPa}$。而與 Schiller 關係式比較得到

$$S = 73.3 \ln(0.48/P) \tag{9-2}$$

　　式中的 0.48 是漿體強度為零之臨界孔隙率，Mons 及 Osbaeck 發現強度與孔隙關係的係數，會隨著水泥組成成份而改變，尤其是石膏含量之影響不可忽視，這與黃兆龍、林仁益兩位學者的研究有相同的結論，即硫酸離子過多，會使 Ettringite 晶相之產生，延遲至漿體凝結後，導致水泥漿結構本體的連續局部性膨脹；造成本體產生微裂縫，而抑制了強度發展。林仁益提出了強度與孔隙關係式如下：

$$S = 78.9 \times 10(3.9Pt) : (R^2 = 0.887) \tag{9-3}$$

$$S = 51.0 \times 19(-4.3Pc) : (R^2 = 0.926) \tag{9-4}$$

　　式中 Pt、為水泥漿體孔隙總體積，Pc 為水泥漿體之毛細管孔隙體積，可知孔隙體積越大，則水泥漿體之抗壓強度越弱。

2. 水泥漿體膠體空間比與強度之關係

　　1964 年 Power 提出膠體空間比與強度之關係式，係認為漿體若將不同種類之水化產物包括 C-S-H、CH、AF_t 及 AF_m 等予以

單純化而統稱為水泥膠體可設其比重為3.15，並設不可揮發水比重為1.33，膠孔水及毛細管水比重為1.00，未水化水泥類粒影響不計，可算出含膠體孔之膠體體積與膠體體積及毛細孔隙體積之和之比值，即為膠體空間比(Gel/Space Ratio)，即膠體空間比

$$X = \frac{0.68\alpha}{0.32 + (W/C)} \tag{9-5}$$

式中α為水化程度，W/C為水反比。並提出卜特蘭水泥抗壓強度係隨著膠體空間比之增加而加強。因此建立硬固水泥漿體抗壓強度與膠體空間比之關係為$S = AX^n$，式中A是水泥漿體水化程度達 100 ％之本質強度，約 2000 至 3000kg/cm²(235MPa 或 34000psi)，n為常數約 2.6～3.0，隨水泥性質而改變。雖然沒有考慮齡期、水灰比及水泥種類等對水泥漿體抗壓強度之影響。但α為水化程度係隨著齡期之增長而增加，並受養護溫度、水泥種類及成分之影響，W/C為水灰比，為影響毛細孔體積量多寡之最大因素，故膠體空間比已"間接"考慮水灰比、齡期、養護溫度對水泥漿體強度發展之影響，在膠體空間比之應用中已考慮水化產物含量及孔隙體積變化之影響，然而強度與膠體空間比之關係並非所有水泥都相同，純水泥漿體(Cement Paste)與水泥砂漿(Mortar)之間仍有差異；而其變異係反應在係故A及常數n之改變上。故本土性水泥漿體之G/S與強度關係有待研究建立並加以應用。

3. 水泥漿體水化產物與強度之關係

基本上，C-S-H膠體係影響漿體強度的主要因素，即水化產物C-S-H越多，漿體強度就應愈大。若以核磁共振技術以²⁹Si為核種，求出不同飛灰取代量水泥漿體之聚矽陰離子長度與抗壓強度，則可繪出二者之間的關係如圖 9-22 所示。圖中顯示 S 與 psi

存在雙線性關係，並且在 28 天齡期前(*a*階段)矽聚合的反應對強度之貢獻甚大；28 天以後(*b*階段)，則對強度之貢獻較弱。即 28 天爲轉換點，其前爲加速段按著變爲減速段(擴散反應控制)，此種曲線關係式爲：

$$S = -371.91 + 827.06 \log (\text{Psi})，R^2 = 0.917 \qquad (9\text{-}6)$$

當飛灰取代量愈大時，則曲線有往右下方移動之趨勢。並且含飛灰水泥漿體其 Psi 均較純水泥漿體爲大，但因其結構組織較鬆散即 G/S 較小，故其強度 S 較純水泥漿體爲小。由此得知漿體強度之貢獻，除聚矽長度 Psi 外，亦須視孔隙填充成長情形(即膠體空間比 G/S)而定。

五、小結

混凝土是營建材料中最老用途最廣的材料之一，但也是迄今認識最淺的材料。在經濟、節能與對地球生態最爲有利的條件下，混凝土仍將是未來營建材料的主角，必須廣泛大量的使用。而藉由新科技的應用，加上科學的原理與方法，就能更進一步揭開混凝土微觀結構、性質的神秘面紗，建立混凝土巨微觀性質的橋樑與應用關係式。在認識更清楚後，就能掌握混凝土並且運用自如，混凝土的缺點即可加以克服，以製造出優良品質的混凝土，讓人類在混凝土的使用上充滿信心並獲得滿足。

六、建議

1. 混凝土與水泥材料的基礎研究，仍應繼續努力。
2. 本土化的 LC，MIC，SCC，CLSM 等特殊用途混凝土，急須研發出來，並應用至營建工程上以節省工程成本與資源。

一、選擇題

( ) 1. 下列何者為今日卜特蘭水泥與 40 年前卜特蘭水泥之主要差異？ (A)比重 (B)材料來源 (C)細度與C_3S含量 (D)製程。

( ) 2. 下列何者為不利於混凝土耐久性的因子？ (A)拌和水量 (B)氫氧化鈣 (C)滲透性 (D)大量骨材。

( ) 3. 下列何者不是混凝土「工作性不佳的病症」？ (A)蜂窩 (B)強度不足 (C)潛變 (D)表面粉化。

( ) 4. 新的混凝土觀念中，強度係以下列何者為主架構？ (A)水泥漿體 (B)骨材 (C)摻料 (D)水灰比。

( ) 5. 為了確保地球生存環境，下列何者不是混凝土「生態性」的考量因素？ (A)減少水泥用量 (B)減少卜作嵐材料的使用 (C)延長建築物的生命週期 (D)使施工簡易，輸入功率減少。

( ) 6. 下列何者為混凝土使用在營建材料的缺點？ (A)脆性 (B)易塑性 (C)美觀性 (D)抗火性。

( ) 7. 下列何者為改善混凝土體積不穩定性之方法？ (A)添加纖維或鋼材 (B)添加水泥用量 (C)添加摻料 (D)添加聚合物。

二、問答題

1. 何者為混凝土結構物之耐久性必須延長？

2. 裂縫寬度如何影響混凝土之滲透性？

3. 何謂混凝土水化作用模型？應如何加以研究建立？

4. 請述 921 大地震 RC 結構物之材料損壞原因與對策。

本章參考文獻

1. 蔡義本，921集集大地震之地震學剖析，中興社30週年慶工程技術研討會，2000。

2. 蘇南、李惠隆、林榮三、陳式毅等，從混凝土施工規範看震害建築物之材料與施工，921集集地震結構勘災心得研討會論文集，pp.151-154，1999。

3. 內政部營建署，921之後建築物實施耐震能力評估及補強方案(核定本)，2000。

4. 沈永年，土木材料品質管制，國立高雄應用科技大學土木系教材講義，2000。

5. Sheen Y.N. and C.L. Hwang, New Concepts for Durability Design of Structural Concrete, Proceeding of The Seventh East-Pacific Conference on Structural Engineering & Construction (EASEC-7), August 27-29 1999, Kochi, Japan, pp.1466-1471, 1999.

6. 中國土木水利工程學會，混凝土工程施工規範與解說(土木402-88)，1999。

7. 中國土木水利工程學會，混凝土工程設計規範與解說(土木401-86)，1997。

8. 邱昌平，強度勁度；內行外交行，921集集地震結構勘災心得研討會論文集，pp.31-34，1999。

9. 倪勝伙，921集集地震導致土壤液化引致之結構災害，921集集地震結構勘災心得研討會論文集，pp.159-164，1999。

10. 王炤烈，車籠埔斷層北端在大甲溪沿岸所造成之震害情形，921集集地震結構勘災心得研討會論文集，pp.65-68，1999。

11. 蘇南、曾郁文，為什麼學校建築經不起大地震？，921集集地震結構勘災心得研討會論文集，pp.111-114，1999。

12. 黃富國、胡家禎、鍾立來、王如龍、李政寬、劉季宇，土壤液化引致建築物地基震害之探討，921集集地震結構勘災心得研討會論文集，pp.163-166，1999。

13. Mehta, P. K., 1986，Concrete Structure, Properties, and Materials, Prentice-Hall, Englewood Cliffs, N.J.

14. Mindess S. and J. F. Young, 1981，Concrete Prentice-Hall, Englewood,N. J.

15. Ramachandran V. S., R. F. Feldman and J. J. Beandoin, 1982，Concrete Science, Division of Building Research National Research Council,Canada.

16. Neville A., 1992，Concrete in the Year 2000", Advance in Concrete technology, Energy, Mines and Resource, Ottawa, Canada MSU.

17. ACI Mannal of Concrete Practice Part 1,1982，Roller Compacted Concrete,ACI 207, SR-80.

18. Oury R. and E. K. Schrader, 1992，Mixing and Delivery of Roller Compacted Concrete, Roller-Compacted Concrete III, ASCE, New York.

19. Hwang, C. L.，1994，Basic Material Properties and Mixture Proportion of High Performance Concrete, Submited.

20. Shah S. P.，1990，Fiber Reinforce Concrete", Concrete International, Vol. 12,No.3 pp.8 1-82.

21. 黃兆龍、劉博仁、林仁益、王和源， 1988，添加 MBR/SBR 聚合乳液對水泥砂漿性質影響之研究，技術學刊，第三卷，第四期，第97～307頁。

22. Kriner, R. W.，1990，Concrete: Yesterday, Today & Tomorrow-Basic Never Chang for Curing Concrete", Concrete International, Vol. 12, No.4 pp.70.

23. Mass, G. R. ，1990，Concrete: Yesterday, Today & Tomorrow-Computers and Concrete Produce a Fine Mix, Concrete International Vol. 12, No.2p.62.

24. Bordner R., 1990，Concrete Forward-Tomorrow, Concrete International Vol.12, No.8, p.79.

25. 蔡希杰，徐祖光譯，1985，基礎材料科學與工程，曉園出版社，台北。

26. 林仁益、黃兆龍，1986，掃瞄式電子顯微鏡在水泥漿體工程之研究，第一屆技職教育研討會，第81-94頁。

27. 許樹恩，吳泰伯，1993，X 光繞射原理與材料結構分析，國科會精密儀器發展中心，民全書局，台北。

28. 陳力俊等，1990，材料電子顯微微鏡學，國科會精密儀器發展中心，新竹。

29. 黃兆龍、林仁益、郭文田， 1990，含飛灰及化學摻料添加劑對普通水泥水化機理及巨微觀性質之研究，國立台灣工業技術學院，營建材料研究室研究報告。

30. 林仁益、沈永年、黃兆龍，1991，29Si 解析水灰比、養護溫度與水泥漿體水化行爲之相關性，土木水利工程學刊，第三卷，第三期，pp.255-265。

31. Young, J.F., 1985，Ccment and Concrete Technology，水泥與混凝土技術研討會，台灣營建研究中心，pp.3～75，台北。

32. 林仁益、黃兆龍、沈永年、郭文田，1993，NMR 研究飛灰材料在水泥漿體中之波索蘭反應行為，國科會專題研究報告(NSC81-0410-E151-514)。

33. Hwang.C. L., M.L.Wang and S.Miao, 1993，Proposed Healing and Consoli-dation Mechanisms of Rook Salt Revealed by ESEM, Microscopy Research and Technique.

34. Shah S. P., K.Wang And W. J. Weiss, 2000, Mixture Proportioning for Durable Concrete, Concrete International Vol.22.No.9, pp.73～78.

35. Mohammed T.U., N. otsok; and H. Hamada, 2001, Issues in Desiging Duvable Structares, Vol.23, No.7, pp.46～48.

中英名詞對照表

表-2 | 混凝土技術

中英名詞對照表

中　　文	英　　文	頁　　數
鹼骨材反應機理	Alkali-Aggregate Reaction, AAR	2-35
絕對比重	Absolute Specific Gravity, ASG	2-25
準確度	Accuracy	5-4
美國混凝土學會	American Concrete Institute, ACI	4-4,4-19
氣乾狀態	Air Dry, AD	2-29
摻料	Admixture	2-48,2-53
吸附水	Adsorbed Water	9-46
物理氣體吸附法	Physical Adsorption of Gas, PAG	9-45
輸氣劑	Air Entraining Admixture , AEA	2-49,9-26
單硫鋁酸鈣水化物	AFm , Monosulfaluminate	3-20,9-43
鈣釩石	AFt , Ettringite	3-19,9-43
骨材	Aggregate	2-15
石柱印面修飾	Aggregate Transferfinish	5-29
攪拌機	Agitator	5-2,5-11
不定形	Amorphous	3-16
自生收縮	Autogeneous Shrinkage	9-33
每盤	Batch	5-2
膠結材料	Binder	2-2
混合水泥	Blend Cement	2-12

容積比重	Bulk Specific Gravity, BSG	2-25
矽酸二鈣	C2S , Dicalcium Silicate, Belite	2-6,3-2
鋁酸三鈣	C3A, Tricalcium Aluminate, Ferrite	2-7,3-2,3-18
矽酸三鈣	C3S, Tricalcium Silicate, Alite	2-6,3-2
鋁鐵酸四鈣	C4AF, Tetracalcium Aluminoferrite	2-7,3-18
硫鋁酸鈣水化物	C-A-F- -Hx	3-18
氫氧化鈣	Calcium Hydroxite, CH	3-17,6-24,9-39
硫鋁酸鈣水化物	Calcium Sulfoaluminate Hydrtes	9-43
毛細管水	Capillary Water	9-46
毛細孔隙	Capillary Porosity	3-21
水泥	Cement	1-1，2-2
水泥漿體	Cement Paste	9-49
中央拌合式混凝土	Central-Mixed Concrete	5-3
陶瓷	Ceramic	9-47
化學結合水	Chemical Combined Water	9-46
冷縫	Cold Joint	5-17
冷天	Cold Weather	5-8
混凝土	Concrete	1-1
固結	Consolidation	9-46
連續式鋼筋混凝土路面	Continuously Reinforced Concrete Pavement，CRCP	5-70
低強度材料	Controlled Low-Strength Material, CLSM	7-23
抵抗裂縫	Cracking Resistance	9-35
裂縫	Cracks	9-31

表-4 │ 混凝土技術

矽酸鈣水化物	C-S-H, Calcium Silicate Hydrates	3-16,9-39
養護	Curing	9-36
緻密配比法	Densified Mixture Design Algorithm	1-4
動態水化模型	Dynamic Hydration Model, DHM	9-47
驅動能量	Driving Power	5-64
筒形試驗	Drum Test	5-53,5-56
鼓形混凝土拌合機	Drum Type Concrete Mixer	5-5
差熱分析	Difference Thermal Analysis, DTA	9-46
耐久性	Durability	1-5,4-9
有效吸水率	Effective Absorption, EA	2-29
早期裂縫	Early-Age Cracking	9-33
生態性	Ecology	1-6,4-19
經濟性	Economy	1-5,4-18
環境掃瞄電子顯微	ESEM, Environment Scanning Electron Microscopy	9-46
優生高性能混凝土	Eugenic High Performance Concrete, EHPC	7-4
露礫修飾	Exposed aggregate finish	5-29
填充料	Filler	2-2
細度模數	Fineness Modulus, FM	2-24
流動化混凝土	Flowing Concrete, FC	7-6
快速混凝土拌合機	Forced Type Concrete Mixer	5-5
膠體	Gel	3-4
石膏	Gypsum, C H2	3-5
膠體孔隙	Gel Pores	3-21

膠體空間比	Gel Space Ratio	9-49
自癒	Healing	9-46
高性能混凝土	High Performance Concrete, HPC	1-1,2-49,3-28,4-30,7-3
高性能鋼纖維混凝土	High Performance Steel Fiber Reinforced Concrete, HPSFRC	7-19
高卜作嵐反應	High Pozzolanic Reactivity	9-27
高強度混凝土	High Strength Concrete, HSC	7-2,9-25
盛泥艙	Hopper	5-11
熱天	Hot Weather	5-9
高性能減水劑	High Range Water Reduce Agent, HRWRA	9-24
水化矽酸鈣	Hydrate Calcium Silicate	9-39
水化作用	Hydration	3-2
層間水	Inter layer Water	9-46
相體積部份	Involving Phase Volume Fractions	9-28
國際岩石力學學會	ISRM	2-44
接縫式混凝土路面	Jointed Concrete Pavement，JCP	5-69
接縫式鋼筋混凝土路	Jointed Reinforced Concrete Pavement，JRCP	5-69
氧化鉀	K2O	2-6
低強度混凝土底層	Lean Concrete Subbase；LCB	5-80,7-15
生命週期	Life Cycle	6-17
使用年限成本	Life Cycle Cost	6-17
實體尺寸試驗	Mack-Up Test	5-53,5-56
母體	Matrix	3-16
甲醇	Methanol	9-45

表-6 混凝土技術

微裂縫	Micro-Cracking	9-31,9-43
壓汞法	Mercury Intrusion Porosimetry, MIP	9-45
拌合機	Mixer	5-2
水份損失	Moisture Loss Profiles	9-33
更脆	More Brittle	9-27
水泥砂漿	Mortar	9-49
刮路機	Motor grade	5-80
氧化鈉	Na$_2$O	2-6
核磁共振	Nuclear Magnetic Resonance, NMR	9-39
成核作用	Nucleation Site Action	9-27
烘乾狀態	Oven Dry, OD	2-31
光學顯微鏡	Optical Microscopy, OM	3-17,9-39
普通鋼纖維混凝土	Ordinary Steel Fiber Reinforced Concrete, OSFRC	7-19
顆粒堆積效用	Particle-packing Effect	9-27
水泥漿	Paste	2-2
波特蘭水泥協會	Portland Cement Association, PCA	6-8
滲透性	Permeability	9-35
塞管	Plunger	5-20
聚合水泥混凝土	Polymer Cement Concrete, PCC	7-9
樹酯混凝土	Polymer Concrete, PC	7-9
聚合物浸漬混凝土	Polymer Impregnated Concrete, PIC	7-9
孔隙	Pores	3-42
包爾氏	Powers	3-20

預拌混凝土	Ready Mixed Concrete	5-2
冷天混凝土施工實用法	Recommended Practice for Cold-Weather Concreting	5-23
混凝土養護實用方法	Recommended Practice for Curing Concrete	5-21
熱天混凝土施工實用法	Recommended Practice for Hot-Weather Concreting	5-23
回收資源	Recycle	1-6,2-41
抑制	Restraint	9-33
鹽岩	Rock Sale	9-46
滾壓混凝土	Roller Compacted Concrete, RCC	7-15
安全性	Safety	1-4,4-4
自體乾縮	Self-dessication	6-20
掃瞄式電子顯微鏡	Scanning Electron Microscopy, SEM	9-39
使用年限	Service Life	9-24
噴凝土	Shot Concrete	7-16
收縮	Shrinkage	9-46
分拌式混凝土	Shrink-Mixed Concrete	5-3
灌漿鋼纖維混凝土	Slurry Infiltrated Fiber Reinforced Concrete, SIFRC	7-20
表面含水量	Surface Moisture, SM	2-30
強塑劑	Superplasticizer, SP	5-59
飽和面乾	Saturated Surface Dry, SSD	2-29
鋼纖維混凝土	Steel Fiber Reinforced Concrete, SFRC	7-18
鋼纖維高強混凝土	Steel Fiber Reinforced High Strength Concrete, SFRHSC	7-19
強度	Strength	9-35
高雄東帝士85國際廣場	T & C Tower	4-16,5-53

表-8 │ 混凝土技術

紋理修飾	Textured Finish	5-29
熱重分析	Thermal Gravity Analysis, TGA	9-46
托伯莫萊土	Tobermarite	9-39
界面轉換區間	The Interfacial Transition Zone, ITZ	9-28
界面轉換區增強(痊癒)	The Near Disapperance of the ITZ	9-27
傾斜式混凝土拌合機	Tilting Type Concrete Mixer	5-4
總含水量	Total Moisture, TM	2-31
過渡轉區	Transition Zone	3-35
途拌式混凝土	Truck-Mixed Concrete	5-3
水中混凝土	Under-water Concrete, UC	7-6
未水化水泥顆粒	Un-hydrated Cement Grain	9-43
單位重	Unit Weight, UW	2-26
變異數	Variance	4-49
水膠比	Water to Binder Ratio, W/B	1-4,2-50,3-28,4-8
水灰比	Water to Cement Ratio, W/C	1-4,3-26,4-8
水固比	Water to Solid Materials Ratio, W/S	1-4,3-40,4-8
水氣吸附法	Water Vapor Sorption	9-45
臘基	Wax-Base	5-81
工作性	Workability	1-4
X 光波長分散光譜儀	XWDS	9-39

（請由此線剪下）

歡迎加入 全華會員

● 會員獨享

　會員享購書折扣、紅利積點、生日禮金、不定期優惠活動…等。

● 如何加入會員

　掃 QRcode 或填妥讀者回函卡直接傳真 (02) 2262-0900 或寄回，將由專人協助登入會員資料，待收到 E-MAIL 通知後即可成為會員。

如何購買 全華書籍

1. 網路購書

全華網路書店「http://www.opentech.com.tw」，加入會員購書更便利，並享有紅利積點回饋等各式優惠。

2. 實體門市

歡迎至全華門市（新北市土城區忠義路 21 號）或各大書局選購。

3. 來電訂購

(1) 訂購專線：(02) 2262-5666 轉 321-324
(2) 傳真專線：(02) 6637-3696
(3) 郵局劃撥（帳號：0100836-1　戶名：全華圖書股份有限公司）

※ 購書未滿 990 元者，酌收運費 80 元。

OpenTech 全華網路書店 .com.tw

全華網路書店 www.opentech.com.tw
E-mail: service@chwa.com.tw

※ 本會員制如有變更則以最新修訂制度為準，造成不便請見諒。

✂ （請由此線剪下）

讀者回函卡

掃 QRcode 線上填寫 ▶▶▶

姓名：

生日：西元＿＿＿＿年＿＿＿月＿＿＿日　性別：□男 □女

電話：（　　　）　　　　　　　手機：

e-mail：（必填）

註：數字零，請用 Ф 表示，數字 1 與英文 L 請另註明並書寫端正，謝謝。

通訊處：□□□□□

學歷：□高中‧職　□專科　□大學　□碩士　□博士

職業：□工程師　□教師　□學生　□軍‧公　□其他

學校／公司：　　　　　　　　　　　科系／部門：

· 需求書類：

□A. 電子 □B. 電機 □C. 資訊 □D. 機械 □E. 汽車 □F. 工管 □G. 土木 □H. 化工

□I. 設計 □J. 商管 □K. 日文 □L. 美容 □M. 休閒 □N. 餐飲 □O. 其他

· 本次購買圖書為：　　　　　　　　　　　　　　書號：

· 您對本書的評價：

封面設計：□非常滿意 □滿意 □尚可 □需改善，請說明

內容表達：□非常滿意 □滿意 □尚可 □需改善，請說明

版面編排：□非常滿意 □滿意 □尚可 □需改善，請說明

印刷品質：□非常滿意 □滿意 □尚可 □需改善，請說明

書籍定價：□非常滿意 □滿意 □尚可 □需改善，請說明

整體評價：請說明

· 您在何處購買本書？

□書局　□網路書店　□書展　□團購　□其他

· 您購買本書的原因？（可複選）

□個人需要　□公司採購　□親友推薦　□老師指定用書　□其他

· 您希望全華以何種方式提供出版訊息及特惠活動？

□電子報　□DM　□廣告　（媒體名稱　　　　　　　　）

· 您是否上過全華網路書店？（www.opentech.com.tw）

□是　□否　您的建議

· 您希望全華出版哪方面書籍？

· 您希望全華加強哪些服務？

感謝您提供寶貴意見，全華將秉持服務的熱忱，出版更多好書，以饗讀者。

填寫日期：　　　／　　　／

2020.09 修訂

親愛的讀者：

感謝您對全華圖書的支持與愛護，雖然我們很慎重的處理每一本書，但恐仍有疏漏之處，若您發現本書有任何錯誤，請填寫於勘誤表內寄回，我們將於再版時修正，您的批評與指教是我們進步的原動力，謝謝！

全華圖書　敬上

勘　誤　表

頁　數	行　數	書　名	作　者
		錯誤或不當之詞句	建議修改之詞句

我有話要說：（其它之批評與建議，如封面、編排、內容、印刷品質等‧‧‧）